지질자원 앱 인벤터

지질자원 앱 인벤터

최요순, 서장원, 이상호 저

씨
아이
알

머리말 ....

오늘날 스마트폰은 전 세계 40억 명 이상이 사용하고 있는 일상적인 생활 도구이다. 스마트폰은 빠른 처리 성능과 휴대성, 다양한 종류의 네트워크에 대한 항시 연결성을 갖고 있으며, 주변 환경의 물성을 측정할 수 있는 여러 센서를 포함하고 있으므로 다양한 목적으로 활용할 수 있다. 또한 구글플레이, 앱스토어와 같은 소프트웨어 배포 체계들을 가지고 있으므로, 애플리케이션(앱)을 개발할 경우 낮은 비용으로도 큰 효과를 얻을 수 있다.

최근까지 스마트폰의 과학적인 활용 방법에 관한 다양한 연구와 개발이 진행됐으며 그 응용 분야가 빠르게 확장되고 있다. 지질자원 분야에서도 현장 자료를 수집, 저장, 분석, 가시화하기 위한 스마트폰 앱들이 다수 개발되었다. 특히 최근에는 스마트폰의 각종 센서를 활용하여 기존의 단일 장비 기반 솔루션으로는 수행할 수 없었던 새로운 시도들이 이루어지고 있다.

지난 십여 년간 지질자원 분야 과학기술 소프트웨어 개발을 수행해온 저자들은 지질자원 분야의 인력들이 4차 산업혁명 시대에 신속하게 적응하기 위해서는 지능정보기술(인공지능, 사물인터넷, 클라우드 컴퓨팅, 빅데이터, 모바일 등)에 대한 학습이 필요하며, 특히 스마트폰 앱과 같은 모바일 앱 개발 전문 인력을 양성할 수 있는 교육과정이 필요하다고 생각해왔다. 그리고 대학의 학부, 대학원 과정의 교재로 활용되거나 지질자원 분야 연구자/실무자들이 참고할 수 있는 모바일 앱 개발 전문교재 발간의 꿈을 꾸게 되었다.

이 책은 지질자원 분야 모바일 앱 개발에 관한 기본적인 내용을 독자들이 체계적으로 학습할 수 있도록 구성되었다. 1장에서는 지질자원 분야 모바일 앱 개발과 관련한 기술 동향과 전망에 대해 제시하고 있다. MIT 앱 인벤터를 이용한 스마트폰 앱 개발에 대한 학습은 2장부터 시작되므로, 독자들의 학습 계획에 따라 이 책의 1장을 생략하고 2장부터 학습해도 무방하다. 2장과 3장은 MIT 앱 인벤터 활용을 위한 기초적인 내용을 다루고 있으므로, 필수적으로 학습하기를 권장한다. 4장부터 10장까지는 중급 과정으로 지질·자원 분야 스마트폰 앱 개발에 대한 다양한 예제를 제공하며, 11장부터 13장까지는 고급 과정으로 스마트폰에 내장된 각종 센서들을 활용하여 앱을 개발하는 방법에 대해 다루고 있다. 또한 14장과 15장에서는 지질자원 분야 실무에서 활용될 수 있는 앱 개발 사례를 제시하였다.

　이 책이 나오기까지 지질자원 분야 모바일 앱 개발을 함께 해온 선후배 연구자들에게 감사를 전하고 싶다. 특히 (사)한국자원공학회 학술전문분과 '자원·ICT융합공학' 소연구회 활동을 통해 이 책을 발간할 수 있었다. 또한 사랑하는 가족들의 배려에 힘입어 저자들이 스마트폰의 과학적인 활용 방법에 관한 연구와 개발을 지속할 수 있었다. 이에 감사를 드린다.

2019년 4월

대표 저자

최요순

추천사 1 ·······

내 손 안의 모바일 브레인 앱 가이드

과학기술 발전의 혁신적 단계는 새로운 도구의 발명과 연관이 있다. 우리는 현재 지구 규모의 초연결 사회에 살고 있다고 하는데, 이는 대량 정보화(빅데이터)의 실시간 공유(사물인터넷)를 통한 분석과 예측(클라우드 컴퓨팅, 인공지능)을 가능케 하는 과학기술적 하드웨어 또는 소프트웨어 도구에 기반을 두고 있다.

지질자원을 포함한 지구과학 분야에서는 지구와 자연의 현상에 대한 이해가 중요하며 특히 자연재해와 환경 문제의 해결에서는 다양한 현상적 정보의 수집−분석−예측−대응을 필요로 한다. 이런 면에서 지질자원 연구 분야와 연구자들은 첨단 과학기술 도구의 활용에 감각적이어야 할 필요가 있다. 본인 또한 지질자원 분야 연구자로서 영화 'The CORE'에서와 같이 지구 내부를 꿰뚫어 보고 미지 세계의 정보를 탐색할 수 있는 도구의 발명을 늘 기대하고 있다.

본 도서의 타이틀과 표지 디자인을 접하는 순간, 여기서부터 지질자원 분야의 첨단 기법 도구 개발로 이어지는 신호가 될 수 있겠구나 하는 느낌을 받았다. 본 도서는 스마트폰이라는 일상생활 도구를 지질자원 분야의 과학기술 도구로 활용하는 안내서이다. 기존의 정보 수집 분석 기법들의 앱 프로그램화를 통한 활용뿐만 아니라 스마트폰에 내장된 지구물리 센서를 측정 및 분석 도구로 이용하여 연구개발 수준의 새로운 앱 개발 지향성도 보여주고 있다.

본 도서는 지질자원 전문 분야를 응용 대상으로 하면서도 스마트폰을 이용한 범용 앱 개발의 교재이자 실습서 역할을 가지고 있다. 즉, 이 분야에 관심이 있는 사람들이 스스로 새로운 앱 크리에이터로 가는 길을 안내하는 것이라고 생각한다. 공유의 시대에 오픈 소스를 이용한 앱 개발은 누구나 가능하다. 내 손 안의 스마트폰에서 자신의 모바일 브레인으로서 앱을 개발하고 구동해볼 수 있을 것이다.

본 도서가 지질자원 분야의 첨단 기법을 공부하고 연구하는 사람들뿐만 아니라 스마트 앱 개발에 관심이 있는 사람들에게 출발 가이드이자 창의적 아이디어 발상의 촉매가 될 것으로 믿는다. 저자들 또한 앞으로 지질자원 기술과 지능정보기술을 접목하는 선도적 안내자의 역할을 계속 이어가길 기대한다.

(사)한국자원공학회 회장

신중호

추천사 2

커피 한 잔과 함께 같이 공부하고 싶은 재미있는 작품

현대사회는 사물인터넷(IoT: Internet of Things)의 시대로 이미 접어들어 IT 신기술과 각종 첨단 장비들이 연결되어 자동화와 빅데이터 세상이 만들어지고 있다. 땅을 기반으로 하는 지질학, 에너지자원공학, 환경공학, 토목공학, 도시공학에서는 오래전부터 꽤나 비싼 첨단장비들과 거대 장비들을 이용하여 엄청난 양의 데이터와 정보를 생산하고 활용해오고 있다.

이 책은 사물인터넷과 IT 첨단 신기술을 전공 분야에 아주 쉽게 활용할 수 있도록 앱 인벤터를 이용하여 독자들에게 즐거운 지름길을 안내해주고 있다. 그동안 코딩을 어렵게 느낀 독자들은 앱 인벤터라는 획기적인 발명품을 통해 편안하게 컴퓨터 프로그램을 작성할 수 있다. 이미 선진국의 초중고 학생들은 어릴 때부터 레고 마인드스톰, 스크래치, 앱 인벤터 등을 통해 그림으로 코딩을 이해하며 무척 편안하게 컴퓨터 프로그래머의 꿈을 꾸어가고 있다.

우리나라에서도 앱 인벤터가 조금씩 알려지고 일반적인 이용법을 소개하는 책이 발행되고 있다. 이 책은 전공 분야에서 그동안 첨단기술들을 선구적으로 연구해오고 있는 저자들이 독창적인 아이디어들을 모아 세계적인 수준으로 만든 작품으로 모든 독자들께 자신 있게 권하고 싶다. 전공 분야의 학생들에게 원대한 비전을 심어주리라 확신한다.

혹시 사물인터넷의 첨단기술에 대해 망설임을 느끼는 기성 연구자들께도 이 책을 선물해 드리고, 커피 한 잔과 함께 같이 공부하고 싶을 정도로 재미있는 작품이다. 대학 공부의 즐거움을 미리 느껴보고 싶은 중고등학생들에게도 권하고 싶다.

서울대학교 에너지자원공학과 교수

박형동

추천사 3 ·····

나도 앱 개발자가 되어보는 거야!!

지질자원 분야에도 4차 산업혁명의 물결이 거세지고 있습니다. 오픈소스, IoT, CPS, 빅데이터, 인공지능 등의 기술이 지질자원 분야에 이식되어 혁신을 가속화시키며, 전통기술과의 기술격차를 늘리고 있습니다.

3차 산업혁명의 핵심 도구가 컴퓨터였다면, 4차 산업혁명의 핵심 도구는 스마트폰이 아닐까 합니다. GPS, 자이로스코프, 가속도계, 나침반 등 다양한 센서의 탑재, 완벽한 클라우드 환경 구현, 뛰어난 모빌리티와 음성, 펜, 키보드, 터치 등 다양한 입력장치가 완비된 스마트폰은 4차 산업혁명 시대 빅데이터 생성의 주역이며 VR, AR과 연계되어 디지털 트윈 시대의 핵심적 역할을 담당하고 있습니다.

이러한 시점에 지질자원 분야의 스마트폰 앱 개발을 위한 저서의 출간은 정말 시의적절하다고 할 수 있습니다. 앱 개발도구로 앱 인벤터의 선택은 오픈소스로서의 범용성과 사용의 편리성을 고려할 때 탁월한 선택이라 할 수 있습니다. 특히 저자들은 에너지 자원공학을 전공하고 관련 세부 전공으로 박사학위를 받은 지질자원분야의 전문가로 IoT, 인공지능 등의 기술을 지질자원 분야에 접목하는 선도적인 역할을 해왔으며, 관련 성과는 논문과 저서로 널리 인정을 받은 분들입니다.

『지질자원 앱 인벤터』는 앱 인벤터의 설치부터 기본적인 기능설명을 따라가면서 익힐 수 있게 제시하고 있습니다. 광석의 품위 계산이나 암반 분류 같은 간단한 계산 앱에서부터 스마트폰 내장 센서의 측정값을 이용한 지오컴파스, 지진감지 등과 외부 블루투스 비콘 신호를 측정하여 이용하는 지하터널 차량 근접경고 시스템 등 현재까지 지질자원 분야에 스마트폰으로 할 수 있는 활용의 대부분을 포괄하고 있습니다.

이 책을 처음부터 쫓아가면서 앱을 만들다 보면 어느새 지질자원 분야 앱 개발자가 되어 있는 자신을 발견하게 될 것이며 아마도 스타트업 기업의 맹아도 피어날 수 있으리라 기대해 봅니다.

한국지질자원연구원 자원탐사개발연구센터장

조성준

목차

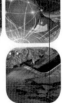

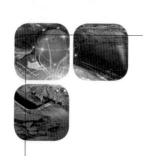

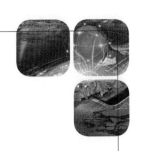

제15장 지하터널 차량 근접경고 시스템

제1장

지질자원 분야
스마트폰 앱 개발 동향

APP INVENTOR FOR GEOSCIENCE AND MINERAL RESOURCES

지질자원 분야 스마트폰 앱 개발 동향

1. 서 론

스마트폰은 현재 전 세계에서 40억 명이 넘는 사용자가 이용하고 있을 정도로 보편화된 생활도구가 되었다. 피처폰 등을 모두 합한 통신장비 중 55% 이상이 스마트폰일 정도이며, 이후에도 스마트폰의 사용자는 지속적으로 늘어날 것으로 전망된다(Cerwall et al. 2016). 스마트폰은 빠른 처리 성능과 휴대성, 다양한 종류의 네트워크에 대한 항시 연결성을 갖고 있으며, 기기 자체와 외부 환경의 물성을 측정할 수 있는 여러 센서를 포함하고 있기 때문에 이를 응용하여 다양한 목적으로 활용할 수 있다. 또한 앱스토어와 같은 직관적인 소프트웨어 배포 체계들을 기본적으로 가지고 있으므로, 기존의 기법이나 도구를 대체 가능한 앱(애플리케이션)을 개발할 경우 낮은 비용으로도 큰 효과를 얻을 수 있다.

이러한 추세와 더불어 스마트폰의 과학적인 사용 방법에 대한 연구와 개발 또한 지속적으로 진행되어왔으며 최근 그 응용 분야가 빠르게 확장되고 있다(Evanko 2010). 지질자원 분야에서도 다양한 자료를 수집, 저장, 분석, 가시화하기 위한 스마트폰 앱들이 다수 개발되었다. 특히 최근에는 스마트폰의 휴대성과 각종 센서를 활용하여 기존의 단일 장비 기반 솔루션으로는 수행할 수 없었던 새로운 시도들이 이루어졌다(Lee et al. 2013). 향후 더욱 많은 지질자원 앱들이 출시될 것이 예상되므로, 이러한 앱들의 현재 동향과 제약 사항 및 전망에 대한 분석이 필요하다.

본 장에서는 지질자원 분야에서 개발된 스마트폰 앱들의 현황과 특징에 대한 분석 결과를 제시하고, 한계점과 향후 개선 방향에 대해 고찰해보고자 한다. 대상은 Android와 iOS 플랫폼에서 실제 출시되어 누구나 사용 가능한 스마트폰 및 스마트 패드 앱으로 한정하였는데, 이는 두 운영체제가 스마트폰 시장에서 갖는 점유율이 99%를 초과하여(IDC 2016) 다른 OS에 대한 분석이 실용적인 의미가 없는 것으로 판단하였기 때문이다. 앱의 검색은 각 OS에서 공식 앱 배포를 담당하는 Google Play와 Apple App Store에서 수행하였으며, 앱들에 대한 개별조사 후 이들을 목적과 주요 기능에 따라 분류하였다.

일부 스마트폰 앱들은 데스크톱용 소프트웨어와 기능적으로 비슷하거나 동일하다. 이는 스마트폰의 기본적인 컴퓨팅 방식이 데스크톱과 유사하기 때문이다. 이와 대조적으로 가속도 센서, 자기장 센서 등과 같이 스마트폰에 탑재된 센서를 이용하는 일부 앱들은 데스크톱 환경에서 구현하기 어려운 고유의 기능들을 제공한다.

따라서 이 책에서는 스마트폰의 내장 기능 활용 정도에 따라 다음과 같이 각 장을 구분하였다. 2절은 스마트폰 OS에 기본적으로 탑재된 기능과 앱을 사용하는 사례에 대하여 살펴보았다. 3절은 특정 분야에 대한 자료 입력, 계산, 분석 등 스마트폰의 계산 및 저장 기능만을 중점적으로 사용하는 사례에 대하여 분야별로 알아보았다. 4절은 센서를 사용하여 자료를 수집하거나 이를 증강현실(Augmented Reality, AR) 등의 방법으로 가시화하는 앱에 대해 분석하였다. 5절에서는 지질자원 분야의 스마트폰 앱 개발에서 제약이나 어려움을 가져오는 여러 가지 문제에 대해 토의하고, 이에 대한 해결법과 대안을 모색한다.

2. 스마트폰 운영체제에 내장된 기본 앱의 활용

스마트폰은 모바일 컴퓨팅 장치의 일종이며, 일상생활에서의 범용성을 띠기 때문에 일반적으로 자주 사용되는 기본적인 기능들은 스마트폰 출고 시 미리 앱의 형태로 설치하여 제공된다. 이러한 기본 앱들에는 텍스트 편집기, 사진 뷰어, 카메라 소프트웨어 및 웹 브라우저 등이 포함되며, 각각의 앱들은 단순한 기능을 제공하지만 스마트폰의 멀티태스킹 기능을 통해 이들을 조합해 사용하면 보다 많은 작업을 스마트폰으로 처리할 수 있다.

예를 들어 스마트폰은 필기구, 나침반, 음성 녹음기 및 디지털 카메라를 비롯한 필수 장비의 대체품이 될 수 있다. 이를테면 다양한 유형의 입력 방법을 지원하는 텍스트 편집기를 사용하여 문자 형태의 기록을 수행할 수 있는데, 입력을 위해서는 일반적으로 화면 하단에서 자동으로 제공되는 가상 키보드가 사용되지만 최근에는 필기 및 음성 입력과 같은 다른 방법도 사용할 수 있다. 특히 최근에는 인공지능 기반 음성 인식 기술의 발달로 인해 이른바 음성 받아쓰기(voice dictation)를 이용하여 고속으로 텍스트를 입력할 수도 있다(Smith and Chaparro 2015). 문서 및 사진 보기 앱은 현장의 지형 정보를 수집하는 데 유용한 도구로 사용될 수 있다.

카메라 앱은 스마트폰의 필수적인 부분이며, 기존에 많이 사용되던 소형 디지털카메라를 대체하여 현장조사에 광범위하게 활용되고 있다. 스마트폰의 광학 이미지 센서로는 CMOS (complementary metal-oxide-semiconductor) 센서가 일반적으로 사용되고 있으며, 이 센서는 적은 전력 소모로도 충분한 품질의 고해상도 영상을 제공할 수 있다(Gove 2014). 스마트폰 카메라 소프트웨어의 디지털 배율을 조정하면 캡처된 이미지를 확대하여 광학 장비를 사용하지 않고도 미세한 지질학적 특징을 관찰할 수 있으며(Graff and Wu 2014) 스마트폰 화면의 크기도 최근 커지고 있는 추세이므로 이러한 활용 방법을 뒷받침하고 있다(Kim and Sundar 2016).

웹 브라우저 앱은 웹사이트로부터 정보를 수집하기 위해 사용된다. 최근 웹 매핑 기술과 같은 동적인 웹 환경의 개발로 말미암아 지질자원 분야 앱과 관련된 다양한 정보를 새로운 방식으로 제공할 수 있게 되었다(Cayla 2014). 영국지질조사소(British Geological Survey, BGS)의 GeoIndex(Smith 2013)나 한국지질자원연구원(Korea Institute of Geoscience and Mineral Resources, KIGAM)의 MGEO(Han and Yeon 2014) 등과 같은 일부 웹사이트에서는 모바일 기기에 적합한 형태의 지질도를 제공한다. 이러한 웹 서비스들은 서로 다른 응용 소프트웨어 간의 상호 운용성을 극대화하기 위해 WMS(Web Map Service; de La Beaujardiere 2006)와 같은 표준 프로토콜을 통해 지도를 제공한다(Guo et al. 2012). 따라서 스마트폰에서 가시화되는 자료들은 데스크톱 브라우저나 앱에서도 쉽게 확인할 수 있으며, 그 반대도 마찬가지이다(그림 1-1). 플러그인의 설치가 필요 없는 이러한 형식의 웹 기반 가시화 기법은 3차원 모델에도 적용이 가능하여(De Paor 2016) 점차 많은 3차원 온라인 지도들이 서비스되고 있다.

또한 모바일 환경 전용으로 개발된 웹사이트는 일반 데스크톱용 웹사이트보다 더 많은 기능을 제공할 수 있는데, World Wide Web Consortium(W3C)이 제시한 몇몇 표준은 개발자들이 스마트폰에 내장된 하드웨어 센서들을 특정 운영체제의 Application Program Interface(API)를 사용하지 않고도 일반적인 웹 기반 명령들을 통해 제어할 수 있도록 한다(Popescu 2016; Langel and Waldron 2017). 현재까지 이러한 기술을 적용한 지질자원 분야의 웹 서비스는 아직 없으나 이와 관련된 몇몇 연구들이 진행되고 있다(Sharakhov et al. 2013; Nguyen et al. 2015).

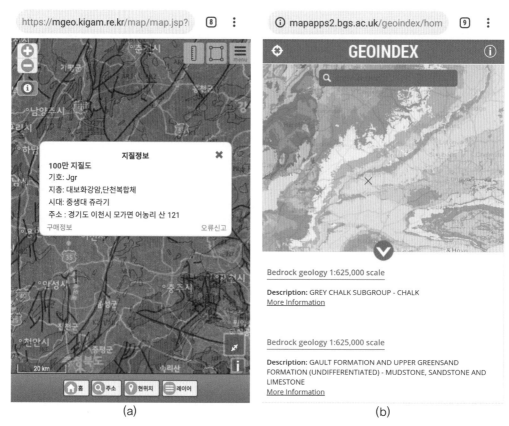

(a)　　　　　　　　　　　　　　　　(b)

그림 1-1 스마트폰에 기본적으로 설치된 웹 브라우저를 통해 제공되는 온라인 지질도 서비스 사례.
(a) 한국지질자원연구원 MGEO, (b) 영국지질조사소 GeoIndex

3. 지질자원 분야에 특화된 계산, 분석, 기록 앱

2절에서도 언급하였듯이 스마트폰은 범용 컴퓨터와 유사하게 발달되었으며, 따라서 상당
수의 앱들은 일반 PC에서도 그대로 구현 가능한 기능들을 제공한다. 이러한 경우에 해당 앱
들이 스마트폰을 기반으로 하여 얻을 수 있는 장점은 장비의 휴대성이나 프로그래밍 가능한
운영체제 환경 정도가 될 것이다. 이를테면 계산기 기능은 PC에서도 사용 가능하지만, 같은
기능을 스마트폰에서 구현하게 되면 어디서나 이용 가능하게 되므로 휴대성이라는 강력한
장점을 기본적으로 갖게 되는 것이다.

이러한 앱들은 일반적으로 사용자가 직접 입력한 값들을 기반으로 다양한 공학적 계산 결

과를 제공한다. 현재까지 개발된 지질자원 분야 앱들은 대부분 이 유형에 해당하는데, 이러한 앱들은 프로그램의 구성이 비교적 단순하여 개발자가 이공학적 지식의 논리적인 구현에만 집중할 수 있기 때문이다. 3절에서는 이 유형의 앱들을 공학적 계산, 현장조사, 교육 및 학습, 참고와 같은 유형으로 분류하여 설명한다.

가. 지질자원 분야 공학적 계산 앱

스마트폰을 기반으로 공학적 계산을 수행할 수 있는 앱들은 석유가스공학 분야에서 다수 개발되었으며, 지질공학 분야에서도 일부 사례들을 발견할 수 있다(표 1-1). 본 연구에서 조사된 57개의 앱 중 안드로이드 환경에서만 구동되는 것은 17개, iOS 환경에서만 구동되는 것은 31개, 양 OS에서 모두 이용 가능한 것은 9개로서 iOS 환경에서 구동되는 앱의 비율이 상대적으로 높았다. 가격 면에서는 무료 앱이 24개, 유료 앱은 34개로서 유료 앱의 비율이 조금 더 높았다.

표 1-1 공학적 계산 앱

Field	Name	Platform	Price	Remark
PE	3D Drilling	A	Free	AbsLab 2016
PE	Alpha Petroleum Engineers App	A	$9.99	Ahonsi 2014
PE	Bean Choke Tool	I	$0.99	Jonathon Gatewood 2014
PE	Casing Setting	I	$9.99	Cafm 2016a
PE	CemWell	I	$1.99	Yasi 2013
PE	Directional Calculations	I	$4.99	Cafm 2015a
PE	Directional Drilling	I	$19.99	Cafm 2015b
PE	Directional Survey	A	Free	Mikhailov 2016
PE	Directional Survey Calculation Methods	I	Free	Cafm 2016b
PE	Dr DE-Drilling Toolbox	A	Free	Pegasus Vertex Inc. 2015
PE	Drill Bit Nozzle Calculator	A,I	Free	National Oilwell Varco 2016, 2017
PE	DrillCalcs™ by Drilling Specialties	I	Free	Chevron Phillips Chemical Company LP 2015
PE	Driller's Method	I	$9.99	Cafm 2015d
PE	Drilling Co$t	I	$9.99	Cafm 2017a
PE	Drilling Engineering	A,I	Free	Pertamina Drilling UTC 2014, 2017
PE	Drilling Hydraulics	I	$14.99	Cafm 2014
PE	Drilling Units	I	Free	Cafm 2017b

표 1-1 공학적 계산 앱(계속)

Field	Name	Platform	Price	Remark
PE	Dynamic Volumetric Method	I	$9.99	Cafm 2015e
PE	ECD Calculator	A	Free	Oilfield Apps 2015a
PE	FracAppz App	I	Free	FracAppz Studios LLC, 2015
PE	iPBORE	A,I	Free	iPMI-RMC 2012, 2014
PE	Kick Tolerance	I	$14.99	Cafm 2016f
PE	Leak-Off Test	I	$9.99	Cafm 2016c
PE	Mud & Cement Calculator(KOC)	A	$6.43	Saify Solutions 2014a
PE	Mud Balance	A	Free	Oilfield Apps 2015b
PE	Oil Field Handy Calc	A,I	$8.66 / $8.99	Saify Solutions 2014b,c
PE	Oil PVT Properties	A	Free	PetroSimple 2016
PE	OilField & Drilling Mud Lab	I	$0.99	Uakanov 2015b
PE	OilField Annular Volume Pro	I	$0.99	Uakanov 2014a
PE	Oilfield Assistant-Formulas	A	$5.99	Synergetic S.A.S -Col- 2016
PE	OilField Calculator-Pump Slippage	I	Free	Theta Oilfield Services 2015
PE	OilField Coiled Tubing Data	I	$0.99	Uakanov 2015a
PE	OilField ECD Pro	I	$0.99	Uakanov 2014b
PE	OilField Engineer	I	$3.99	Uakanov 2016b
PE	Oilfield Essentials	A,I	$13.46 / $14.29	Gaber 2014, 2015
PE	OilField FIT & Leak-Off Test	I	$0.99	Uakanov 2014c
PE	OilField Formulas for iHandy Calc.	I	$1.99	Uakanov 2016a
PE	OilField iHandbook	I	$1.99	Uakanov 2014d
PE	OilfieldUnitConverter	I	Free	Azorey 2013
PE	PetroCalc	A	Free	Persad 2017
PE	PetroLeum Engineer	I	Free	Salih 2016
PE	Petroleum Measurement Calc	A	$3.17	mule-software.com 2012
PE	Petroleum Volume Correction Pr	A	$3.99	Maldo 2012
PE	PETROLEUM VOLUME CORRECTION TABLES	I	$14.99	MAAI 2010
PE	Phrikolat HDD Basics	A,I	Free	Knopf 2016a,b
PE	Pressure Calculator	A	Free	Oilfield Apps 2015c
PE	Quick Calc Hydraulics	A,I	Free	Schlumberger Technology Corporation 2012, 2014
PE	ResToolbox Pro	A,I	$2.15 / $3.29	MobileReservoir 2015a,b
PE	SmartDriller	A	Free	VenSoft 2017
PE	Strokes Calculator	A	Free	Oilfield Apps 2015d
PE	Ton Miles Calculator	I	$19.99	Cafm 2016d
PE	Ton Miles for Round Trip	I	$4.99	Cafm 2016e

표 1-1 공학적 계산 앱(계속)

Field	Name	Platform	Price	Remark
PE	Volumetric Method	I	$9.99	Cafm 2016g
PE	Wait and Weight Method	I	$9.99	Cafm 2015c
PE	WellHandbook	A,I	Free	Ofsapps 2012a,b
EG	RMR Calc	A	$1.92	Terrasolum 2014a
EG	Simple Slope	A	Free	Terrasolum 2014b

석유가스공학 분야에서는 주로 시추궤도 분석, 케이싱 설계, 노즐 설계, 시추비용 추정, 유정제어, 석유의 유체 특성치 계산 등에 필요한 공학적 계산들을 수행할 수 있는 앱들이 다수 개발되었다. 대표적인 사례로서 모바일 기기를 이용하여 현장에서 석유의 주요 유체 특성값 (pressure-volume-temperature properties)을 계산하는 안드로이드 기반의 앱으로 Oil PVT Properties (PetroSimple 2016)가 있다(그림 1-2).

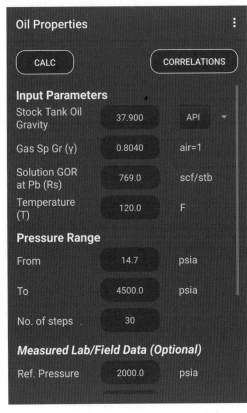

그림 1-2 석유 분야에서 공학적 계산을 위해 사용되는 Oil PVT Properties

지질공학 분야에서는 암반등급 분류와 사면의 안전율 계산을 위한 앱들이 개발되었다. 대표적인 사례로서 RMR Calc(Terrasolum 2014a)는 Bieniawski(1993)가 제시한 암반분류체계에 따라 암반의 RMR(Rock Mass Rating) 값을 계산해주는 안드로이드 기반 앱이다. RMR 값의 계산을 위해 6가지 인자들이(uniaxial compressive strength of rock material, Rock Quality Designation (RQD), spacing of discontinuities, condition of discontinuities, groundwater conditions, orientation of discontinuities) 사용자 인터페이스를 통해 입력된다. RMR은 0부터 100 사이의 수치로 계산되며 그 결과는 이메일로 다른 기기와 공유할 수 있다.

나. 지질자원 분야 현장조사 앱

현장조사용 앱들은 지질조사 분야에서 주로 개발되었으며, 석유가스공학 분야에서도 일부 사례들을 발견할 수 있다(표 1-2). 이 앱들의 플랫폼은 안드로이드용과 iOS용이 비슷한 비중을 차지했으며, 가격정책 측면에서는 무료 앱의 비중이 높았다. 지질조사 분야에서 개발된 앱들은 주로 샘플링 지점 선정, 현장조사 정보 입력 및 관리, 지질단면도 작성, 시추주상도 작성, 평사투영도(stereonet) 작성 등을 수행하기 위한 용도로 개발되었다.

표 1-2 현장조사용 스마트폰 앱

Field	Name	Platform	Price	Remark
GS	aFieldWork	A	Free	geus 2015
GS	Geological Field Notes	I	$4.99	Zhang 2017
GS	geoMapper-Surface Mapping for Field Geologists	I	Free	rapidBizApps 2015
GS	iGeoLog	I	$1.99	MangoCreations 2016
GS	Kapalo	A	Free	Geological survey of Finland 2016
GS	LogMATE	A,I	Free	GME Systems 2014a,b
GS	PersonalGeo	A	Free	CZL Solutions 2016
GS	StereoNet	I	$0.99	Tectonic Engineering Consultants Co. Ltd. 2012
GS	Stereonet Mobile	I	Free	Allmendinger 2017
GS	Strataledge	A	Free	Endeeper 2017

예를 들어 지질단면도 작성용 앱인 iGeoLog(MangoCreations 2016)는 현장에서 직접조사 결과를 도면으로 작성할 수 있다(그림 1-3a). 이 앱은 수직 방향의 부분적인 단면만을 그릴 수

있으나 공통적으로 사용 가능한 텍스처와 화석 아이콘들을 제공하므로 관찰하고자 하는 결과를 빠르게 그릴 수 있다. 이는 단일 패키지 안에 관련된 기능들을 모두 포함함으로써 특정 목적에 특화시키도록 하는 앱의 장점이라 할 수 있다.

시추 기록은 보통 시추 주상도와 같은 표준화된 양식으로 문서화되기 때문에 현장조사용 앱 개발이 용이하다. 데스크톱용 로깅 소프트웨어와 유사하게 LogMATE(GME Systems 2014a, 2014b)와 PersonalGeo(CZL Solutions 2016)는 이미 정의된 포맷에 따라 사용자가 시추공 로깅 값을 입력하고, 추가적인 활용을 위해 자료를 내보낼 수 있도록 한다(그림 1-3b, c). 비록 이러한 앱들은 데스크톱 소프트웨어처럼 구조화된 시추 주상도를 작성할 수는 없지만, 스마트폰의 휴대성으로 인해 현장에서는 데스크톱이나 노트북을 사용하는 것보다 유용할 수 있다.

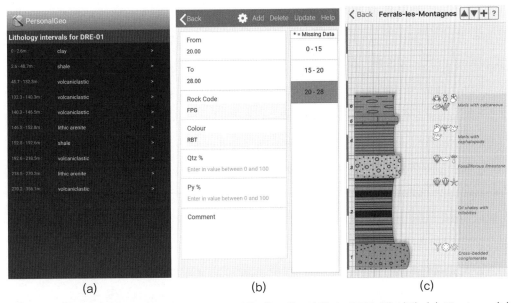

그림 1-3 지질자원 분야에서 현장조사를 위해 사용되는 대표적인 스마트폰 앱 사례. (a) iGeoLog, (b) LogMATE, (c) PersonalGeo

다. 지질자원 분야 교육 및 학습 앱

지질자원 분야를 다루는 교육 및 학습 관련 모바일 앱 28개의 사용 목적과 용도를 면밀히 검토한 결과 크게 교과서, 강의, 시뮬레이션, 게임 및 퀴즈 등의 4가지로 분류할 수 있었다. 이는 대부분 Google Play나 App Store에서 개발자가 교육, 도서, 참고자료 등의 범주로 명시한 앱들을 본 연구에서 보다 세부적으로 분류한 것이다. 일부 앱은 4가지 분류 중 2가지 이상에 해당하는 경우도 있었으나(이를테면 게임 형태의 교육용 앱) 주요 기능을 판별하여 한 개의 분류 체계에 포함되도록 하였다.

교과서 앱은 도서나 웹 문서의 글과 그림 등의 내용을 전자책과 같은 형태로 구성한 것으로서, 동영상을 기반으로 한 강의 내용이 없다는 점에서 강의 앱과 차이가 있다. 본 연구에서 검토된 앱들은 대부분 무료이고 안드로이드 운영 체제를 기반으로 한 것으로 확인되었다. 내용이 전자책으로 제공되는 것 외에 특별한 기능은 없으며, 분야별로는 지질공학(Appstube.in 2017a; Engineering Wale Baba 2016), 지질학의 원리(Appstube.in 2017b; Komakuro 2017a), 지질학적 역사(Komakuro 2017b) 등이 있다.

강의 앱은 사용자의 학습을 목표로 만들어진 것으로 교과서, 용어 사전, 사진, 애니메이션이나 동영상 등 다양한 콘텐츠를 이용하여 지식을 전달하는 기능을 수행하며 때로는 간단한 복습용 퀴즈 등을 포함하기도 한다. 대부분의 앱 가격은 무료~$3이며, 다양한 형태의 학습 자료를 제공한다. 지질학, 화산학, 광물과 암석, 지질공학, 채광학 등의 분야의 다양한 앱이 발표되었는데 구체적으로는 (a) 습곡과 단층의 기초(Tasa Graphic Arts, Inc. 2013a), (b) 초·중등 수준의 지구과학 주요 이슈(Sprout Labs, LLC 2015), (c) 지질연대표와 시대별 특징 해설(Tasa Graphic Arts, Inc. 2013b; Tengel 2016), (d) 3차원 지층구조로부터 단면도를 직접 생성해 볼 수 있는 인터렉티브 가시화 앱(RootMotion 2013), (e) 판구조론 설명(Pancucci 2015) 및 판게아(pangaea)의 해체와 지난 2억 년 동안 대륙의 위치를 3D 지구본에 동적으로 보여주는 앱(Tasa Graphic Arts, Inc. 2015), (f) 하와이 화산 지역과 관련 용어 설명(Fire Work Media 2015), (g) 광물과 암석의 이해와 식별(Davis 2012), (h) 광물의 3차원 결정 구조와 형태를 3차원으로 가시화하고 확인할 수 있는 앱(Apopei 2016), (i) 가상의 편광현미경으로 편광에 대하여 암석 박편 샘플의 다양한 광학적 성질(굴절성, 복굴절, 다색성 등)을 관찰해볼 수 있는 앱(Open University 2010), (j) 교과서와 동영상 해설이 제공되는 토질역학 강좌 앱(Engineering Apps 2017) 등이 있다.

시뮬레이션 앱은 지질자원 분야의 어떤 문제나 과학적 현상 등을 해석하고 해결하기 위해 간소화된 유사 모형을 만들고, 이로부터 다양한 변수 입력, 조건 및 옵션 설정을 통해 모의적으로 그 특성을 파악하는 데 사용된다. 이를 통해 특정 문제에 대한 계산 값을 결과로 제시하거나 이를 도시하여 나타낸다. 본 연구에서 조사한 시뮬레이션 앱은 모두 iOS 앱으로서 대부분 시추 또는 석유·가스 분야에 국한되어 있으며, 대부분이 유료 앱으로 $10~$50의 분포를 보였다. 강의의 성격은 없으며, 시뮬레이션 과정에서 다양한 변수 입력과 조건 및 옵션 설정이 요구되고 이로부터 다양한 결과를 도출해야 하는 만큼 대부분의 앱이 그림이나 도표를 동반하는 인터페이스를 제공하고 있다. 세부 기능별로 살펴보면 유정 제어 단계에서 사용될 수 있는 LOT(Leak-Off Test) 시뮬레이터, 유정 제어 시뮬레이터(Cafm 2015, 2016a)와 시추 작업 과정에서 이용 가능한 시추 시뮬레이터(Cafm 2016b, c), MPD 시뮬레이터(Cafm 2017) 등이 있다.

게임 및 퀴즈 앱은 강의나 시뮬레이션을 통한 전문지식 전달의 목적보다는 주로 배경 지식을 요구하지 않는 수준에서 아이들이나 일반인을 대상으로 지질자원의 세계에 친근하게 다가갈 수 있도록 게임이나 퀴즈의 형태로 내용을 쉽고 흥미롭게 구성한 것을 선택하여 분류하였다. 일부 앱은 게임 및 퀴즈 외에 배경 이론이나 현상에 대한 내용을 확인할 수 있는 문서 자료를 포함하여 학습의 기능을 일부 갖추기도 하였다. 앱의 가격은 무료부터 $5까지 다양하며, 지질학, 광물, 석유·가스, 화산 등 다양한 주제의 앱이 개발되었다. (a) 지질학적 지식을 간단하게 평가해볼 수 있는 퀴즈 앱(Shoaib 2016), (b) 지구의 구성과 중력에 의한 현상을 사용자 입력에 따라 가시화하는 앱(Tinybop Inc. 2016), (c) 광물의 물리적 성격을 카드 게임으로 알아보는 앱(Soaring Emu 2016), (d) 지질학적 지식을 이용해서 석유자원 개발 프로젝트의 수익성을 높여보는 게임(Geonova 2015), (e) 화산에 대한 다양한 사진과 영상 및 퍼즐게임 제공하는 어린이용 앱(Encyclopaedia Britannica, Inc. 2013), (f) 바르셀로나 건축물에 사용된 암석에 대한 이해를 돕는 지오투어리즘(geotourism) 앱(Universitat de Barcelona 2016) 등이 있다.

라. 지질자원 분야 레퍼런스 앱

지질자원 분야를 다루는 다양한 참고자료 형태의 모바일 앱 85개를 사용 목적과 용도를 면밀히 검토한 결과 크게 사전, 안내서, 지도, 여행 가이드 등의 4가지로 분류할 수 있었다. 이는 Google Play나 App Store에서 개발자가 교육, 도서, 참고자료, 생산성(productivity), 비즈니스(business), 날씨, 여행 등의 범주(category)로 명시한 앱들을 대상으로 저자들의 판단과 토의를 통해 앱의 성격을 재분류한 것이다.

사전 앱은 여러 가지 사항을 모아 일정한 순서로 배열하고 그 하나하나에 해설을 붙이거나 전문 용어에 대한 풀이(glossary)를 해놓은 것이다. 이는 기존의 인터넷에서 제공되던 사전의 형태와 유사하며, 실제로 검색 및 조회를 위해 인터넷 연결을 요구하는 앱도 있다. 모든 사전 앱에서 공통적으로 제공하는 기본 기능은 문자 형식의 단어(혹은 용어) 검색 및 조회이다. 그 외에도 사전 주제의 성격에 따라 용어에 대한 그림이 포함되어 있는 경우가 있으며, 검색한 단어를 자동 저장해주는 기능, 북마크 기능, 사용자가 용어와 정의를 추가할 수 있는 커스터마이징 기능, 단어 퀴즈 기능, 검색한 단어 정보를 남들과 공유할 수 있는 기능 등이 추가되기도 한다. 앱의 가격은 무료부터 $10까지 다양하다. 지질자원 분야의 사전 앱을 대상 주제에 따라 분류해보면 지질, 광물·암석, 석유·가스 등이 있다.

지질학 사전의 경우 기본적으로 그림 없이 텍스트 기반으로 용어를 설명하는 방식이 주를 이루며, 기능별로 살펴보면 (a) 사전의 기본 기능만을 제공하는 다양한 앱(Apps Artist 2016; Techhuw 2016; Best Mobile Dictionary 2017; IM7 2017), (b) 공유 기능이 추가된 앱(Space-O Infoweb 2014), (c) 북마크 기능이 포함된 앱(American Geosciences Institute 2016; Putranto 2016; Sidorov 2016), 북마크와 커스터마이징 기능이 추가된 앱(Eros Apps 2016; Hybrid Dictionary 2016; Offline Dictionary Inc. 2016; Dener 2017a), (d) 북마크와 공유 기능을 제공하는 앱(LAQMED 2016; MobiSystems 2017a, b) 등이 있다.

광물·암석 사전의 경우 대부분 사진과 함께 종류나 암석의 구성 광물 및 화학식, 물리적 특성 등의 정보와 텍스트 기반의 설명을 포함하고 있다. 광물·암석 사전 앱을 기능에 따라 분류해보면 (a) 기본 기능이나 북마크 기능을 제공하는 앱(Ng 2013; Jourist Verlags GmbH 2013; Excellentis 2014; EasyStreet Apps 2017) 외에 (b) 광물의 결정구조를 3차원으로 가시화해주는 앱(Tasa Graphic Arts, Inc. 2014; Grupo de Percepción Computacional y Sistemas Int., 2015), (c) 광물의 광학현미경 사진을 보여주는 앱(Chakraborty 2016a; Apopei 2017), (d) 광물의 다양한 분류 기준과 목록을 제시하는 앱(그림 1-4a, Chakraborty 2016a, 2016b), (e) 어떤 특성이나 조건으로부터 특정 광물을 찾아낼 수 있는 앱(Adventuroo Apps 2013; Disigma Publications 2017; Yakobo 2017) 등이 있다.

석유·가스 사전의 경우 유전 생산 현장을 포함한 석유·가스 공학 분야에서 사용되는 전문 용어 설명을 포함하고 있다. 텍스트 기반으로 용어의 정의와 설명을 제공하는 사전 앱으로는 (a) 기본적인 기능만을 제공하는 앱(Putranto 2016a, b; Paprika Studio 2016; Schlumberger Technology Corporation 2016), (b) 북마크나 커스터마이징 기능을 제공하는 용어 사전 앱(Bazilikka 2014; Akdas 2016; Dener 2017b) 등이 있고, (c) 텍스트와 함께 풍부한 사진이 제공되는 앱(Sand Apps Inc. 2016a, b, c)도 발표되었다.

핸드북 앱은 지질, 광물·암석, 석유·가스 등의 특정 분야에서 자주 활용되는 자료나 복잡한 내용을 표, 계산식, 공식 통계, 그림 등의 형태로 요약 및 정리하여 이를 현장에서 손쉽게 사용할 수 있도록 한 것으로 때로는 가이드라인이나 활용법에 대한 정보가 제시되어 있기도 하다. 이러한 점에서 단순한 용어 풀이나 설명을 주목적으로 하고 있는 사전 앱이나 어떤 분야의 전반적인 내용을 다양한 콘텐츠를 통해 전달하는 교과서 앱과 구분된다. 본 연구에서 조사된 핸드북 앱의 경우 무료 버전은 없었으며, $1~$5의 가격대를 보였다. 핸드북 앱은 대부분 석유·가스 분야에 해당하였는데, 이는 유전의 방대한 양의 수치 계산과 프로그래밍 제어 작업이 요구되기 때문인 것으로 판단된다. 그 예로, (a) 천연가스의 중량과 부피 계산이나 천연가스 개발 시에 필요한 다양한 환경과 조건 변수 등의 정보를 제공하는 파이프 엔지니어용 앱(FPC Ltd. 2017), (b) 파이프의 치수 데이터를 쉽게 찾을 수 있는 도구(Uakanov 2014a), (c) 유전 현장에서 자주 사용되는 다양한 파이프 정보를 제공하는 앱(Oil WellApps 2015), (d) 석유·가스 분야에서 이용되는 다양한 공식을 정리한 앱(Munro 2013) 등이 있다. 지질학 분야에서는 지질현장조사 시 토양 및 암석 등 다양한 지구물질의 이해와 파악을 위해 색상 비교에 활용될 수 있는 색상 차트 앱이 출시된 바 있다(Scott 2016).

지도 앱은 지구 표면의 일부 또는 전부를 단순화시켜 일정한 축척에 따라 평면상에 나타내는 것들로서, 나타내고자 하는 대상에 따라 다양한 형태의 지도로 분류된다. 다수의 지도 앱들은 구글 지도나 위성 영상을 기반으로 주제별 정보를 도시하고 있으며, 본 연구에서 조사된 지도 앱은 무료부터 $10의 다양한 가격대를 보였다. 본 연구에서 조사된 지도 앱으로는 (a) 전 세계의 지진 발생 현황(시간, 위치, 규모 등)과 경고 정보를 실시간으로 제공하는 지진 지도(Ackermann 2016; Barouline 2016a, b; Artisan Global LLC 2017; Blue Rocket, Inc. 2017), (b) 지표 토양 특성 정보를 보여주고 사용자가 자료를 입력하여 데이터베이스에 송신할 수 있는 토양 지도(British Geological Survey 2013a, b), (c) 전국 단위나 주(state) 단위의 지표 지질, 지층 정보, 시추 지질 단면도, 시추공 위치 또는 단층이나 암석 등의 지질 요소를 나타내는 지질도 앱(그림 1-4b, Integrity Logic 2009a-e; 2010a-e; British Geological Survey 2013c, 2015, 2016; Itacasoft 2014; Geobyte Europe S.L 2015; Geological Survey of NSW 2015; Gerardini 2015; SGU 2015; Civil Engineering and Development Department 2016a, b; Hunt Mountain Software 2016; Regents of the University of Minnesota 2016; Washington State Geological Survey 2016a, b; UW Macrostrat 2017a, b), (d) 광산의 분포와 광산별 주요 광종, 지질 및 채광 정보를 보여주는 광물자원 지도(Barouline 2016c, 2017a; Doss 2016), (e) 미국 플로리다주의 싱크홀 현황 정보를 나타내는 싱크홀 지도(Femmer 2011), (f) 화산의 현황 및 활동 시의 경고를 제공하는 화산 지도

(British Geological Survey 2017; Barouline 2017b) 등이 있다.

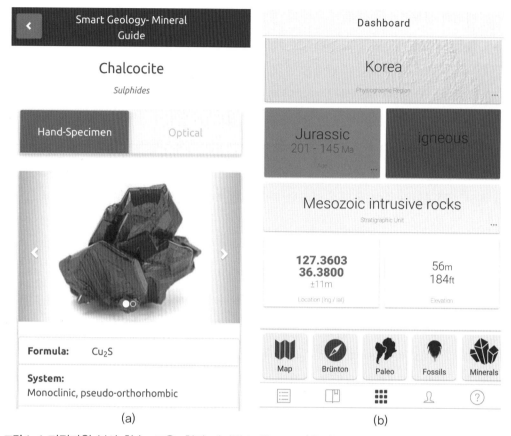

그림 1-4 지질자원 분야 학습, 교육, 현장 레퍼런스 용도로 사용되는 대표적인 스마트폰 앱 사례. (a) Smart Geology−Mineral Guide(Chakraborty 2016b), (b) Rockd(UW Macrostrat 2017a, b)

여행 가이드 앱은 지질학적 가치가 있는 지질 명소의 소개와 관광을 도와주는 다양한 지오투어리즘 정보를 제공하며, 주로 국가적으로 그 가치를 인정받아 지정된 공원지역을 대상으로 한다. 각 지질 명소에 대한 지도(일반 지도 및 지질도)와 위치, 지질학적 특징, 생성 원리 및 역사 등의 풍부한 설명과 함께 사진, 삽화, 동영상 가이드 등이 제공된다. 사용자의 위치와 가까운 지질 명소나 트래킹과 같은 관광 정보를 제공하기도 하므로 지질 명소에 초점이 맞춰져 있지 않은 일반적인 여행 앱과는 차별화된다. 본 연구에서 조사된 지질자원 분야 여행 가이드 앱의 가격은 무료부터 $5에 이르는 것으로 확인되었다. 세계에서 가장 다양한 천연 아치와 기암괴석을 볼 수 있는 미국 유타주 아치스 국립공원(Arches National Park)의 지질 투어 앱은 지질 관광을 위한 하이킹 코스와 지질 명소를 쉽고 빠르게 찾아갈 수 있는 내비게이션 기능을 포함하고 있다(GuideMe Travel LLC 2013). 국립공원의 지질과 지형의 생성 원리, 특징, 주요 지질 명소에 대한 정보를 텍스트, 사진, 동영상, 삽화, 지도 등의 다양한 콘텐츠로 제공하는 앱도 있으며(Tasa Graphic Arts, Inc. 2016), 유네스코 세계지질공원으로 지정된 한국 제주도의 지질여행가이드 앱(Jeju Tourism Organization 2015)은 제주도의 지질학적 특성과 경관, 주요 지질명소와 지질트레일 코스를 이용한 지질관광 정보 체험 코스 등에 대한 정보를 제공하고 있다.

4. 내장된 센서를 이용한 앱

최근에 출시된 스마트폰에는 기기의 방향에 따른 화면 표시 방향의 자동 회전 기능이나 지도 화면의 회전과 같은 편의기능의 구현을 위한 여러 종류의 센서들이 내장되어 있다(Lane et al. 2010). 이러한 센서들은 기본적으로 3축(x, y, z)에 대한 특정 물성을 감지할 수 있는 센서들로서, 스마트폰이 위치한 지점의 자기장이나 장비에 가해지는 가속도 등을 측정할 수 있다. 일반적으로 스마트폰에 탑재된 센서들의 목록은 다음 표 1-3과 같다.

이러한 센서들을 사용하면 다양한 환경 인자들과 장비 자체에 대한 물리적 정보 등을 취득할 수 있으며, 이들을 단일 또는 복합적으로 응용함으로써 데스크톱 소프트웨어로는 구현하기 어려운 방식의 자료 수집이나 가시화 등이 가능하다(Lee et al. 2013). 본 장에서는 이와 같은 내장 센서들을 지질자원에 응용한 사례를 살펴본다. 이러한 앱들은 크게 자료 수집과 가시화의 두 종류로 분류될 수 있으며, 상용으로 출시된 대표적인 사례들의 특징과 기능을 소개한다. 상용으로 출시되지는 않았으나 센서를 적용하여 새로운 시도를 수행한 연구 사례로는 근접도 센서(proximity sensor)를 이용한 지하수위 측정(Dong and Li 2014), 증강현실을 이용한 3차원 지질 구조 가시화(Mathiesen et al. 2012) 등이 있다.

표 1-3 스마트폰에 탑재되는 센서의 종류(Apple 2017; Google 2017a)

센서	기능	측정 단위
Accelerometer	Measures acceleration force	m/s^2
Magnetometer	Measures the ambient magnetic field	μT
Gyroscope	Measures a device's rate of rotation	rad/s
Proximity sensor	Measures or determines the proximity of any object	cm, or Boolean values
Ambient light sensor[a]	Measures the ambient light level	Lx
Optical image sensor	Acquires optical imagery	-
Temperature sensor[b]	Measures the temperature of the device or specific internal component	°C
Ambient temperature sensor[a]	Measures the ambient temperature	°C
Microphone	Converts sound wave into electric signal	-
Barometer[c]	Measures the ambient air pressure	hPa or mbar
Humidity sensor[a]	Measures the relative ambient humidity	%

[a] iOS에서는 지원하지 않음
[b] OS 내부 용도로만 사용되며 API로 제공되지 않음
[c] iOS에서는 기압 수치를 얻을 수는 없으며 상대적인 고도 변화만을 출력함

가. 센서 자료 수집 앱

스마트폰에서 자료 수집의 수단으로 사용할 수 있는 센서에는 표 1-3처럼 여러 센서가 있으며, 지질자원 분야에는 특히 가속도 센서와 자기장 센서(magnetometer, 또는 digital compass) 등을 복합적으로 사용한 지질 구조 측정 앱들이 다수 존재한다(표 1-4). 가속도 센서는 장비에 가해지는 가속도의 총합을 측정하므로 중력가속도 또한 측정할 수 있고, 자기장 센서는 지자기장의 측정이 가능하므로 이 두 센서를 함께 이용하면 현실 세계를 기준으로 하는 좌표계에서 스마트폰의 자세를 계산하거나 지반 거동, 진동 등을 감지할 수 있다.

다만 이러한 센서의 측정값에는 여러 이유로 인해 발생하는 잡음, 오차 등이 포함되므로 장비나 환경의 물리적 상태가 변하지 않더라도 센서의 출력 값이 변동할 수 있으며, OS에서는 항상 이러한 오차에 대한 보정 수단을 제공하지는 않으므로 이들을 제거하거나 보정하기 위한 기법들이 병행하여 사용될 수 있다(Ozcan et al. 2011).

이러한 측정 앱들은 기존에 물리적 형태로 존재하는 도구들을 스마트폰 앱이라는 가상의 형태로 통합함으로써 기능성은 유지하되 조사의 편리성이나 신속성 등을 증대시키는 장점을 갖는다. 또한 많은 앱들은 통신기능과 같은 부가 기능을 복합적으로 사용하여 단순 측정 이외의 다양한 작업들을 현장에서 수행할 수 있도록 한다.

표 1-4 센서 자료 수집 앱

Field	Name	Platform	Price	Remark
G	eGEO Compass Pro by IntGeoMod	A	$7	Foi 2016
G	FieldMove	A,I	$29.99	Midland Valley Exploration Ltd. 2016a
G	FieldMove Clino	A,I	Free	Midland Valley Exploration Ltd. 2016b
G	GeoClino for iPhone	I	Free	Geological Survey of Japan, AIST 2016
G	Geocompass	A	Free	Innocenti 2012
G	GeoCompass 2-Geologist's Compass	I	$2.99	Lin, 2015
EG	GeoID	I	$5.99	Engineering Geology & GIS Lab., SNU. 2014
G	Geological Compass Full	A	$6.72	ThSoft Co., Ltd. 2015
G	Geology Sample Collector	A	Free	Major Forms, 2015a
EG	Geostation	A	$101	Terrasolum. 2014c
G	Lambert	I	$2.99	Appel 2017
G	PocketTransit	A,I	Free / $4.99	R&W Scientific 2016
G	Rocklogger	A	Free	RockGekko 2017
G	Strike and dip	A	Free	Major Forms 2015b
G	Strike and Dip	I	$4.99	Hunt Mountain Software 2017
G	Structural Compass	A	Free	Apps Medion 2017

1) 지질 구조의 방향성 조사 앱

모든 지질 구조 측정 앱들은 내장 센서들을 기반으로 작동하며, 대부분의 앱은 별도의 자체적인 보정이나 특별한 측정 방법을 사용하지 않고 편의성을 중심으로 작동된다. 이러한 앱은 측정하고자 하는 구조 위에 밀착시킨 상태의 스마트폰의 자세를 측정 대상 구조와 같은 것으로 간주하여 측정을 수행한다. 지질구조는 일반적으로 정적 상태에 있으므로, 스마트폰을 지질 구조에 밀착시키면 장비의 움직임이 없기 때문에 스마트폰에서 감지되는 가속도는 중력가속도가 된다. 또한 해당 지표 근처에 자성 물질이나 국지적인 자기장을 발생시키는 인공적, 자연적 구조물이 없다면 해당 위치에서 측정되는 자기장은 스마트폰의 구동에 의해 발생되는 자체 자기장과 지자기장의 합과 같다. Android 및 iOS와 같은 일반적인 스마트폰 운영체제는 이러한 자체 자기장에 의한 간섭을 제거하기 위한 보정 알고리즘을 갖추고 있으며, 간섭 제거의 필요성에 따라 보정을 위한 행동을 사용자에게 요청하기도 한다. 이러한 간섭들에 대한 보정이 완전하다고 가정하면, 정지 상태에서의 측정 결과는 지자기장과 같으므로 이때 현실세계에서의 스마트폰의 자세 계산이 가능하다.

지질학이나 지질공학 등 관련 분야에서 측정 대상이 되는 지질 구조는 단층이나 절리와 같은 면구조일 수도 있고, 습곡축이나 편리와 같은 선구조일 수도 있다. 기존의 측정 장비를 이용한 측정 방법이 측정하고자 하는 구조에 따라 달라지는 것처럼 스마트폰을 이용한 측정 기법이나 계산 방법도 이에 따라 달라져야 하며, 따라서 많은 앱들이 측정 대상을 미리 지정하거나 대상의 종류를 선택할 수 있도록 한다.

본 연구에서 조사된 센서를 활용한 지질구조 측정 앱은 총 16개로서 가격은 무료부터 $101까지 지원되는 기능에 따라 다양하게 분포한다(표 1-4). 플랫폼별로는 Android 전용 앱이 5개, iOS 전용 앱이 5개, 양 플랫폼을 모두 지원하는 앱이 3개였으며, 이 중 2개는 유료 앱(FieldMove)에서 측정 등 일부 기능만을 분리한 앱(Midland Valley Exploration Ltd 2016b; Vaughan et al. 2014)이므로 사실상 2개의 앱(FieldMove, PocketTransit)만이 양 플랫폼을 모두 지원한다. 지원되는 기능은 가장 필수적인 기능인 구조 방향성 측정부터 이를 응용한 GNSS(Global Navigation Satellite System) 기반 위치 추적, 사진 촬영 및 녹음 기능, 자동 매핑, 평사투영 등으로 다양하며, 일부 앱은 공학적 분석기능을 통해 현장 분석을 수행할 수 있도록 한다.

FieldMove는 종합적인 지질도 현장 매핑을 위한 앱으로서, 앞서 설명한 측정 기능과 더불어 지질구조별 측정 결과에 대한 지도상의 매핑, 지표 지질 조사 결과를 영역별로 나타내기 위한 작도기능, 지질 구조의 측정 결과의 평사투영과 같은 다양한 기능들을 내장하고 있다(그림 1-5a). 측정 대상은 사전 설정된 그룹 분류에서 선택함으로써 추후 측정 결과를 재분류할 필요가 없으며, 이러한 측정 대상에는 기존에 주로 사용되는 선구조 및 면구조 등의 사전설정과 더불어 현장에서 관찰되는 특정 노두나 암종 등에 대해서도 세부적으로 설정할 수 있다. 또한 현장 조사에서 필요한 지질도나 각종 주제도 등을 필요에 따라 탑재하여 사용할 수 있으므로 별도의 지도 소프트웨어나 지질도 등을 지참하지 않을 수 있도록 구성되어 있다. 각 측정 지점이나 조사 지점 등은 스마트폰에 내장된 GPS에 의하여 지도에 자동으로 입력되며, 필요 시 이를 선택하여 사진과 메모 등을 입력할 수 있다.

GeoStation은 FieldMove와 같이 다양한 역할을 수행하는 측정 기반 앱이지만 그 기능성은 주로 토목, 지반공학적 용도에 초점이 맞춰져 있다(그림 1-5b). 측정 기능은 다른 앱과 유사하며, 측정 대상의 종류는 충리, 절리, 단층과 같은 불연속면들로 제한된다. 각 측정 자료에는 불연속면들의 방향과 길이, 간격, 거칠기 등을 별도로 기록하게 되어 있으며 이를 토대로 RMR(Rock Mass Rating)과 Quality Index를 판단할 수 있다. 이 외에 별도의 사진이나 메모 등을 포함하여 저장된 측정 및 기록 자료는 프로젝트 단위로 관리되며, 각 조사 자료는 CSV

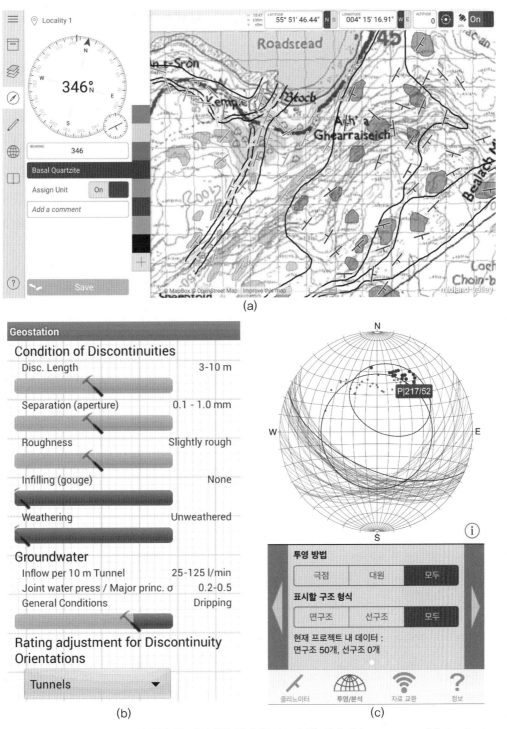

그림 1-5 스마트폰 내장 센서를 이용한 지질자원 분야 현장조사 앱 사례. (a) FieldMove, (b) GeoStation, (c) GeoID(컬러 도판 373쪽 참조)

(Comma-Separated Values) 등의 포맷으로 전송하거나 PDF(Portable Document Format) 형식의 보고서로 출력이 가능하다.

GeoID는 측정과 평사투영 등의 기능성에서 FieldMove와 유사하며, 전체적으로는 일반적인 지질 조사용으로 구성되어 있으나 지질공학적 분석 기능이 추가되어 있다(그림 1-5c). 측정 대상은 면구조와 선구조로만 구분되며 각 측정 대상에 따라 측정 방법을 달리 하도록 구성되어 있다. 자료의 입력은 센서를 통해서 입력하거나 직접 입력하는 방법 외에 '2개의 선구조를 포함하는 면구조'와 같은 구조적 계산을 통한 입력 방법을 제공한다. 프로젝트별 측정 결과는 평사투영도에 표시되며, 이 화면으로부터 다시 사면 안정성 분석을 수행하게 되면 측정된 면구조들을 불연속면들로 가정하여 특정 경사각과 경사 방향을 갖는 사면에 대한 안정성을 분석할 수 있다.

2) 지진 감지 앱

일반적으로 지진 등의 지표 진동에 대한 관측은 세계 전 지역에 위치한 관측소에서 수행되지만, 그렇다 하더라도 해당 지진 관측소 근처가 아닌 지역에서 관측되는 진동의 크기는 객관적으로 알 수 없다. 현실적으로 모든 지점에 대한 관측이 어려운 상황에서 스마트폰을 사용한 진동 자료 수집은 국지적인 지반 분석과 같은 지질이나 공학적 분야에서도 유용성을 가질 수 있다.

각 스마트폰에서의 진도 측정이 실용적 의미를 갖기 위해서는 측정값이 속도나 가속도 등의 물리량으로서 제공되어야 하며, 측정된 데이터의 저장 및 전송 등의 기능이 수반되어야 한다. 이러한 조건에 부합하는 앱은 표 1-5와 같은데, 여기서는 학술적 의미를 갖는 사례에 대해서만 소개하고자 한다.

표 1-5 Seismometer 앱

Name	Platform	Price	Remark
iShindo-Seismic Intensity	I	Free	Hakusan Corporation 2017
myShake	A	Free	UC Berkeley Seismological Laboratory 2017
myVibrometer	I	$1.99	Natalini 2013
Seismo Cloud	A,I	Free	informatica@sapienza 2017
Seismograph	A	Free	Calvico 2013
Seismometer	I	$1.99	FFFF00 Agents AB 2013

MyShake(Kong et al. 2016)는 Berkeley Seismology Lab에서 개발한 앱으로, 스마트폰의 센서를 통해 지진을 감지할 수 있다는 점과 스마트폰의 보급률이 높아 사람이 위치하는 대부분의 지점에 장비가 높은 밀도로 위치해 있다는 점에 착안하여 각 스마트폰 장비를 네트워크로 연결된 휴대용 지진계로 사용하는 것이다. 스마트폰은 실생활에서 자주 사용되는 기기로서 이에 탑재된 센서의 민감도와 정확도 등의 성능이 지진계보다 훨씬 낮은 만큼 일정 규모 이상의 지진만을 감지 가능하지만, 이러한 크라우드소싱(crowdsourcing) 방식의 자료 수집은 적은 수의 전문가가 일일이 측정하거나 모니터링해야 할 필요가 없는 지진에 의한 진동, 화산 분화 등의 현상을 불특정 다수의 참여를 유도하여 수집할 수 있고, 이를 통해 고밀도의 대규모 데이터를 형성 가능하다는 점에서 의미가 있다.

이와 비슷한 사례로는 Seismo Cloud가 있으며 이 앱은 MyShake와 유사하게 크라우드소싱 기반 지진 감지 기능을 수행하나 사용하는 하드웨어로서 스마트폰 외에도 Raspberry Pi, Arduino 등의 플랫폼을 지원한다. 스마트폰은 일반적으로 잦은 이동이 동반되므로 지진과 같은 진동 발생 시의 데이터 품질 보장이 어려운 반면, 이 앱은 스마트폰 이외의 저가형 장치를 고정된 형태로 사용할 수 있게 함으로써 비교적 신뢰도 높은 저비용 지진계 네트워크를 구성할 수 있도록 하고 있다.

나. 데이터 가시화 앱

스마트폰에 탑재된 각종 센서들은 측정을 통한 데이터 수집뿐 아니라 가시화에도 적용이 가능하다. 스마트폰의 자세 측정이 가능하다는 특성을 이용하여, 스마트폰이 현재 향하고 있는 방향의 정보를 현실 세계의 정보와 융합하여 제공하는 증강현실(Augmented Reality, AR)기법이 그것이다. 증강현실 기법은 다수의 위치 정보나 구조적 정보를 직관적으로 가시화할 수 있는데, 지질자원 관련 자료는 지표지질, 지질 구조 등에 대한 정보를 다수 포함하므로 증강현실을 이용한 가시화는 현장 지질조사나 교육 등 다양한 분야에서 효과적으로 응용될 수 있다.

증강현실은 일반적으로 마커(marker)나 특정 사물과 같은 특정 형상의 개체를 카메라로 촬영하여 이를 패턴 인식 기술로 인지함으로써 해당 위치 근처에 특정 정보를 표시하는 방식과 장비의 위치 정보 및 대상의 상대 위치 정보 등 센서 정보를 기반으로 주변정보를 표시하는 방식, 그리고 이를 혼합한 방식으로 나눌 수 있다(Daponte et al. 2014). 전자는 특정 실물을 대체하거나 해당 실물에 대한 부가 정보를 표현할 수 있다는 장점이 있으나 해당 실물을 직접 촬영할 수 있어야만 한다는 단점이 있다. 후자는 현재 장비의 위치만 탑재되면 다른 지점의 상대 위치를 계산하여 표현이 가능하지만 GNSS 기반의 위치 오차와 전자 나침반에 의한 방향각 오차 등 센서의 영향을 많이 받는다(Lee et al. 2015).

증강현실 기술은 최근 각광받기 시작하여 엔터테인먼트 분야를 중심으로 응용 분야를 넓혀가고 있는 기술로서 아직 그 사례가 많지 않다. 그러나 현재 출시된 3건의 지질자원 분야 사례는 서로 다른 세부 기술을 사용하는 증강현실의 활용 가능성을 잘 보여주고 있다.

Unearthing 3D modeling(ARANZ Geo, Ltd 2016)은 마커를 사용하는 증강현실 앱으로, 증강현실 기술의 측면에서 보면 매우 기본적인 역할만을 수행한다. 앱을 실행하면 카메라를 통한 영상이 실시간으로 표시되며, 이때 제작사에서 제공하는 특정 마커를 화면에 표시하거나 인쇄하여 해당 마커를 비추게 되면 그 위에 지질 모델이 출력된다. 해당 모델은 실물이 그 위치에 있는 것처럼 스마트폰의 시점을 실제로 바꾸어 가며 살펴보거나 모델링을 화면에서 선택하여 회전할 수 있으며, 모델은 여러 개의 부분으로 분리되어 있어 특정 부분을 제거하거나 표시하여 3차원적으로 살펴볼 수 있다. 이는 3차원 객체에 대한 현실적인 시야를 통해 일반적인 2차원 화면상에서의 3D 모델과는 다른 경험을 제공한다는 점에서 교육용 등 여러 분야에 응용될 수 있다.

iGeology3D(British Geological Survey 2012)는 BGS에서 개발한 증강현실 앱으로서 일반 지질도 앱인 iGeology(British Geological Survey 2013c, 2016)에 3차원 증강현실 기술을 응용한 것이다. 지질도 자료는 좌표가 명확히 기록되어 있으므로, 해당 좌표들을 스마트폰의 위치에 대한 상대 위치로 변환 후 이를 3차원으로 투영하면 스마트폰이 바라보는 방향을 기준으로 지질도 정보가 가시화된 영상을 얻을 수 있다. 이 앱은 이러한 방식을 사용하여 내장된 지질도를 카메라의 시야에 융합하여 현재 바라보고 있는 지역 위에 지질도가 함께 표시된 영상을 제공하며, 이를 통해 별도의 지질도를 현장에서 참고하지 않아도 어떤 지역이 어느 지질로 되어 있는지를 직관적으로 확인할 수 있다. 기존의 지질도는 앱에서 아무리 지도를 편리하게 제공한다 하더라도 결국 2차원 자료이므로 해당 자료를 참고하는 사람은 이를 사용하기 위해 현장과의 대조 작업을 수행해야 하지만, 이 앱은 그러한 과정을 생략함으로써 현장 조사에서 상당한 편리성을 제공한다.

BoreholeAR(Lee et al. 2015)은 지하 지질 정보를 위해 참고 자료로 사용되는 시추공 정보를 증강현실로 보여주는 앱으로서, 기술적으로는 iGeology3D와 동일한 위치 기반 AR을 사용한다. 시추공 정보는 지질도와는 달리 다수의 위치에 점 형태로 분포하는 정보이며 현장에서 해당 위치를 찾기가 어려우므로, 증강현실을 통해 가상의 위치에 대한 집약적인 가시화를 수행하면 찾고자 하는 시추공을 빠르게 탐색할 수 있는 장점을 갖는다. 특히 시추공 자료는 일정한 형식으로 되어 있어 특정 지역에 다수의 시추공 자료가 있을 경우 이를 개별 문서로 다루기가 힘든 반면에, 이러한 방식은 주변에 위치한 시추공을 대상으로 정보를 집약적으로 가시화하거나 대상을 분석할 수 있어 현장 지질조사에 도움을 줄 수 있다.

UMineAR(Suh et al. 2017)은 갱도, 입구, 시추공, 침하지점 등 지하광산 조사 결과를 증강현실과 접목하여 3차원 가시화할 수 있는 태블릿 앱이다(그림 1-6). 이 앱은 검색, 증강현실, 지도, 데이터베이스 모듈로 구성되며, 태블릿이나 스마트폰 이외에 특별한 장비나 기술이 없이도 지하광산 환경을 쉽게 이해할 수 있도록 되어 있다.

그림 1-6 UMineAR 앱을 이용한 폐광산 광해조사(컬러 도판 374쪽 참조)

5. 한계와 전망

본 절에서는 2~4절에서 살펴본 사례로부터 찾을 수 있는 장점과 단점에 대해 알아보고, 이들로부터 생각해볼 수 있는 스마트폰을 이용한 지질자원 앱의 연구, 개발 및 활성화를 위해 고려해야 할 한계점과 전망에 대해 토의한다.

가. 하드웨어의 한계

1) 제한된 성능

일반적으로 새로 판매되는 스마트폰의 장점으로 우선 언급되는 것은 '얇은 두께', '가벼운 무게'와 같은 하드웨어 자체의 물리적 지표이며, '긴 배터리 시간'과 '낮은 가격' 등이 함께 고려된다. 여기서 '얇고 가벼운 하드웨어'와 '긴 배터리 시간'은 상충 관계에 있다. 긴 배터리 시간을 위해서는 무겁고 큰 배터리가 필수적이기 때문이다. 물론 '낮은 가격'은 거의 모든 성능지표와 반대 관계에 있다.

따라서 이러한 장점을 모두 만족시키기 위해서는 작고, 가벼우면서, 전력도 덜 소모하는, 즉 저가형인 부품을 채택할 수밖에 없으며(Middlemiss et al. 2016), 이에 따라 스마트폰의 처리 성능이나 저장 공간 등의 기능성은 제한된다. '저전력'이라는 특징은 고급 기술의 산물로 여겨지기도 하나 아직까지 일반적으로 고성능과 저전력은 상충 관계에 있다.

최근의 스마트폰은 대부분 ARM기반의 저전력 프로세서와 플래시메모리 기반의 저장 장치를 탑재하고 있는데(Daponte et al. 2013), 이것은 일반적으로 데스크톱이나 노트북 등에 탑재되는 부품의 속도나 용량에 비해 상대적으로 부족하다. 넓은 영역에 대한 3차원적 공간 자료 및 속성 자료를 다루어야 하는 지질자원 분야의 특성상 이러한 제한점은 데스크톱 등의 기존 컴퓨팅 환경에서도 발생하는 문제이지만, 현재의 하드웨어로서는 기존에 데스크톱에서 수행되는 계산 작업을 수행하거나 이에 필요한 분석 자료를 수용하기 어려우므로 사용 용도에 어느 정도 제한이 생겨나게 된다. 3장과 4장의 사례에서 살펴볼 수 있듯이 대부분의 앱이 단순한 공식 적용, 검색, 일회성 분석만을 수행하며, 대용량의 자료를 처리하거나 분석하는 앱은 출시되어 있지 않다. 최근 들어 1TB 이상의 고용량 스마트폰도 출시되고 있지만 이러한 스마트폰은 일반 PC의 가격과 맞먹거나 더 비싼 편이므로, 많은 연산과 자료 입력이 요구되는 작업이라면 당연히 PC를 사용하게 된다.

스마트폰용 프로세서의 처리 성능은 빠른 속도로 발전 중이지만(Lin et al. 2016) 데스크톱에서 수행할 만한 작업의 수행에는 여전히 무리가 있으므로 이를 보완하기 위한 기술들 또한 개발되고 있다. 특히 자료의 주요 처리 및 보관 등은 서버에서 담당하고, 스마트폰에서는 명령의 지시와 미리 렌더링된 자료의 가시화와 같은 가벼운 작업들을 처리하도록 하여 앱을 일종의 클라이언트화시키는 것은 상용 소프트웨어인 ArcGIS Server나 오픈소스 솔루션인 MapServer, GeoServer와 같이 여러 제품들이 사용하는 방식이다(Esri 2017; Open Source Geospatial Foundation 2017a, 2017b). 이러한 방식은 기존에 사용 가능한 대부분의 분석 및 처리 작업이 가능하면서도 스마트폰의 장점을 결합할 수 있으므로 대용량의 자료를 여러 사용자가 지속적으로 처리해야 할 경우에 적합하다. 또한 많은 처리 부하와 기능을 서버에 부담시킴으로써 스마트폰 앱을 웹 기반으로 제작할 수 있으므로, 2절에서 소개한 지질도 가시화 등이 이러한 솔루션에 적합하게 적용된 사례라고 할 수 있다. 특히 다수에 의한 사용자의 자료 접근과 많은 처리량을 요구하는 지질조사와 같은 경우에는 클라우드 컴퓨팅과 같은 복합적인 방법을 사용할 수 있다(Wu et al. 2015). 이러한 서버 기반 방식은 원본 데이터와 이를 처리하는 기반이 모두 서버에 위치하므로 스마트폰의 역할이 상대적으로 줄어들지만, 스마트폰은 센서 기반 자료 수집이나 크라우드소싱과 같은 고유의 역할 수행이 가능하므로 여전히 중요성이 높으며, 계산 등에 필요한 에너지 소모 또한 줄일 수 있으므로(Altamimi et al. 2012) 상시 전원에 의존하기 어려운 현장 작업에 적합한 모델이라고 할 수 있다.

2) 센서의 품질

지질자원 분야에서 가장 중요한 작업 중 하나인 현실 세계에서의 물성 취득은 작업자의 직접 관측이 아니라면 센서와 같은 측정 장비에 의존할 수밖에 없다. 이러한 센서는 현장 물성 조사에서 스마트폰의 이동성과 자체 자료처리 및 전송 기능과 더불어 핵심적인 기능을 담당한다. 따라서 추후 측정의 정밀도와 정확도의 향상 및 활용 용도의 확장을 위해서는 관련 하드웨어 및 소프트웨어 기술의 발달이 필수적이다.

스마트폰의 센서는 소형화, 경량화를 위해 MEMS(Micro-Electro-Mechanical System) 기반 센서를 사용하고 있으며, 기본적으로는 편의 기능의 제공을 위해 내장되어 있으므로 비교적 낮은 정확도, 정밀도, 민감도 등의 특성을 가지고 있다(Syed et al. 2013). 최근 출시되고 있는 스마트폰에 탑재되는 센서들은 측정에도 이용할 수 있을 만큼의 성능을 갖고 있으나 4절에서 언급하였듯 이러한 센서들의 출력값이 갖는 잡음이나 기울기 등에 대한 보정은 어느 정도 개발자에게 부담된다. 또한 스마트폰 하드웨어의 특성상 대부분의 전자 부품이 작은 메인보드에 모여 있는 형태를 띠는데, 특히 자기장 센서는 이러한 부품들에 의해 다양한 종류의 영향을 받게 된다(Ozyagcilar 2015). 따라서 측정값을 사용하기 위해서는 필수적으로 사전 보정이 필요한데 일반적으로는 OS에서 이것이 수행되어 보정된 값이 제공된다.

하드웨어 측면에서는 처리 속도나 저장 용량과 같이 센서 또한 지속적으로 성능이 향상되고 있다. 예를 들어 최근에 개발된 MEMS 가속도 센서는 달과 태양 등에 의한 지구의 조석(tide) 변화를 측정할 수 있을 만큼 높은 민감도를 갖는다(Middlemiss et al. 2016). 그러나 자체 간섭과 같은 문제는 스마트폰 내부 구조에 대한 문제로서 센서의 향상만으로는 해결이 불가능하다. 따라서 보정 알고리즘의 개발과 적절한 측정 방법의 선택이 함께 수행되어야 하며(Syed et al. 2013), 주요 센서들을 포함하는 외부 하드웨어를 별도로 부착하는 방법도 생각해 볼 수 있다.

3) 장치의 파편화(fragmentation)

다양한 사용자의 목적과 취향, 선호 가격 등에 맞추기 위하여 수많은 회사에서 크기, 성능, 부가 기능 등의 온갖 부분에서 차이점을 갖는 많은 종류의 하드웨어가 출시되고 있다. 같은 OS를 사용하더라도 화면의 해상도와 프로세서의 처리 능력, 내장된 메모리의 크기, 탑재된 센서의 종류 등이 모두 다르기 때문에 하드웨어마다 서로 다른 물리적·기능적 특성을 갖게 되는데 이것을 파편화라고 한다.

가령 기압계와 같이 비교적 최근에 탑재되기 시작한 센서는 하드웨어별로 존재 유무조차 다르므로 특정 기능의 수행 가능 여부 또한 차이가 발생하게 된다. 각각의 하드웨어는 센서의 품질, 기기 내에서의 위치, 이에 따른 타 부품의 영향 등이 모두 다르며, 스마트폰 자체의 크기와 형태도 모델마다 차이가 있다.

스마트폰이 기존에 지질자원 분야에서 사용되는 측정 장비를 대체할 수 있기 위해서는 해당 측정 장비의 결과 제공 방식뿐 아니라 정확도, 정밀도, 민감도 등의 데이터 품질까지 일관적으로 모사할 수 있어야 한다. 그러나 앞선 이유에 따라 같은 알고리즘을 사용하여 측정을 수행하더라도 일정한 품질의 출력 결과를 기대하기 어려우므로, 개발된 앱의 정확한 규격을 측정하려면 모든 스마트폰에서 테스트를 수행할 수밖에 없다는 문제가 있다. 예를 들어 4절에서 소개된 지진계 앱의 경우 센서는 가속도 센서 한 종류밖에 사용되지 않으므로 별 문제가 될 것 같지 않지만, 어느 회사의 무슨 센서를 사용하느냐에 따라 우선 차이가 발생하게 된다. 게다가 하드웨어가 진동면에 완전히 고정되어 있지 않다면 지진과 같은 진동에 의해 스마트폰이 움직이게 되는데, 그 움직이는 정도는 스마트폰의 무게, 표면 재질, 형태, 놓인 방향에 따라 모두 달라질 것이므로 하드웨어의 종류에 따른 보정이 필요할 것이다. 일부 앱의 경우에는 보정 방법의 제공을 통해 이러한 점을 어느 정도 해결하고자 하고 있다(Smart Tools Co. 2017).

가속도 센서는 자기장 센서에 비해 사용자나 개발자에 의한 보정의 필요성이 적으므로(Lee et al. 2013) 내장 센서를 사용하더라도 하드웨어의 차이에 의한 결과물의 변화가 비교적 작다. 그러나 자기장을 감지하는 센서들은 부품의 내부 배치와 같은 차이에 의해 결과물에 많은 영향을 받을 수 있으므로 장비별로 적절한 보정 방법을 제공하거나 자체 센서가 내장된 외부 하드웨어를 사용함으로써 영향을 최소화할 수 있다.

나. 소프트웨어 관련 이슈

1) 다양한 운영체제 환경으로 인한 문제점

스마트폰에 탑재된 센서 값은 각 OS의 API(Application Programming Interface)를 통해 제공되며, 개발자는 이 값을 통해 스마트폰의 자세와 같은 관련 계산을 수행할 수 있다. 그러나 동일한 센서를 사용한다 하더라도 값의 제공 방법이나 사전 처리 과정 등이 서로 달라 주의가 필요하다. 예를 들어 Android에서 제공하는 가속도 센서 출력 값의 단위는 m/s^2인 데 반해 iOS는 g(g-force, 1g=9.81 m/s^2)로 출력한다. 또한 장비를 기준으로 하는 3차원 직교좌표계의 방향은 동일하나 가속도의 개념 차이로 인해 부호가 반대로 출력된다(Apple 2017; Google 2017b). 따라서 동일한 역할을 수행하는 프로그램이라 하더라도 각 플랫폼별로 센서 값의 처리는 다르게 작성되어야 할 수 있다.

이처럼 세부 사항이 공개되어 있는 차이점은 간단한 알고리즘 변경으로 처리가 가능하나, 출력되는 센서 값의 전처리나 보정 방법 등의 공개되지 않은 사항에 대한 결과물을 판단하기 위해서는 하드웨어별로 별도의 시험이 필요하다. 또는 각 OS에서는 사전 보정을 거치지 않은 센서 값도 함께 제공하므로, 보정된 값을 사용하는 대신에 자체적인 보정 알고리즘을 앱에 탑재함으로써 OS 간 자료 차이를 최소화할 수 있다.

또한 Android와 iOS를 비롯한 각 운영체제들은 개발을 위해 서로 다른 개발용 프로그래밍 언어를 사용하며, 개발을 위한 장비나 소프트웨어 또한 다르다. 따라서 각 OS를 위한 앱 개발을 위해서는 각 환경 및 개발 언어의 사용을 위한 기술이 필요하다(Goadrich and Rogers 2011). 이러한 점은 각 운영체제에서 실행되는 앱을 개발하기 위한 인력이 각각 필요하여 개발 및 유지비를 증가시키는 요인이 된다. 그러나 앱의 작업 수행 과정에서 각 OS 고유의 API를 사용할 필요성이 적거나 없는 경우, 가장 핵심 부분을 제외한 대부분의 내용은 웹 앱과 같이 OS 간 공통으로 적용이 가능한 방법을 사용할 수 있으며(Godwin-Jones 2011), C++와 같이 Android와 iOS 등 여러 운영체제에서 공통적으로 지원하는 언어를 사용함으로써 동일한 내용을 다른 언어로 개발하는 중복 작업을 피하는 방법을 고려해볼 수 있다. 앱 인벤터는 현재 Android만을 지원하고 있으나 곧 iOS를 지원할 예정이므로 이러한 점을 극복할 수 있는 또 다른 방법이 될 수 있을 것이다.

2) API의 빈번한 변경

스마트폰 OS들은 활발한 개발과 기능 확장으로 인해 PC 운영체제들보다 API의 변경이 상대적으로 빠르므로 운영체제의 주요 버전이 업데이트됨에 따라 앱 또한 이에 맞추어 업데이트를 수행해야 한다. 예를 들어 Android의 경우 한 달에 100개 이상의 빈도로 API가 업데이트되는데, 특히 하드웨어, UI, 웹과 관련된 것들이 빠르게 변경된다(McDonnell et al. 2013). 점차적으로 많은 센서가 탑재되고 있는 현재 스마트폰의 특성상 이러한 변경에 적절히 대응하지 않을 경우 이를 사용하는 측정이나 가시화 등의 핵심 기능에서 문제가 발생할 가능성이 있다.

이렇게 변경된 명령을 수정하지 않을 경우 프로그램이 의도한 대로 동작하지 않거나 실행이 불가능한 경우가 발생하는데, 이러한 문제가 상기한 파편화 문제와 복합적으로 작용하여 앱의 사용과 유지, 보수를 어렵게 한다. 이것은 모든 장비가 최신 OS로 업데이트될 수 없기 때문이며, 사용자가 항상 OS를 최신 버전으로 업데이트하지도 않기 때문이다. 사용자의 측면에서는 자신이 가진 스마트폰의 제조사가 OS의 업데이트를 중단할 경우 최신 OS를 사용할 수가 없다. 따라서 자신이 사용하는 앱이 최신 API를 요구하는 OS버전을 사용해 출시될 경우 해당 앱을 사용할 수 없게 된다. 또한 개발자의 측면에서는 이렇게 다양한 OS버전을 사용하는 사용자 계층에 맞추어 최대한 많은 장비에서 작동 가능한 앱을 제작해야 하는 어려움이 있으며, 이에 따라 지속적인 유지 보수를 위한 인력과 비용이 필요하게 된다.

3) 애플리케이션 샌드박스

Android와 iOS 등의 운영체제는 보안을 위해 샌드박스라고 불리는 제한된 권한 영역을 적용하여 각 앱에서 접근 가능한 자료 저장 공간이 제한적으로만 할당되며, 이를 벗어난 영역에 대한 접근은 특별한 권한을 별도로 요구하거나 금지된다(Ahmad at al. 2013). 따라서 동일한 장비 내에 설치된 앱이라 하더라도 자료를 공유하거나 이를 전달하는 등의 과정이 데스크톱 소프트웨어 환경보다 비교적 복잡하며, 특히 하나의 저장 공간에 자료를 보존하여 공유할 필요가 있는 대용량 자료일수록 이러한 문제가 심하게 발생할 수 있다. 이는 대용량 GIS 맵이나 영상 자료와 같은 공간자료를 다수 활용하는 지질자원 분야에서는 걸림돌이 될 수 있는 문제로서, 대용량 자료를 여러 과정을 거쳐 자료를 입출력해야 하는 경우 자료 공유에서 발생하는 보안이나 사용의 복잡성과 같은 문제점을 피하기 위해서는 관련 기능을 모두 통합하여 앱을 제작해야 하는 어려움이 있다.

위와 같은 문제점은 자료의 크기가 작을 경우에는 자료 전체를 앱 간에 전송하는 안전하고 사용자에게도 편리한 방법을 사용할 수 있으므로 비교적 문제가 되지 않으나, 추후 다양한 과학적 용도로서의 스마트폰 사용을 고려할 때 적절한 해결 방안이 필요하다. 가능한 방안으로는 클라우드 저장소와 같은 외부 저장 공간을 사용하여 자료를 공유하거나 앞서 언급한 서버 컴퓨팅 환경을 구축하여 저장 공간에 대한 문제나 자료 중복 및 보안에 대한 문제를 해결할 수 있다.

6. 결 론

본 장에서는 다수의 지질자원 분야의 상용 앱을 조사하여 활용 분야 및 주요 기능 등을 검토하였다. 그 결과 스마트폰의 컴퓨팅 능력, 이동성, 네트워크에 대한 연결성, 센서 등의 이점을 활용함으로써 기존의 기록, 분석, 측정 방법 및 도구를 어느 정도 개선하거나 대체할 수 있는 사례들을 다수 찾을 수 있었다. 상용 앱은 다양한 학술 분야에 걸쳐 여러 용도로 개발된 것들이 존재하며, 많은 수의 앱이 단순 정보 전달이나 계산 등의 목적으로 개발되었으나 센서를 이용한 측정, 분석이나 현장조사 수행 등 복합적 용도로 사용이 가능한 앱 또한 다수 존재하였다. 이러한 앱들은 스마트폰의 각 고유 기능에 대한 사용 정도에 따라 복합적인 기능성을 구현하고 있으며, 따라서 이러한 앱으로부터 점차적으로 많은 종류의 센서를 탑재하고 있는 스마트폰의 하드웨어 발전과 그 응용 분야의 향후 방향성을 엿볼 수 있다. 현재 센서를 응용한 소프트웨어의 경우 대부분의 앱이 단순 측정 또는 가시화 단계에 머물러 있으나 3장에서 언급한 바 있는 분석 및 시뮬레이션 기능들과 융합함으로써 더욱 다양하고 유용한 앱들이 구현될 수 있다.

이러한 앱의 개발 및 적용의 배경에는 모바일 기기라는 스마트폰의 특성에 따라 발생하는 하드웨어 와 소프트웨어 측면에서의 한계성이나 PC와의 차이점이 존재한다. 하드웨어에서는 낮은 처리 능력과 용량, 센서의 품질, 그리고 다양한 하드웨어로 인한 파편화가 주요 문제점으로 평가되며, 소프트웨어적인 측면에서는 주로 개발이나 유지 보수비용의 측면에서 문제점을 발생시키는 스마트폰 OS의 특성 및 OS 간 차이점들이 발견되었다.

그러나 스마트폰의 하드웨어 및 소프트웨어는 빠르게 발전하고 있으며 그 종류 또한 다양해지고 있으므로 향후 더욱 많은 적용이 가능할 것으로 예상된다. 또한 지질자원 분야는 다양한 세부 분야로 나뉘며 각 분야마다 적용될 수 있는 기능성과 필요한 장점에는 차이가 있으므로, 각 분야에 적용이 가능한 고유의 장점을 활용함으로써 스마트폰의 적용성을 높일 수 있을 것이다.

참고문헌

AbsLab (2016) 3D drilling. https://play.google.com/store/apps/details?id=ru.azgradprom.trace.i3ddrilling

Ackermann R (2016) Quakes-earthquake utility.
https://itunes.apple.com/us/app/quakes-earthquake-utility/id1071904740?mt=8

Ahmad MS, Musa NE, Nadarajah R, Hassan R, Othman NE (2013) Comparison between android and iOS Operating System in terms of security. In: International Conference on Information Technology in Asia (CITA)

Ahonsi (2014) Alpha petroleum engineers app. https://play.google.com/store/apps/details?id=nl.alphaengineer

Akdas M (2016) Petroleum engineering dictionary.
https://itunes.apple.com/us/app/petroleum-engineering-dictionary/id1077843538?mt=8

Allmendinger (2017) Stereonet mobile. https://itunes.apple.com/us/app/stereonet-mobile/id1194772610?mt=8

Altamimi M, Palit R, Naik K, Nayak A (2012) Energy-as-a-Service(EaaS): On the efficacy of multimedia cloud computing to save smartphone energy. In: 2012 I.E. 5th International Conference onCloud Computing (CLOUD), pp.764-771

American Geosciences Institute (2016a) Glossary of geology (Android).
https://play.google.com/store/apps/details?id=org.agiweb.glossaryofgeology

American Geosciences Institute (2016b) Glossary of geology (iOS).
https://itunes.apple.com/us/app/glossary-of-geology/id398194234?mt=8

Apopei AI (2016) 3D crystal forms pro.
https://play.google.com/store/apps/details?id=com.crystallography. crystal3d.forms.pro

Apopei AI (2017) Virtualmicroscope-minerals.
https://play.google.com/store/apps/details?id=com.geology. virtual.microscope.minerals.thin.sections.pro

Appel P (2017) Lambert. https://itunes.apple.com/us/app/lambert/id341216494?mt=8

Apple (2017) Core Motion. https://developer.apple.com/reference/coremotion

Adventuroo Apps (2013) Geology-mineral ID.
https://play.google.com/store/apps/details?id=jeffcailteux.rockidentifier

Apps Artist (2016) Geology dictionary.
https://play.google.com/store/apps/details?id=com.freeappartist.geologydictionary

Apps Medion (2017) Structural compass.

https://play.google.com/store/apps/details?id=com.jorc.afarazmand.StructuralCompass

Appstube.in (2017a) Engineering geology.
https://play.google.com/store/apps/details?id=com.infoland.engineering_geology

Appstube.in (2017b) Geology - I. https://play.google.com/store/apps/details?id=com.infoland.geology_1

ARANZ Geo, Ltd (2016) Unearthing 3D modelling. https://play.google.com/store/apps/details?id=com.aranzgeo

Artisan Global LLC (2017) QuakeFeed earthquakemap, alerts, and news.
https://itunes.apple.com/us/app/quakefeed-earthquake-map-alertsand-news/id403037266?mt=8

Azorey (2013) OilfieldUnitConverter. https://itunes.apple.com/us/app/oilfieldunitconverter/id628962330?mt=8

Barouline S (2016a) Earthquake+ map, info, alerts (Android).
https://play.google.com/store/apps/details?id=com.briteapps.ozquake

Barouline S (2016b) Earthquake+ map, info, alerts (iOS).
https://itunes.apple.com/us/app/earthquake-earthquakes-map-news-alert-info/id395928613?mt=8

Barouline S (2016c) Digger's map best geology tool (Android).
https://play.google.com/store/apps/details?id=com.briteapps.diggersmap

Barouline S (2017a) Digger's map best geology tool (iOS).
https://itunes.apple.com/us/app/diggers-map-natural-resources-minerals/id556478719?mt=8

Barouline S (2017b) Volcanoes: map, alerts, earthquakes & Ash Clouds.
https://itunes.apple.com/us/app/volcanoes-map-alerts-earthquakesash-clouds/id713812885?mt=8

Bazilikka (2014) Petroleum dictionary. https://play.google.com/store/apps/details?id=com.mayo.app.petdictionary

de la Beaujardiere J (2006) OpenGIS web map service (WMS) implementation specification. Open Geospatial
Consortium. http://portal.opengeospatial.org/files/?artifact_id=14416. Accessed 29 March 2017

Best Mobile Dictionary (2017) Geology dictionary.
https://play.google.com/store/apps/details?id=dictionaries. geologydictionary

rapidBizApps (2015) geoMapper-Surface Mapping for Field Geologists.
https://itunes.apple.com/us/app/geomapper-surface-mapping-forfield-geologists/id1038427145?mt=8

Blue Rocket, Inc. (2017) Epicenter: map Of worldwide earthquakes USGS+EMSC.
https://itunes.apple.com/us/app/epicenter-map-ofworldwide-earthquakes-usgs-emsc/id972755325?mt=8

British Geological Survey (2012) iGeology3D.
https://play.google.com/store/apps/details?id=uk.ac.bgs.iGeology3D

British Geological Survey (2013a) mySoil (Android).

https://play.google.com/store/apps/details?id=uk.ac.bgs.mysoil

British Geological Survey (2013b) mySoil (iOS). https://itunes.apple.com/us/app/mysoil/id529131863?mt=8

British Geological Survey (2013c) iGeology (Android). https://play.google.com/store/apps/details?id=org.bgs

British Geological Survey (2015) mGeology. https://itunes.apple.com/us/app/mgeology/id980253107?mt=8

British Geological Survey (2016) iGeology (iOS). https://itunes.apple.com/gb/app/igeology/id392258040?mt=8

British Geological Survey (2017) myVolcano. https://itunes.apple.com/us/app/myvolcano/id774648897?mt=8

Cafm (2014) Drilling hydraulics. https://itunes.apple.com/sn/app/drilling-hydraulics/id412837031?mt=8

Cafm (2015a) Directional calculations. https://itunes.apple.com/us/app/directional-calculations/id670967484?mt=8

Cafm (2015b) Directional drilling. https://itunes.apple.com/us/app/directional-drilling/id928989079?mt=8

Cafm (2015c) Wait and weight method. https://itunes.apple.com/us/app/wait-and-weight-method/id1067063428?mt=8

Cafm (2015d) Driller's method. https://itunes.apple.com/us/app/drillersmethod/id1067011800?mt=8

Cafm (2015e) Dynamic Volumetric Method.
   https://itunes.apple.com/us/app/dynamic-volumetric-method/id1067123805?mt=8

Cafm (2015f) Well Control Simulator. https://itunes.apple.com/us/app/well-control-simulator/id515846931?mt=8

Cafm (2016a) Casing Setting. https://itunes.apple.com/us/app/casingsetting/id1153369856?mt=8

Cafm (2016b) Directional Survey Calculation Methods.
   https://itunes.apple.com/us/app/directional-survey-calculation-methods/id1130800392?mt=8

Cafm (2016c) Leak-Off Test. https://itunes.apple.com/us/app/leak-offtest/id1160386463?mt=8

Cafm (2016d) Ton Miles Calculator. https://itunes.apple.com/us/app/tonmiles-calculator/id965020659?mt=8

Cafm (2016e) Ton Miles for Round Trip. https://itunes.apple.com/us/app/ton-miles-for-round-trip/id1070929917?mt=8

Cafm (2016f) Kick Tolerance. https://itunes.apple.com/sn/app/kicktolerance/id413588357?mt=8

Cafm (2016g) Volumetric Method. https://itunes.apple.com/us/app/volumetric-method/id1067133508?mt=8

Cafm (2017a) Drilling Co$t. https://itunes.apple.com/us/app/drillingco%24t/id1197963983?mt=8

Cafm (2017b) Drilling Units. https://itunes.apple.com/us/app/drillingunits/id683324617?mt=8

Cafm (2017c) MPD Simulator. https://itunes.apple.com/us/app/mpdsimulator/id1109781805?mt=8

Cayla N (2014) An overview of new technologies applied to the management of geoheritage. Geoheritage 6:91-102. https://doi.org/10.1007/s12371-014-0113-0

Cerwall P, Lundvall A, Jonsson P et al. (2016) EricssonMobility Report: On the pulse of the networked society. https://www.ericsson.com/assets/local/mobility-report/documents/2016/ericsson-mobilityreport-november-2016.pdf. Accessed 29 March 2017

Chakraborty A (2016a) Geology: Gems and Minerals Pro. https://play.google.com/store/apps/details?id=com.avicApps.geologypro

Chakraborty A (2016b) Smart Geology-Mineral Guide. https://play.google.com/store/apps/details?id=com.avicApps.geologyapp

Chevron Phillips Chemical Company LP (2015) DrillCalcs™ by Drilling Specialties. https://itunes.apple.com/us/app/drillcalcs-by-drillingspecialties/id554825505?mt=8

Civil Engineering and Development Department (2016a) HKGeology (Android). https://play.google.com/store/apps/details?id=hk.gov.cedd.geologicalmap

Civil Engineering and Development Department (2016b) HKGeology (iOS). https://itunes.apple.com/us/app/hkgeology/id610274624?mt=8

CZL Solutions (2016) PersonalGeo geology logging. https://play.google.com/store/apps/details?id=com.lveska

Daponte P, De Vito L, Picariello F, Riccio M (2013) State of the art and future developments of measurement applications on smartphones. Measurement 46(9):3291-3307. https://doi.org/10.1016/j. measurement.2013.05.006

Daponte P, De Vito L, Picariello F, Riccio M (2014) State of the art and future developments of the augmented reality for measurement applications. Measurement 57:53-70. https://doi.org/10.1016/j.measurement.2014.07.009

Davis B (2012) Mineral Identifier. https://itunes.apple.com/us/app/mineral-identifier/id531342975?mt=8

De Paor DG (2016) Virtual Rocks. GSAToday 8:4-11. https://doi.org/10.1130/GSATG257A.1

Dener HO (2017a) Geology Terms Dictionary Offline. https://itunes.apple.com/us/app/geology-terms-dictionary-offline/id1174271159?mt=8

Dener HO (2017b) Petroleum Dictionary Offline. https://itunes.apple.com/us/app/petroleum-dictionary-offline/id1174323640?mt=8

Dong Y, Li G (2014) Mobile application for hydrogeologic field investigations. Environmental Modelling & Softw 53:62-64. https://doi.org/10.1016/j.envsoft.2013.11.006

Doss S (2016) Mineral Finder. https://itunes.apple.com/us/app/mineralfinder/id1090478289?mt=8

EasyStreet Apps (2017) Rocks & Gems. https://itunes.apple.com/us/app/rocks-gems/id351060567?mt=8

Encyclopaedia Britannica, Inc. (2013) Britannica Kids: Volcanoes.

https://play.google.com/store/apps/details?id=com.eb.kids.volcanoes.en_US.google&hl=ko

Endeeper (2017) Strataledge. https://play.google.com/store/apps/details?id=com.endeeper.strataledge

Engineering Apps (2017) Soil Mechanics.
https://play.google.com/store/apps/details?id=com.faadooengineers.free_soilmechanics

Engineering Geology & GIS Lab., SNU (2014) GeoID.
https://itunes.apple.com/us/app/geoid/id437190196?mt=8

EngineeringWale Baba (2016) Engineering Geology.
https://play.google.com/store/apps/details?id=engg.hub.engg.geology

Eros Apps (2016) Geology Terms Dictionary.
https://play.google.com/store/apps/details?id=com.eros.apps.geology

Esri (2017) ArcGIS Enterprise. http://www.esri.com/en/arcgis/products/arcgis-enterprise. Accessed 29 March 2017

Evanko D (2010) The scientist and the smartphone. Nat Methods 7:87. https://doi.org/10.1038/nmeth0210-87

Excellentis (2014) Precious Gemstones: Geology.
https://play.google.com/store/apps/details?id=com.htapps.preciousgems

Femmer B(2011) SinkMap. https://play.google.com/store/apps/details?id=com.spatialind.sinkmap

FFFF00 Agents AB (2013) Seismometer. https://itunes.apple.com/us/app/seismometer/id288966259?mt=8

Fire Work Media (2015) Geology of Hawai'i Volcanoes National Park.
https://itunes.apple.com/us/app/geology-of-hawai-i-volcanoesnational-park/id580304817?mt=8

Foi M (2016) eGEO Compass Pro by IntGeoMod.
https://play.google.com/store/apps/details? id=eu.marcofoi.android.egeocompasspropaid

FPC Ltd. (2017) Gas Basics-Mechanical&Petroleum Engineers.
https://itunes.apple.com/us/app/gas-basics-mechanical-petroleumengineers/id388657451?mt=8

FracAppz Studios LLC (2015) FracAppz App. https://itunes.apple.com/us/app/fracappz-app/id959223557?mt=8

Gaber (2014) Oilfield Essentials (Android).
https://play.google.com/store/apps/details?id=com.MatthewGaber.OilfieldEssentials

Gaber (2015) Oilfield Essentials (iOS). https://itunes.apple.com/kr/app/oilfield-essentials/id442929790?mt=8

Jonathon Gatewood (2014) Bean Choke Tool. https://itunes.apple.com/us/app/bean-choke-tool/id903683557?mt=8

Geobyte Europe S.L (2015) USAtlas Geology. https://itunes.apple.com/us/app/usatlas-geology/id916026684?mt=8

Geological survey of Finland (2016) Kapalo. https://play.google.com/store/apps/details?id=fi.gtk.tronkko.kapalo

Geological Survey of Japan, AIST (2016) GeoClino for iPhone. https://itunes.apple.com/us/app/geoclino-for-iphone/id398949364?mt=8

Geological Survey of NSW (2015) NSW Geology Maps. https://itunes.apple.com/us/app/nsw-geology-maps/id986240992?mt=8

Geonova (2015) Geonova WellBet-powered by Atlantic Petroleum. https://play.google.com/store/apps/details?id=mobile.com.wellbet&hl=de

Gerardini S (2015) Geologia 100k. https://play.google.com/store/apps/details?id=sgsoft.geologia_100k

Geus (2015) aFieldWork. https://play.google.com/store/apps/details?id=dk.andsen.fieldwork

GME Systems (2014a) LogMATE-Geology Logging (Android). https://play.google.com/store/apps/details?id=lite.logmate.app

GME Systems (2014b) LogMATE -Geology Logging (iOS). https://itunes.apple.com/us/app/logmate-drillhole-geology-logging/id944923390?mt=8

Goadrich MH, Rogers MP (2011) Smart smartphone development: iOS versus Android. In: Acm Technical Symposium on Computer Science Education. pp.607-612

Godwin-Jones R (2011) Emerging technologies: mobile apps for language learning. Lang Learn Technol 15(2):2-11

Google (2017a) Sensors Overview. https://developer.android.com/guide/topics/sensors/sensors_overview.html. Accessed 29 March 2017

Google (2017b) Motion Sensors.https://developer.android.com/guide/topics/sensors/sensors_motion.html. Accessed 29 March 2017

Gove R (2014) Complementary metal-oxide-semiconductor (CMOS) image sensors for mobile devices. In: Durini D (ed) High performance silicon imaging: fundamentals and applications of CMOS and CCD image sensors. Elsevier, Amsterdam, pp.191-234

Graff JP, Wu MLC (2014) The Nokia Lumia 1020 smartphone as a 41-megapixel photomicroscope. Histopathology 64(7):1044-1045. https://doi.org/10.1111/his.12355

Grupo de Percepción Computacional y Sistemas int (2015) Geología para ingenieros. https://play.google.com/store/apps/details?id=com.irealtech.geologiaingenieros

GuideMe Travel, LLC (2013) Arches National Park GPS Tour Guide. https://itunes.apple.com/us/app/arches-national-park-gps-tourguide/id683863245?mt=8

Guo D, Wu K, Zhang Z, Xiang W (2012) Wms-based flow mapping services. In: 2012 I.E. Eighth World

Congress on Services(SERVICES), pp.234-241

Hakusan Corporation (2017) iShindo-Seismic Intensity.
https://itunes.apple.com/us/app/ishindo-seismic-intensity/id720738431?mt=8

Han J, Yeon Y (2014) Development of multi-platform GEOscience information system (MGEO) based on responsive web. Journal of the Geologial Society of Korea 50(4):551-564 (In Korean with English abstract)

Hunt Mountain Software (2016) Mancos. https://itunes.apple.com/us/app/mancos/id541570878?mt=8

HuntMountain Software (2017) Strike and Dip. https://itunes.apple.com/us/app/strike-and-dip/id335517528?mt=8

Hybrid Dictionary (2016) Geology Dictionary.
https://play.google.com/store/apps/details?id=com.hybriddictionary.geology

IDC (2016) Smartphone OS Market Share, 2016 Q3.
http://www.idc.com/promo/smartphone-market-share/os. Accessed 29 March 2017

IM7 (2017) Geology Dictionary. https://play.google.com/store/apps/details?id=com.IM7.geologydictionary

Tinybop Inc. (2016) The earth by tinybop.
https://itunes.apple.com/us/app/the-earth-by-tinybop/id1001247878?mt=8

Informatica@sapienza (2017) Seismo Cloud.
https://play.google.com/store/apps/details?id=it.sapienzaapps.seismocloud

Innocenti (2012) Geocompass. https://play.google.com/store/apps/details?id=com.geo.compass

Integrity Logic (2009a) Geology MT. https://itunes.apple.com/us/app/geology-mt/id337462747?mt=8

Integrity Logic (2009b) Geology NM. https://itunes.apple.com/us/app/geology-nm/id334309070?mt=8

Integrity Logic (2009c) Geology NY. https://itunes.apple.com/us/app/geology-ny/id325366037?mt=8

Integrity Logic (2009d) Geology UT. https://itunes.apple.com/us/app/geology-ut/id333250052?mt=8

Integrity Logic (2009e) Geology WY. https://itunes.apple.com/us/app/geology-wy/id337794529?mt=8

Integrity Logic (2010a) Geograph AZ. https://itunes.apple.com/us/app/geograph-az/id331264477?mt=8

Integrity Logic (2010b) Geograph CA. https://itunes.apple.com/us/app/geograph-ca/id321234316?mt=8

Integrity Logic (2010c) Geograph CO. https://itunes.apple.com/us/app/geograph-co/id333197866?mt=8

Integrity Logic (2010d) Geograph TX. https://itunes.apple.com/us/app/geograph-tx/id323930546?mt=8

Integrity Logic (2010e) Geograph WA/OR. https://itunes.apple.com/us/app/geograph-wa-or/id330252731?mt=8

iPMI-RMC (2012) iPBORE (Android). https://play.google.com/store/apps/details?id=pmi.pbore3d

iPMI-RMC (2014) iPBORE (iOS). https://itunes.apple.com/us/app/ipbore/id575798151?mt=8

Itacasoft (2014) Geologia Italia. https://play.google.com/store/apps/details?id=com.itacasoft.geologiaitalia

Jeju Tourism Organization (2015) JejuGeo. https://play.google.com/store/apps/details?id=kr.or.ijto.geomobile

JouristVerlagsGmbH (2013) Minerals & Gemstones.
    https://play.google.com/store/apps/details?id=info.jourist.minerals

Kim KJ, Sundar SS (2016) Mobile persuasion: can screen size and presentation mode make a difference
    to trust? Hum Commun Res 42(1):45-70

Knopf (2016a) Phrikolat HDD Basics (Android).
    https://play.google.com/store/apps/details?id=com.adamasvision.phrikolat

Knopf (2016b) Phrikolat HDD Basics (iOS).
    https://itunes.apple.com/us/app/phrikolat-hdd-basics/id763433757?mt=8

Komakuro (2017a) Principles of Geology.
    https://play.google.com/store/apps/details?id=jp.komakuro.book33224

Komakuro (2017b) The Geological History.
    https://play.google.com/store/apps/details?id=jp.komakuro.book49829

Kong Q, Allen RM, Schreier L, Kwon YW (2016) MyShake: a smartphone seismic network for
    earthquake early warning and beyond. Sci Adv 2(2):e1501055.
    https://doi.org/10.1126/sciadv.1501055

Lane ND, Miluzzo E, Lu H, Peebles D, Choudhury T, Campbell AT (2010) A survey of mobile phone
    sensing. IEEE Commun Mag 48(9):140-150. https://doi.org/10.1109/MCOM.2010.5560598

Langel T, Waldron R (2017) Generic Sensor API. https://www.w3.org/TR/generic-sensor. Accessed 29
    March 2017

LAQMED (2016) Geology Dictionary Offline.
    https://play.google.com/store/apps/details?id=com.dictionary.Geology

Lee S, Suh J, Park HD (2013) Smart compass-clinometer: a smartphone application for easy and rapid
    geological site investigation. Comput Geosci 61:32-42. https://doi.org/10.1016/j.cageo.2013.07.014

Lee S, Suh J, Park HD (2015) BoreholeAR: a mobile tablet application for effective borehole database
    visualization using an augmented reality technology. Comput Geosci 76:41-49.
    https://doi.org/10.1016/j.cageo.2014.12.005

Lin HH (2015) GeoCompass 2-Geologist's Compass.

https://itunes.apple.com/us/app/geocompass-2-geologists-compass/id975514904?mt=8

Lin I, Jeff B, Rickard I (2016) ARM platform for performance and power efficiency-Hardware and software perspectives. In: 2016 International Symposium on VLSI Design, Automation and Test (VLSI-DAT), pp.1-5

MAAI (2010) Petroleum volume correction tables.
https://itunes.apple.com/us/app/petroleum-volume-correction-tables-crude-oilgasoline/id364297298?mt=8

Major Forms (2015a) Geology sample collector.
https://play.google.com/store/apps/details?id=com.shopzeus.android.majorforms_1000

Major Forms (2015b) Strike and dip.
https://play.google.com/store/apps/details?id=com.shopzeus.android.majorforms_1013

Maldo (2012) Petroleum volume correction Pr.
https://play.google.com/store/apps/details?id=com.chem1.jfmaldo9

MangoCreations (2016) iGeoLog. https://itunes.apple.com/us/app/igeolog/id395150115?mt=8

Mathiesen D, Myers T, Atkinson I, Trevathan J (2012) Geological visualization with augmented reality. In: 2012 15th International Conference on Network-Based Information Systems (NBiS), pp.172-179

McDonnell T, Ray B, Kim M (2013) An empirical study of api stability and adoption in the android ecosystem. In: 2013 29th IEEE International Conference on Software Maintenance (ICSM), pp.70-79

Middlemiss RP, Samarelli A, Paul DJ, Hough J, Rowan S, Hammond GD (2016) Measurement of the earth tides with a MEMS gravimeter. Nature 531(7596):614-617. https://doi.org/10.1038/nature17397

Midland Valley Exploration Ltd. (2016a) FieldMove.
https://play.google.com/store/apps/details?id=com.mve.fieldmove

Midland Valley Exploration Ltd. (2016b) FieldMove Clino.
https://play.google.com/store/apps/details?id=com.mve.fieldmove.clino

Mikhailov (2016) Directional survey.
https://play.google.com/store/apps/details?id=appinventor.ai_amikhailovc.Directonal_Survey

MobileReservoir (2015a) ResToolbox Pro (Android).
https://play.google.com/store/apps/details?id=com.mobilereservoir.mobres.restoolboxpro

MobileReservoir (2015b) ResToolbox Pro (iOS). https://itunes.apple.com/kr/app/restoolbox-pro/id507659735?mt=8

MobiSystems (2017a) Oxford dictionary of geology (Android).
https://play.google.com/store/apps/details?id=com.mobisystems.msdict.embedded.wireless.oxford.oxfordgeology

MobiSystems (2017b) Oxford dictionary of geology (iOS).
https://itunes.apple.com/us/app/oxford-dictionary-of-geology-and-earth-sciences/id919051129?mt=8

Munro I (2013) Oilfield buddy-US units.
https://itunes.apple.com/us/app/oilfield-buddy-us-units/id583731846?mt=8

Natalini G (2013) myVibrometer. https://itunes.apple.com/us/app/myvibrometer/id357421007?mt=8

National Oilwell Varco (2016) Drill bit nozzle calculator (Android).
https://play.google.com/store/apps/details?id=com.nov.drillbithydraulics

National Oilwell Varco (2017) Drill bit nozzle calculator (iOS).
https://itunes.apple.com/us/app/drill-bit-nozzle-calculator/id1144121595?mt=8

Ng A (2013) The encyclopedia of minerals.
https://itunes.apple.com/us/app/the-encyclopedia-of-minerals/id626117109?mt=8

Nguyen QD, Devaux A, Bredif M, Paparoditis N (2015) 3D heterogeneous interactive web mapping
application. In: IEEE Virtual Reality 2015, pp.323-324

Offline Dictionary Inc (2016) Geology dictionary.
https://play.google.com/store/apps/details?id=com.term.dictionary.geologydictionary

Ofsapps (2012a) WellHandbook (Android).
https://play.google.com/store/apps/details?id=com.offapps.wellhandbook

Ofsapps (2012b) WellHandbook (iOS). https://itunes.apple.com/us/app/wellhandbook/id555044113?mt=8

Oil WellApps (2015) Oil well pipes strengths table.
https://itunes.apple.com/us/app/oil-well-pipes-strengths-table/id463230136?mt=8

Oilfield Apps (2015a) ECD calculator. https://play.google.com/store/apps/details?id=com.oilfieldapps.allspark.ecd

Oilfield Apps (2015b) Mud balance.
https://play.google.com/store/apps/details?id=com.mudengineerhelp.allspark.mudbalanceapp

Oilfield Apps (2015c) Pressure calculator.
https://play.google.com/store/apps/details?id=com.oilfieldapps.allspark.pressurecalc

Oilfield Apps (2015d) Strokes calculator.
https://play.google.com/store/apps/details?id=com.oilfieldapps.allspark.strokescalculator

Open Source Geospatial Foundation (2017a) GeoServer. http://geoserver.org. Accessed 29 March 2017

Open Source Geospatial Foundation (2017b) MapServer. http://mapserver.org.Accessed 29 March 2017

Open University (2010) Virtual microscope. https://itunes.apple.com/us/app/virtual-microscope/id383284949?mt=8

Ozcan R, Orhan F, Demirci MF, Abul O (2011) An adaptive smoothing method for sensor noise in augmented reality applications on smartphones. In: international conference on mobile wireless middleware, operating systems, and applications, pp.209-218

Ozyagcilar T (2015) Layout recommendations for PCBs using a magnetometer sensor. Freescale Semiconductor. http://cache.freescale.com/files/sensors/doc/app_note/AN4247.pdf. Accessed 29 March 2017

Paprika Studio (2016) Petroleum dictionary. https://play.google.com/store/apps/details?id=com.hendra.petroliumdictionary

Pegasus Vertex Inc (2015) Dr DE-drilling toolbox. https://play.google.com/store/apps/details?id=com.pvisoftware.drde

Persad (2017) PetroCalc. https://play.google.com/store/apps/details?id=com.petroleum.engineering.petrocalc

PertaminaDrillingUTC (2014) Drilling Engineering (iOS). https://itunes.apple.com/us/app/drilling-engineering/id891302915?mt=8

Pertamina Drilling UTC (2017) Drilling engineering (Android). https://play.google.com/store/apps/details?id=com.pertamina.drilling

PetroSimple (2016) Oil PVT properties. https://play.google.com/store/apps/details?id=petrosimple.oilproperties

Popescu A (2016) Geolocation API specification 2nd edition. https://www.w3.org/TR/geolocation-API. Accessed 29 March 2017

Disigma Publications (2017) Mineral Micr Full. https://play.google.com/store/apps/details?id=com.smartup.mineralmicr_full

Putranto A (2016a) Geology dictionary offline (Android). https://play.google.com/store/apps/details?id=com.dictionary.arjunastudiogeology

Putranto A (2016b) Geology dictionary offline (iOS). https://itunes.apple.com/us/app/geology-dictionary-offline/id1173112568?mt=8

R & W Scientific (2016) PocketTransit. https://play.google.com/store/apps/details?id=com.rwscientific.pockettransit

Regents of the University of Minnesota (2017) Flyover country. https://itunes.apple.com/us/app/flyover-country/id1059886913?mt=8

RockGekko (2017) Rocklogger. https://play.google.com/store/apps/details?id=com.rockgecko.dips

RootMotion (2013) GeoMuldel. https://play.google.com/store/apps/details?id=com.Nortal.GeoMudel2

Saify Solutions (2014a) Mud & cement calculator (KOC). https://play.google.com/store/apps/details?id=com.SaifySolutions.MudNCementCalc

Saify Solutions (2014b) Oil field handy calc.
https://play.google.com/store/apps/details?id=com.SaifySolutions.OilFieldPro

Saify Solutions (2014c) Oil field handy calc.
https://itunes.apple.com/us/app/oilfield-handycalc/id869735548?mt=8

Salih (2016) PetroLeum engineer. https://itunes.apple.com/us/app/petroleum-engineer/id1123339829?mt=8

Sand Apps Inc (2016a) 1,500 Dictionary of Oil & Gas Terms.
https://itunes.apple.com/us/app/1-500-dictionary-of-oil-gas-terms/id489726390?mt=8

Sand Apps Inc (2016b) 1450 Oil and Gas Dictionary of Terms.
https://itunes.apple.com/us/app/1450-oil-and-gas-dictionary-of-terms/id501850106?mt=8

Sand Apps Inc (2016c) 5,000 Oil and Gas Terms and Acronyms.
https://itunes.apple.com/us/app/5-000-oil-and-gas-terms-and-acronyms/id570003521?mt=8

Schlumberger Technology Corporation (2012) Quick Calc Hydraulics (Android).
https://play.google.com/store/apps/details?id=com.slb.smith.android.quickcalc

Schlumberger Technology Corporation (2014) Quick Calc Hydraulics (iOS).
https://itunes.apple.com/us/app/quick-calc-hydraulics/id404002035?mt=8

Schlumberger Technology Corporation (2016) Schlumberger Oilfield Glossary.
https://itunes.apple.com/us/app/schlumberger-oilfieldglossary/id380098287?mt=8

Scott G (2016) Geo-Color. https://itunes.apple.com/us/app/geo-color/id1031121445?mt=8

SGU (2015) Geokartan. https://play.google.com/store/apps/details?id=se.sgu.android.geokartan

Sharakhov N, Polys N, Sforza P (2013) GeoSpy: a Web3D platform for geospatial visualization. In:
Proceedings of the 1st ACM SIGSPATIAL InternationalWorkshop on MapInteraction, pp.30-35

Shoaib A (2016) Geology knowledge test.
https://play.google.com/store/apps/details?id=com.hellgeeks.Geology_Knowledge_Test

Sidorov K. (2017) Structural geology. https://play.google.com/store/apps/details?id=com.do_apps.catalog_784

Smart Tools co (2017) Vibration meter. https://play.google.com/store/apps/details?id=kr.sira.vibration

Smith A (2013) Digital geological map of great Britain, information notes, 2013. NERC Open Research
Archive. http://nora.nerc.ac.uk/502315/. Accessed 29 March 2017

Smith AL, Chaparro BS (2015) Smartphone text input method performance, usability, and preference
with younger and older adults. Human Factors: The Journal of the Human Factors and Ergonomics
Society 57(6):1015-1028. https://doi.org/10.1177/0018720815575644

Soaring Emu (2016) Mineral supertrumps.
https://play.google.com/store/apps/details?id=com.FlyingMongooseProductions.Supertrumps

mule-software.com (2012) Petroleum measurement calc.
https://play.google.com/store/apps/details?id=com.spintexroad.pflowcalc

Space-O Infoweb (2014) Geology terminology glossary.
https://itunes.apple.com/us/app/geology-terminology-glossary/id431802631?mt=8

Sprout Labs LLC (2015) Geology HD. https://itunes.apple.com/us/app/geology-hd/id1054814126?mt=8

Suh J, Lee S, Choi Y (2017) UMineAR: mobile-tablet-based abandoned mine hazard site investigation
support system using augmented reality. Fortschr Mineral 7:198. https://doi.org/10.3390/min7100198

Syed Z, Georgy J, Ali A, Chang HW, Goodall C (2013) Showing smartphones the way inside: real-time,
continuous, reliable, indoor/outdoor localization. GPS World 24(3):30-35

Synergetic S.A.S -Col (2016) Oilfield assistant-formulas.
https://play.google.com/store/apps/details?id=com.synergetic.oilfield.pro

Tasa Graphic Arts Inc (2013a) Folds and faults.
https://play.google.com/store/apps/details?id=com.tasagraphicarts.folds_faults&hl=ko

Tasa Graphic Arts Inc (2013b) Geotimescale enhanced.
https://play.google.com/store/apps/details?id=com.tasagraphicarts.geotimescale_enhanced

Tasa Graphic Arts Inc (2014) Mineral database.
https://itunes.apple.com/us/app/mineral-database/id736738403?mt=8

Tasa Graphic Arts Inc (2015) Pangaea. https://itunes.apple.com/us/app/pangaea/id338289768?mt=8

Tasa Graphic Arts Inc (2016) Arches national park geology tour.
https://itunes.apple.com/us/app/arches-national-park-geology-tour/id341343595?mt=8

Techhuw (2016) Geology dictionary. https://play.google.com/store/apps/details?id=com.geo.geolgydictioryapp

Tectonic Engineering Consultants Co. Ltd (2012) StereoNet.
https://itunes.apple.com/us/app/stereonet/id512094990?mt=8

Tengel (2016) Geological Timescale. https://play.google.com/store/apps/details?id=org.tengel.timescale

Terrasolum (2014a) RMR Calc. https://play.google.com/store/apps/details?id=es.terrasolum.rockmassratingcalc2

Terrasolum (2014b) Simple Slope. https://play.google.com/store/apps/details?id=es.terrasolum.slide_bishop

Terrasolum (2014c) Geostation. https://play.google.com/store/apps/details?id=es.terrasolum.geostation

Theta Oilfield Services (2015) Oilfield calculator-pump slippage.

https://itunes.apple.com/us/app/oilfield-calculator-pump-slippage/id1004145057?mt=8

ThSoft Co., Ltd (2015) Geological compass Full.
https://play.google.com/store/apps/details?id=com.truonghau.geocompassfull

Uakanov (2014a) OilField annular volume pro.
https://itunes.apple.com/us/app/oilfield-annular-volume-pro/id921257545?mt=8

Uakanov (2014b) OilField ECD pro. https://itunes.apple.com/us/app/oilfield-ecd-pro/id921381261?mt=8

Uakanov (2014c) OilField FIT & leak-off test.
https://itunes.apple.com/us/app/oilfield-fit-leak-off-test/id922466794?mt=8

Uakanov (2014d) OilField iHandbook. https://itunes.apple.com/us/app/oilfield-ihandbook/id916850671?mt=8

Uakanov (2015a) OilField & drilling mud lab.
https://itunes.apple.com/us/app/oilfield-drilling-mud-lab/id966173476?mt=8

Uakanov (2015b) OilField coiled tubing data.
https://itunes.apple.com/us/app/oilfield-coiled-tubing-data/id956470511?mt=8

Uakanov (2016a) OilField formulas for iHandy calc.
https://itunes.apple.com/us/app/oilfield-formulas-for-ihandy-calc/id875486327?mt=8

Uakanov (2016b) OilField engineer. https://itunes.apple.com/us/app/oilfield-engineer/id1042382933?mt=8

UC Berkeley Seismological Laboratory (2017) myShake.
https://play.google.com/store/apps/details?id=edu.berkeley.bsl.myshake

Universitat de Barcelona (2016) BCN rocks. https://play.google.com/store/apps/details?id=edu.ub.bcnrocks

UW Macrostrat (2017a) Rockd (Android). https://play.google.com/store/apps/details?id=org.macrostrat.rockd

UW Macrostrat (2017b) Rockd (iOS). https://itunes.apple.com/us/app/rockd/id1153056624?mt=8

Vaughan A, Collins N, Krus M, Rourke P (2014) Recent development of an earth science app-FieldMove Clino. In: EGU general assembly conference abstracts, 16:14751

VenSoft (2017) SmartDriller. https://play.google.com/store/apps/details?id=ru.vensoft.boring.boring

Washington State Geological Survey (2016a) Washington geology (Android).
https://play.google.com/store/apps/details?id=gov.dnr.wa.WashingtonGeology

Washington State Geological Survey (2016b)Washington geology (iOS).
https://itunes.apple.com/us/app/washington-geology/id1169114692?mt=8

Wu L, Xue L, Li C, Lv X, Chen Z, Guo M, Xie Z (2015) A geospatial information grid framework for geological survey. PLoS One 10(12):e0145312. https://doi.org/10.1371/journal.pone.0145312

Yakobo (2017) Smart mineralogist. https://play.google.com/store/apps/details?id=org.yakobo.smartmineralogist

Yasi (2013) CemWell. https://itunes.apple.com/us/app/cemwell/id440735857?mt=8

Zhang (2017) Geological field notes. https://itunes.apple.com/us/app/geological-field-notes/id1013592692?mt=8

제2장

안녕
지질자원 앱 인벤터!!

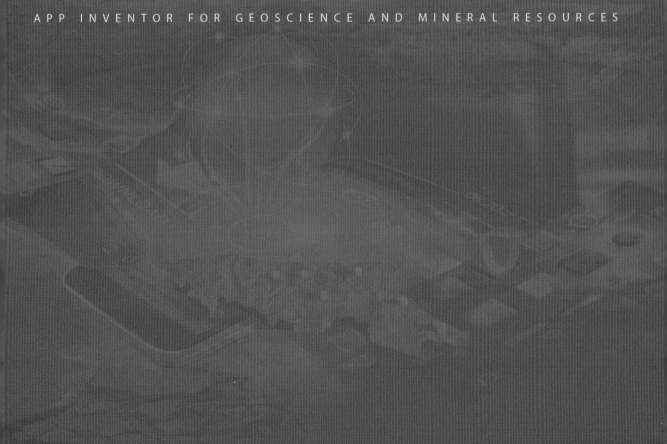

안녕 지질자원 앱 인벤터!!

1장에서 여러분들은 지질자원 분야에서 개발된 다양한 스마트폰 앱들을 살펴보았다. 이제 여러분들은 그림 2-1과 같은 여러분들만의 첫 번째 스마트폰 앱 개발을 시작할 것이다. 스마트폰 앱 개발을 위해서는 개발도구가 필요하다. 이 책에서는 스마트폰 앱 개발을 위해 미국 매사추세츠 공과대학교(MIT)의 앱 인벤터(App Inventor)를 개발도구로 사용할 것이다. 앱 인벤터는 구글이 개발한 오픈소스 웹 애플리케이션이며, 현재 MIT에서 관리하고 있다. 앱 인벤터가 제공하는 도구들을 이용하면 PC 화면에서 필요한 컴포넌트들을 드래그 앤드 드롭 (drag-and-drop, 이하 드래그)하여 개발하고자 하는 앱의 화면을 설계할 수 있으며, 블록 쌓기와 유사한 방식으로 코드를 작성하여 앱의 동작을 제어할 수 있다.

그림 2-1 〈안녕 지질자원 앱 인벤터!!〉 앱

1. 학습 개요

2장에서 여러분들이 배우게 될 내용은 다음과 같다.

- MIT 앱 인벤터 사이트에 접속하고, 구글 계정을 이용하여 로그인하는 방법
- 컴포넌트 디자이너를 이용하여 스마트폰 앱 화면을 설계하는 방법
- 앱에서 사용할 이미지 파일을 앱 인벤터 서버에 업로드하는 방법
- 블록 에디터를 이용하여 앱을 제어하는 코드를 작성하는 방법
- Label 컴포넌트의 속성 변경 방법
- Button 컴포넌트의 속성 변경 및 이벤트 처리를 위한 코드 작성 방법
- 개발한 앱의 라이브 테스팅 방법
- 스마트폰에 개발한 앱을 영구적으로 설치하는 방법
- 개발한 앱의 설치 파일 또는 소스 파일을 친구들과 공유하는 방법

2. 프로젝트 생성

여러분들은 이제 앱 인벤터를 처음으로 사용해볼 것이다. 여러분 컴퓨터에 설치된 인터넷 익스플로러나 크롬과 같은 웹 브라우저를 이용하여 http://appinventor.mit.edu/explore/ 사이트에 접속하면 그림 2-2와 같은 화면이 나타난다. 이 사이트는 MIT에서 운영하는 앱 인벤터 개발 도구의 공식 홈페이지이다. 이 사이트에서 여러분들은 앱 인벤터를 사용하는 데 참고할 수 있는 다양한 자료들을 얻을 수 있다. 여러분들이 사용하게 될 앱 인벤터는 2013년 12월부터 서비스되고 있는 버전인 앱 인벤터 2이다. 즉, 앱 인벤터는 현재 서비스되는 앱 인벤터 2 버전을 말한다. 참고로 2013년 12월 이전까지 서비스되었던 앱 인벤터 1은 앱 인벤터 클래식이라 불린다.

그림 2-2 MIT 앱 인벤터 공식 홈페이지(http://appinventor.mit.edu/explore/)

앱 인벤터를 사용하기 위해서는 구글 계정이 필요하다. 여러분들은 아마도 구글 계정을 이미 가지고 있을 것이다. 만약, 구글 계정이 없다면 https://accounts.google.com/ 사이트에 접속하여 구글 계정을 생성하도록 한다. 구글 계정이 생성되었으면 이제 앱 인벤터의 사용을 시작할 것이다. 그림 2-2의 메인 홈페이지 화면 오른쪽 위의 <Create apps!> 버튼을 클릭한다. 앱 인벤터에 접속하기 위한 로그인 화면이 그림 2-3과 같이 나타날 것이다. 이제 여러분들의 구글 계정 정보를 입력한 후 로그인한다. 만약 여러분들이 크롬 브라우저나 구글 툴바 등을 이용한다면 여러분들의 구글 계정 정보가 웹 브라우저에 저장되어 있으므로 다음번 로그인 시에는 그림 2-4와 같이 구글 계정을 리스트에서 선택하여 앱 인벤터에 접속할 수 있을 것이다.

앱 인벤터에 접속하면 그림 2-5와 같은 My Projects 화면이 나타난다. 만약 여러분들이 앱 인벤터를 처음 사용해보는 것이라면, 과거에 프로젝트를 만든 적이 없을 것이므로 My Projects 화면의 프로젝트 리스트는 비어 있을 것이다.

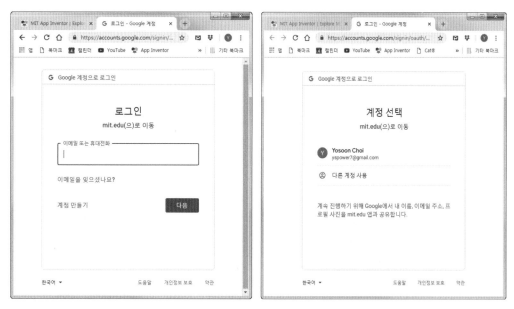

그림 2-3 앱 인벤터 로그인을 위한 구글 계정 정보 **그림 2-4** 앱 인벤터 로그인을 위한 구글 계정 선택
입력

그림 2-5 개발한 앱들의 프로젝트 관리를 위한 My Projects 화면

이제 화면 왼쪽 상단의 <Start new project> 버튼은 클릭하여 여러분들의 첫 번째 프로젝트를 생성해본다. 그림 2-6과 같이 Create new App Inventor project 대화상자가 화면에 나타날 것이다. 프로젝트 이름은 중간에 공백 없는 한 단어 형태로 입력하거나 "_"를 이용하여 복수의 단어들을 공백 없이 조합한 형태로 입력해야 한다. 여기에서는 "Hello_Geo_App_Inventor"라고 입력하고 <OK> 버튼을 클릭하도록 하자. 그림 2-7과 같이 "Hello_Geo_App_Inventor" 프로젝트의 컴포넌트 디자이너가 화면에 나타날 것이다. 화면의 오른쪽 위 <Blocks> 버튼을 클릭하면 그림 2-8과 같은 블록 에디터 화면으로 이동할 수 있다.

그림 2-6 Create new App Inventor project 대화상자

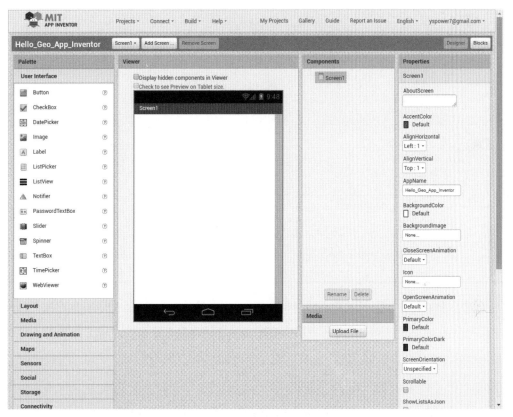

그림 2-7 "Hello_Geo_App_Inventor" 프로젝트의 컴포넌트 디자이너 화면

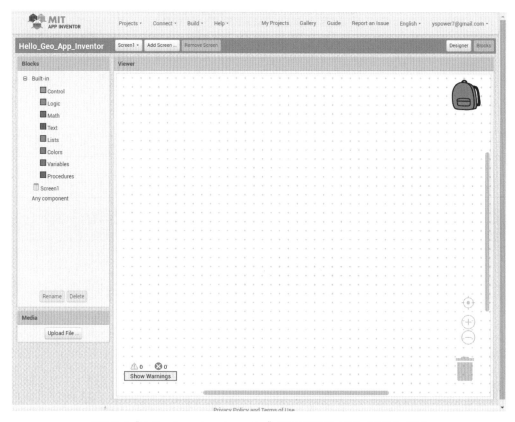

그림 2-8 "Hello_Geo_App_Inventor" 프로젝트의 블록 에디터 화면

앱 인벤터에서 생성한 프로젝트는 클라우드 컴퓨팅 방식으로 앱 인벤터의 온라인 서버에
자동 저장된다. 따라서 여러분들은 "Hello_Geo_App_Inventor" 프로젝트를 별도의 저장소에 따
로 저장할 필요가 없다. 여러분들이 따로 저장하지 않더라도 여러분들의 구글 계정을 이용하
여 앱 인벤터에 다시 접속하면 생성했던 프로젝트가 그대로 저장되어 있을 것이다. 또한 클라
우드 컴퓨팅 방식을 사용하기 때문에, 여러분들이 다른 컴퓨터로 이동하여 앱 인벤터에 접속
하더라도 작업하던 프로젝트가 그대로 남아 있을 것이다.

3. 컴포넌트 디자인

가. 컴포넌트 디자이너를 이용한 앱 화면 설계

앱 인벤터의 컴포넌트 디자이너는 앱의 화면을 설계하기 위해 사용된다. 그림 2-7에서 볼 수 있듯이 컴포넌트 디자이너는 크게 Palette, Viewer, Components, Media, Properties 영역으로 구성되어 있다.

먼저 컴포넌트 디자이너 화면의 가장 왼쪽에 있는 Palette 영역에서는 앱 개발 시 사용되는 컴포넌트들의 목록을 볼 수 있다. 컴포넌트들은 앱 인벤터를 이용하여 앱을 개발할 때 사용되는 구성 부품이라고 할 수 있다. 여러분들이 스마트폰 화면에서 버튼을 누르면 사진이 나타나는 간단한 앱을 개발한다고 생각해보자. 아마도 손가락으로 누를 수 있는 버튼과 사진을 표시해줄 수 있는 공간이 스마트폰 화면에 필요할 것이다. 이럴 때 여러분들은 컴포넌트 디자이너가 제공하는 Button 컴포넌트와 Image 컴포넌트를 이용하여 쉽게 앱 화면을 설계할 수 있다. Palette는 세부적으로 User Interface, Layout, Media, Drawing and Animation, Maps, Sensors, Social, Storage, Connectivity, LEGO MINDSTORMS, Experimental, Extension 구역으로 구분된다. 구역별로 제공하는 컴포넌트들의 목록은 그림 2-9와 같다.

컴포넌트 디자이너 화면의 중앙에는 Viewer 영역이 있다. Viewer 영역은 스마트폰 화면과 유사한 모습이다. 앞으로 여러분들은 Palette에 있는 컴포넌트들을 Viewer 영역에 드래그하는 방법으로 앱 화면을 설계할 것이다.

Viewer 영역의 오른쪽에는 Components 영역과 Media 영역이 있다. Components는 현재 프로젝트에 사용된 컴포넌트들의 목록을 보여준다. 그림 2-7에서 Components에는 Screen1 컴포넌트가 표시되어 있다. 프로젝트 생성 시 스마트폰 전체 화면을 나타내는 Screen1이 자동으로 추가되었기 때문이다. 앞으로 여러분들이 Palette에 있는 컴포넌트들을 Viewer 영역에 드래그하면 해당 컴포넌트들의 목록이 Components에 추가될 것이다. Media 영역에는 프로젝트에 사용된 그림이나 소리와 같은 미디어 파일들의 목록이 표시된다.

그림 2-9 컴포넌트 디자이너가 제공하는 컴포넌트 목록(컬러 도판 374쪽 참조)

컴포넌트 디자이너 화면의 가장 오른쪽에 위치한 Properties 영역에서는 Viewer 영역에 추가된 컴포넌트들의 속성 정보를 볼 수 있다. 예를 들어, Button 컴포넌트와 Image 컴포넌트를 Viewer 영역에 추가하면 Properties에서는 그림 2-10과 같은 컴포넌트 속성 정보가 표시된다. 여러분들은 Properties에서 프로젝트에 사용된 컴포넌트들의 속성을 확인하고, 목적에 맞게 변경할 수 있다.

그림 2-10 Properties 영역에서 Button 컴포넌트와 Image 컴포넌트의 속성 확인

나. 레이블 컴포넌트 추가하기

이제 컴포넌트 디자이너를 이용하여 "Hello_Geo_App_Inventor" 프로젝트의 앱 화면을 설계해보자. 먼저 레이블 컴포넌트를 사용해볼 것이다. 레이블 컴포넌트는 앱 화면에 텍스트를 표시할 때 사용한다. Label에서 설정할 수 있는 속성들은 다음과 같다.

- BackgroundColor: 컴포넌트의 배경색을 정의
- FontBold: 글꼴을 굵은 스타일로 표시할지를 정의

- FontItalic: 글꼴을 기울임 스타일로 표시할지를 정의
- FontSize: 글꼴의 크기를 정의
- FontTypeface: 글꼴의 형식을 선택(default, sans serif, serif, monospace)
- HTMLFormat: 글꼴을 HTML 형식으로 설정할 것인지를 정의
- HasMargins: 글꼴에 여백을 포함할 것인지 아닌지를 정의
- Height: 앱 화면에서 컴포넌트의 수직 방향 크기를 정의
- Width: 앱 화면에서 컴포넌트의 수평 방향 크기를 정의
- Text: 컴포넌트에 표시될 텍스트를 정의
- TextAlignment: 컴포넌트에 표시될 텍스트의 정렬 방법을 정의(1=왼쪽 정렬, 2=가운데 정렬, 3=오른쪽 정렬)
- TextColor: 컴포넌트에 표시될 텍스트의 색상을 정의
- Visible: 앱 화면에서 컴포넌트를 표시할지를 정의

이제 Label을 추가한 후 속성을 변경해보자.

1) Palette>User Interface에서 Label을 클릭한 후, Viewer 영역으로 드래그한다. 컴포넌트 디자이너의 화면이 그림 2-11과 같이 나타날 것이다.
2) Properties에서 Label1의 속성 중 Text를 "안녕 지질자원 앱 인벤터!!"로 변경한다. Viewer 영역의 Label1에 표시된 문장이 "안녕 지질자원 앱 인벤터!!"로 바뀌었을 것이다.
3) Properties에서 Label1의 속성 중 FontBold의 체크 박스를 클릭한다. Viewer 영역의 Label1에 표시된 문장이 굵은 글자체로 바뀌었을 것이다.
4) Properties에서 Label1의 속성 중 FontSize를 25로 변경한다. Viewer 영역의 Label1에 표시된 문장의 글자가 크게 바뀌었을 것이다.
5) Properties에서 Label1의 속성 중 Width를 <Fill parent>, TextAlignment를 <center: 1>로 선택한다. Viewer 영역의 레이블에 표시된 문장이 스마트폰 화면의 가운데 정렬로 바뀌어 나타날 것이다.
6) Properties 영역에서 Label1의 속성 중 TextColor를 클릭한 후 새로운 글자색으로 <Red>를 선택한다. Viewer 영역의 Label1에 표시된 문장이 빨간색 글자로 바뀌었을 것이다.

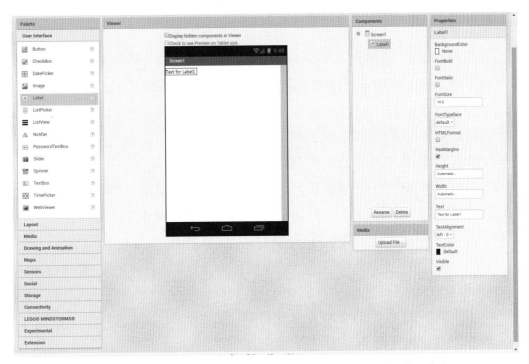

그림 2-11 "Hello_Geo_App_Inventor" 프로젝트에 Label 컴포넌트 추가

다. 이미지 파일 추가하기

앱 화면에 사용될 이미지 파일을 추가해보자. 2장 예제 소스로 제공된 <HelloGeoApp.png> 이미지 파일을 미리 준비한다. 만약 여러분들이 가지고 있는 다른 이미지 파일을 프로젝트에 사용하고 싶다면 jpg, gif, png 등과 같은 포맷의 이미지 파일로 준비하면 된다.

1) Media에서 <Upload File> 버튼을 클릭한다.
2) Upload File 대화상자가 나타나면 <파일선택> 버튼을 클릭하고, 열기 대화상자에서 <HelloGeoApp.png> 이미지 파일 또는 여러분들이 준비한 이미지 파일을 선택한다.
3) Upload File 대화상자에 선택된 이미지 파일의 이름이 표시되면 <OK> 버튼을 클릭한다. Media의 목록에 <HelloGeoApp.png> 이미지 파일 또는 여러분들이 준비한 이미지 파일 이 추가된 것을 확인할 수 있을 것이다.

라. 버튼 컴포넌트 추가하기

이번에는 Button을 사용해볼 것이다. Button은 앱 화면에서 사용자의 클릭 이벤트 등을 처리하기 위해 사용한다. Button에서 설정할 수 있는 속성들은 다음과 같다.

- BackgroundColor: 컴포넌트의 배경색을 정의
- Enabled: 컴포넌트의 사용 가능 여부를 정의
- FontBold: 컴포넌트에 표시되는 텍스트의 글꼴을 굵은 스타일로 할지를 정의
- FontItalic: 컴포넌트에 표시되는 텍스트의 글꼴을 굵은 스타일로 할지를 정의
- FontSize: 컴포넌트에 표시되는 텍스트의 글꼴 크기를 정의
- FontTypeface: 컴포넌트에 표시되는 텍스트의 글꼴 형식을 선택(default, sans serif, serif, monospace)
- Height: 앱 화면에서 컴포넌트의 수직 방향 크기를 정의
- Width: 앱 화면에서 컴포넌트의 수평 방향 크기를 정의
- Image: 컴포넌트에 표시되는 이미지 파일을 정의
- Shape: 앱 화면에 표시되는 컴포넌트의 모양을 선택(default, rounded, rectangular, oval)
- ShowFeedback: 컴포넌트에 이미지를 표시하는 경우 시각적인 피드백을 사용할지를 정의
- Text: 컴포넌트에 표시될 텍스트를 정의
- TextAlignment: 컴포넌트에 표시될 텍스트의 정렬 방법을 정의(1=왼쪽 정렬, 2=가운데 정렬, 3=오른쪽 정렬)
- TextColor: 컴포넌트에 표시될 텍스트의 색상을 정의
- Visible: 앱 화면에서 컴포넌트를 표시할지를 정의

이제 프로젝트의 앱 화면에 Button을 추가하고, 속성을 변경해보자.

1) Palette > User Interface에서 Button을 클릭한 후, Viewer 영역으로 드래그한다.
2) Components에서 Button1을 선택한다.
3) Properties에서 Button1의 속성 중 Width를 <Fill parent>로 변경한다.
4) Properties에서 Button1의 속성 중 Text에 "사진을 보여줘"를 입력한다. Viewer 영역의

Button1에 표시된 문장이 그림 2-12와 같이 "사진을 보여줘"로 바뀌었을 것이다.

그림 2-12 "Hello_Geo_App_Inventor" 프로젝트에 Button 추가(컬러 도판 375쪽 참조)

"Hello_Geo_App_Inventor" 프로젝트에 사용된 컴포넌트들을 정리하면 표 2-1과 같다.

표 2-1 "Hello_Geo_App_Inventor" 프로젝트에 사용된 컴포넌트 목록

유형	Palette	이름	용도
Label	User Interface	Label1	"안녕 지질자원 앱 인벤터!!" 텍스트 표시
Button	User Interface	Button1	버튼을 누르면 Media 목록에 추가된 이미지를 화면에 표시

4. 블록 프로그래밍

앞서 컴포넌트 디자이너를 이용하여 "Hello_Geo_App_Inventor" 앱의 화면을 설계하였다.

지금부터는 블록 에디터를 이용하여 앱의 동작을 제어할 수 있는 코드를 작성할 것이다. 블록 에디터를 이용하면 문자 형식의 명령어를 입력하지 않고도 블록 쌓기와 유사한 방식으로 쉽게 코드를 작성할 수 있다.

블록 에디터의 화면은 그림 2-13과 같이 Blocks, Media, Viewer 영역으로 구성되어 있다. Blocks에는 현재 프로젝트에서 사용할 수 있는 Built-in 블록들의 유형과 사용된 컴포넌트의 목록이 제시되어 있다. Media에는 프로젝트에 추가된 이미지, 소리 등의 파일 목록이 표시된다. Viewer에는 블록을 이용해 작성한 코드가 표시된다.

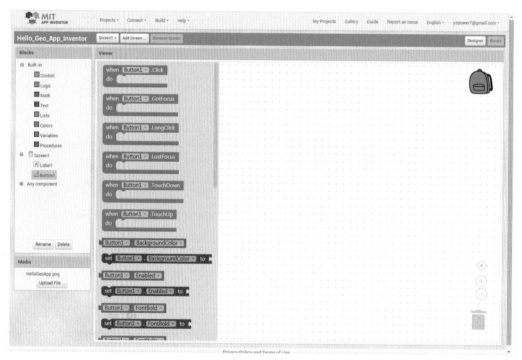

그림 2-13 Button1 컴포넌트와 관련된 블록(컬러 도판 375쪽 참조)

이제 "Hello_Geo_App_Inventor" 앱에서 버튼을 클릭하면 Media에 있는 이미지가 화면에 표시되도록 블록 에디터를 이용하여 코드를 작성해보자.

1) 화면 오른쪽 위에 있는 <Blocks> 버튼을 클릭하여 블록 에디터 화면으로 이동한다.
2) Blocks에서 Screen1 > Button1을 클릭한다. 그림 2-13과 같이 Button1과 관련된 코드 블록

들이 화면에 나타날 것이다.

3) <Button1.Click> 블록을 클릭한 후 Viewer 영역으로 드래그한다.

4) Blocks에서 Screen1 > Button1을 클릭한 후, <set Button1.Image to>를 선택하여 Viewer 영역으로 드래그한다.

5) Blocks에서 Built-in > Text를 클릭한 후 <" ">를 선택하여 Viewer 영역으로 드래그한다.

6) <" ">에 "HelloGeoApp.png"를 입력한다.

7) Blocks에서 Screen1 > Button1을 클릭한 후, <set Button1.Text to>를 선택하여 Viewer 영역으로 드래그한다.

8) Blocks에서 Built-in > Text를 클릭한 후, <" ">를 선택하여 Viewer 영역으로 드래그한다.

9) Viewer 영역에 추가된 블록들을 드래그하여 그림 2-14와 같이 조립한다.

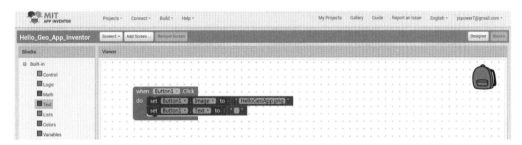

그림 2-14 블록 에디터를 이용한 버튼 클릭 이벤트 코드 작성

5. 개발된 앱 확인

앱 인벤터를 이용하여 개발한 "Hello_Geo_App_Inventor" 앱을 확인해보자. 개발된 앱을 확인하기 위해서는 <MIT AI2 Companion> 앱이나 에뮬레이터(Emulator)를 이용하여 라이브 테스팅하거나 안드로이드 스마트폰에 직접 설치하는 방법을 사용할 수 있다.

가. AI2 Companion을 이용한 라이브 테스팅

앱 인벤터의 라이브 테스팅 기능을 이용하면 앱을 개발하는 과정에서 바로 앱을 실행해볼 수 있다. 이 기능을 이용하기 위해서는 스마트폰과 컴퓨터에 동일한 와이파이 연결이 가능해야 하며, 스마트폰에는 <MIT AI2 Companion> 앱이 설치되어 있어야 한다.

1) Google Play Store에서 <MIT AI2 Companion> 앱을 찾아 스마트폰에 설치한다.
2) 스마트폰과 컴퓨터를 같은 와이파이로 인터넷에 연결한다.
3) 앱 인벤터의 화면 상단 <Connect> 메뉴를 클릭하고, 확장 메뉴가 나타나면 그림 2-15와 같이 <AI Companion> 버튼을 클릭한다. 컴퓨터 화면에 그림 2-16과 유사한 QR 코드가 나타날 것이다.

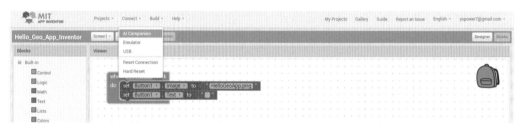

그림 2-15 라이브 테스팅을 위한 〈AI Companion〉 버튼 클릭

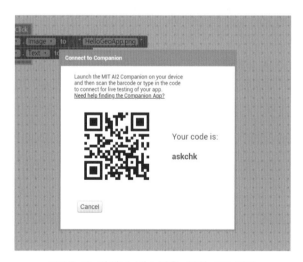

그림 2-16 라이브 테스팅을 위한 QR 코드

4) 스마트폰에서 <MIT AI2 Companion> 앱을 실행한다. 스마트폰에 그림 2-17(a)와 같은 화면이 나타날 것이다. <scan QR code> 버튼을 클릭하고 그림 2-17(b)와 같이 컴퓨터 화면의 QR 코드를 스캔한다.

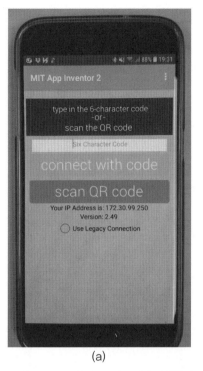

(a)   (b)

그림 2-17 라이브 테스팅을 위한 〈MIT AI2 Companion〉 앱 실행 및 QR 코드 스캔

5) 잠시 기다리면 여러분은 스마트폰에 "Hello_Geo_App_Inventor" 앱이 실행되는 모습을 그림 2-18과 같이 확인할 수 있을 것이다. 〈사진을 보여줘〉 버튼을 클릭해보자.

나. 안드로이드 스마트폰에 앱 설치

앱 인벤터의 라이브 테스팅 기능을 이용하는 경우 스마트폰과 컴퓨터의 연결이 끊어지는 순간 스마트폰에 실행되고 있는 앱은 동작을 멈추고 사라진다. 라이브 테스팅 기능은 개발된 앱을 실제로 스마트폰에 설치하는 것이 아니기 때문이다. 개발된 앱을 스마트폰에 설치해 영구적으로 사용하기 위해서는 다음과 같은 방법을 사용한다.

1) 앱 인벤터의 화면 상단 〈Build〉 메뉴를 클릭하고, 확장 메뉴가 나타나면 그림 2-19와 같이 〈App(save .apk to my computer)〉 버튼을 클릭한다. "Hello_Geo_App_Inventor.apk" 파일이 컴퓨터에 생성될 것이다.

2) 생성된 "Hello_Geo_App_Inventor.apk" 파일을 이메일 등을 이용하여 스마트폰으로 전송한다.

3) 스마트폰에 저장된 "Hello_Geo_App_Inventor.apk" 파일을 실행하면 여러분들이 개발한 첫 번째 앱이 스마트폰에 설치될 것이다.

(a)

(b)

그림 2-18 라이브 테스팅을 통한 "Hello_Geo_App_Inventor" 앱의 실행 결과

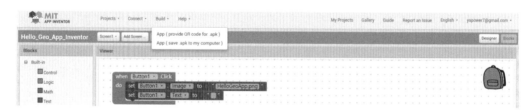

그림 2-19 스마트폰에 앱을 설치하기 위한 (.apk) 파일의 내보내기

6. 개발된 앱의 공유

앱 인벤터를 이용하여 개발한 "Hello_Geo_App_Inventor" 앱을 친구들과 공유할 수 있다. 앱을 공유하는 방법은 여러분들의 스마트폰에 영구적으로 앱을 설치하기 위해 사용한 <.apk> 파일을 이메일 등으로 친구들에게 전송하는 것이다. 친구들은 <.apk> 파일을 스마트폰에 내려 받은 후 앱을 설치할 수 있을 것이다. 이 방법은 개발된 앱의 설치 파일을 공유하며, 소스 파일은 공유하지 않는다.

소스 파일까지 공유하기 위해서는 <.apk> 파일 대신 <.aia> 파일을 생성한 후 친구들에게 전송하면 된다. 앱 인벤터에서 <.aia> 파일을 생성하는 방법은 다음과 같다.

1) 앱 인벤터의 화면 상단 <Projects> 메뉴를 클릭하고, 그림 2-20과 같이 확장 메뉴가 나타나면 <Export selected project (.aia) to my computer> 버튼을 클릭한다. "Hello_Geo_App_Inventor.aia" 파일이 컴퓨터에 생성될 것이다.

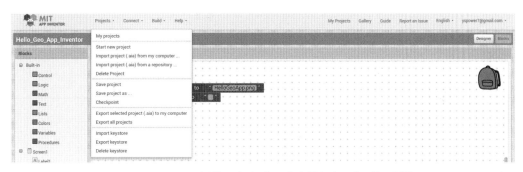

그림 2-20 소스 파일(.aia)의 내보내기 / 불러오기 기능 실행

2) 생성된 "Hello_Geo_App_Inventor.aia" 파일을 이메일 등을 이용하여 친구들에게 전달한다.
3) 친구들은 전달받은 "Hello_Geo_App_Inventor.aia" 파일을 컴퓨터에 저장한 후 앱 인벤터를 실행한다.
4) 앱 인벤터의 화면 상단 <Projects> 메뉴를 클릭하고, 그림 2-20과 같이 확장 메뉴가 나타나면 <Import selected project (.aia) from my computer> 버튼을 클릭하여 전달받은 앱 소스 파일을 My Projects에 추가할 수 있다.
5) My Projects에 추가된 "Hello_Geo_App_Inventor" 앱은 수정 및 재배포가 가능하다.

제3장

광석의
품위 계산

APP INVENTOR FOR GEOSCIENCE AND MINERAL RESOURCES

광석의 품위 계산

광산에서 채굴한 광석(ore) 안에는 다양한 광물(mineral)들이 포함되어 있다. 이 중 우리가 필요로 하는 유용한 광물을 광석광물(ore mineral)이라고 하며, 필요가 없는 광물을 맥석광물 (gangue mineral)이라고 한다. 만약 여러분들이 광산에서 광석을 채굴한다면 어떤 광석을 채굴 할 것인가? 당연히 여러분들에게 필요한 유용한 광석광물이 많이 포함된 광석을 채굴하고 싶을 것이다. 품위(grade)란 전체 광석에서 유용한 광석광물이 얼마나 포함되어 있는지를 나타내는 값이며, 다음의 식 (3-1)을 이용하여 계산한다.

$$ 품위(\%) = \frac{광석에\ 포함된\ 광석광물의\ 중량}{광석의\ 전체\ 중량} \times 100 \tag{3-1} $$

3장에서 여러분들은 스마트폰을 이용하여 광석의 품위를 계산해볼 수 있는 앱을 그림 3-1 과 같이 개발해볼 것이다. 이제 본격적으로 지질자원 분야에서 사용될 수 있는 스마트폰 앱 개발을 시작하는 것이다. MIT 앱 인벤터를 사용하면 이러한 작업이 얼마나 쉽고, 재미있는지 를 금방 느끼게 될 것이다.

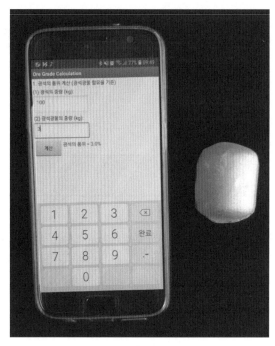

그림 3-1 〈광석의 품위 계산〉 앱

1. 학습 개요

3장에서 여러분들이 배우게 될 내용은 다음과 같다.

- VerticalArragement / HorizontalArrangement 컴포넌트의 사용 방법
- 블록 프로그래밍을 수행할 때 변수를 선언하고 정의하는 방법
- <if then else> 블록의 작동 원리와 사용 방법
- <format as decimal number> 블록의 용도와 사용 방법
- <join> 블록을 이용하여 여러 개의 문자열을 하나의 문자열로 결합하는 방법

2. 프로젝트 생성

2장에서 여러분들은 앱 인벤터를 이용하여 새 프로젝트를 생성하는 방법을 배웠다. 같은 방법으로 화면 왼쪽 위의 <Start new project> 버튼은 클릭하여 "Grade_Calculation" 프로젝트를 생성한다. Screen1 컴포넌트의 Title 속성에 "Ore Grade Calculation"으로 입력하여 앱 화면의 제목을 변경한다. 새 프로젝트의 생성 방법이 생각나지 않는다면 2장 내용을 복습하길 바란다.

3. 컴포넌트 디자인

가. 컴포넌트 추가하기

이제 컴포넌트 디자이너를 이용하여 <광석의 품위 계산> 앱의 화면을 설계해보자. 앱 화면에 배치되는 컴포넌트들을 체계적으로 배치하기 위해 VerticalArragement 컴포넌트와 Horizontal Arrangement 컴포넌트를 처음으로 사용해볼 것이다.

VerticalArragement는 앱 화면에서 컴포넌트들을 그룹화한 후 수직 방향으로 정렬하여 배치할 때 사용하며, 설정할 수 있는 속성들은 다음과 같다.

- AlignHorizontal: 컴포넌트들의 수평 방향 정렬 방법을 정의(1=왼쪽 정렬, 2=가운데 정렬, 3=오른쪽 정렬)
- AlignVertical: 컴포넌트들의 수직 방향 정렬 방법을 정의(1=위쪽 정렬, 2=가운데 정렬, 3=아래쪽 정렬)
- BackgroundColor: 컴포넌트의 배경색을 정의
- Image: 컴포넌트의 배경 이미지를 정의
- Visible: 컴포넌트의 가시화 여부를 정의(true=보임, false=숨김)
- Height: 앱 화면에서 컴포넌트의 수직 방향 크기를 정의
- Width: 앱 화면에서 컴포넌트의 수평 방향 크기를 정의

반면, HorizontalArrangement는 앱 화면에서 컴포넌트들을 그룹화한 후 수평 방향으로 정렬

하여 배치할 때 사용한다. HorizontalArrangement을 사용할 때 설정해주어야 할 속성들은 Vertical Arragement와 동일하다.

이제 컴포넌트 디자이너에서 앱 화면에 VerticalArragement와 HorizontalArrangement를 추가하고, 속성을 변경해보자.

1) Palette>Layout에서 VerticalArragement를 클릭한 후, Viewer 영역으로 드래그 앤드 드롭 (이하 드래그)한다. Components에 VerticalArragement1이 추가되었을 것이다.

2) Properties에서 VerticalArragement1의 속성을 그림 3-2와 같이 변경한다.

3) Palette>Layout에서 HorizontalArrangement를 클릭한 후, Viewer>VerticalArragement1 안으로 드래그한다. VerticalArragement1 안에 HorizontalArrangement1이 추가되었을 것이다.

4) Palette>User Interface에서 Label 컴포넌트를 차례로 클릭한 후 Viewer 영역의 Vertical Arrangrmrnt 안에 드래그하여, 그림 3-3과 같이 앱 화면이 구성되도록 한다. TextBox, Button 컴포넌트들도 마찬가지로 그림 3-3과 같이 배치한다.

그림 3-2 VerticalArragement1의 속성 변경

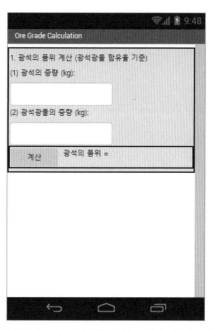

그림 3-3 〈광석의 품위 계산〉 앱의 화면 구성

5) Properties에서 앱 화면에 추가된 컴포넌트들의 속성을 변경한다. Label1의 Text 속성은

"1. 광석의 품위 계산 (광석광물 함유율 기준)", Label2의 Text 속성은 "(1) 광석의 중량 (kg):", Label3의 Text 속성은 "(2) 광석광물의 중량 (kg):"으로 입력한다.

6) 두 개의 TextBox들은 Components 하단의 <Rename> 버튼을 클릭하여 컴포넌트의 이름을 각각 "TextBoxOreWeight"와 "TextBoxMineralWeight"로 변경한다.

7) HorizontalArragement1 안에 추가된 Button과 Label은 마찬가지로 이름을 "ButtonCalculate"과 "LabelGrade"로 변경한다.

8) ButtonCalculate의 속성 중 Width는 "25 percent"로 설정하며, LabelGrade의 Text 속성은 "광석의 품위 = "로 입력한다.

<광석의 품위 계산> 앱에 사용된 컴포넌트들을 정리하면 표 3-1과 같다.

표 3-1 〈광석의 품위 계산〉 앱에 사용된 컴포넌트 목록

유형	Palette	이름	용도
VerticalArragement	Layout	VerticalArragement1	컴포넌트들의 그룹화 및 수직 방향 정렬
HorizontalArragement	Layout	HorizontalArragement1	컴포넌트들의 그룹화 및 수평 방향 정렬
Label	User Interface	Label1	"1. 광석의 품위 계산 (광석광물 함유율 기준)" 텍스트 표시
Label	User Interface	Label2	"(1) 광석의 중량 (kg):" 텍스트 표시
Label	User Interface	Label3	"(2) 광석광물의 중량 (kg):" 텍스트 표시
Label	User Interface	LabekGrade	광석의 품위 계산 결과를 표시
Textbox	User Interface	TextBoxOreWeight	광석의 중량을 입력받음
Textbox	User Interface	TextBoxMineralWeight	광석 중 광석광물의 중량을 입력받음
Button	User Interface	ButtonCalculate	버튼을 누르면 두 개의 Textbox에 사용자가 입력한 값들을 이용하여 품위 값을 계산

4. 블록 프로그래밍

이제 블록 에디터를 이용하여 <광석의 품위 계산> 앱의 동작을 제어할 수 있는 코드를 작성해보자.

1) 화면 우측 위의 <Blocks> 버튼을 클릭하여 블록 에디터 화면으로 이동한다.

2) Blocks에서 Built-in > Variables를 클릭한다. 그림 3-4와 같이 Variables과 관련된 코드 블록들이 화면에 나타날 것이다.

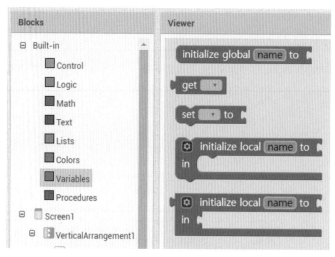

그림 3-4 Variables과 관련된 코드 블록

3) <initialize global name to>을 클릭한 후 Viewer 영역으로 드래그한다.

4) Viewer 영역에 블록이 추가되면 name을 클릭하고 "OreWeight"를 입력한다.

5) Blocks에서 Built-in > Math를 클릭한다.

6) <0>을 클릭한 후 Viewer 영역으로 드래그한 후, <initialize global OreWeight to>의 오른쪽 끝에 그림 3-5와 같이 조립한다.

7) 같은 방법으로 Viewer 영역에 <initialize global MineralWeight to>와 <0>를 추가한 후 그림 3-5와 같이 조립한다.

그림 3-5 Variables 및 math 블록의 추가와 조립

8) Blocks에서 Screen1 > HorizontalArragement1 > ButtonCalculate를 클릭한 후, <when Button

Calculate.click>을 선택하여 Viewer 영역으로 드래그한다.

9) Blocks에서 Built-in>Control을 클릭한 후 <if then>을 선택하여 Viewer 영역으로 드래그한다.

10) Viewer 영역에 추가된 <if then>의 설정 버튼을 클릭하여 <else>를 하나 추가한다. <if then>이 <if then else>로 바뀌는 것을 확인할 수 있다.

11) <if then else>을 선택하여 그림 3-6과 같이 <when ButtonCalculate.click>에 조립한다. <if then else>은 if 조건을 만족하는 경우 then에 해당하는 명령을 수행하고, if 조건을 만족하지 못하는 경우 else에 해당하는 명령을 수행하도록 알고리즘을 제어하는 블록이다.

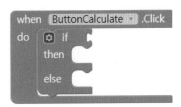

그림 3-6 버튼 컴포넌트의 클릭 이벤트 블록과 〈if then else〉 블록의 조립

12) Blocks에서 Built-in>Logic을 클릭한 후 <" " or " ">을 선택하여 Viewer 영역으로 드래그한다.

13) Blocks에서 Built-in>Text를 클릭한 후 <is empty>을 선택하여 Viewer 영역으로 드래그한다.

14) 같은 방법으로 <is empty>을 하나 더 Viewer 영역에 추가한다.

15) Blocks에서 Screen1>VerticalArragement1>TextBoxOreWeight를 클릭한 후, <TextBox OreWeight.Text>을 선택하여 Viewer 영역으로 드래그한다.

16) 같은 방법으로 <TextBoxMineralWeight.Text>을 Viewer 영역에 추가한다.

17) Viewer 영역의 <when ButtonCalculate.click>, <if then else>, <" " or " ">, <is empty> 2개, <TextBoxOreWeight.Text>, <TextBoxMineralWeight.Text>을 그림 3-7과 같이 조립한다. 이것은 앱 화면의 <TextBoxOreWeight>에 광석의 중량을 입력하지 않았거나 <TextBox MineralWeight.Text>에 광석광물의 중량을 입력하지 않았을 경우 then에 조립된 블록의 명령을 수행하고, 광석의 중량과 광석광물의 중량이 모두 입력된 경우에만 else에 조립된 블록의 명령을 수행하겠다는 의미이다.

그림 3-7 〈if-then-else〉의 if 조건에 해당하는 블록의 조립

18) Blocks에서 Screen1 > VerticalArragement1 > HorizontalArragement1 > LabelGrade를 클릭한 후, <set LabelGrade.Text to>을 선택하여 Viewer 영역으로 드래그한다.

19) Blocks에서 Built-in > Text를 클릭한 후 <" ">를 선택하여 Viewer 영역으로 드래그한다. 그리고 <" ">를 클릭한 후 빈칸에 "먼저 값을 입력하시오!"라고 입력한다.

20) Viewer 영역의 <if then else>, <set LabelGrade.Text to>, <"먼저 값을 입력하시오!">를 그림 3-8과 같이 조립한다. 이는 사용자가 앱 화면에서 <TextBoxOreWeight>에 광석의 중량을 입력하지 않았거나 <TextBoxMineralWeight.Text>에 광석광물의 중량을 입력하지 않았을 경우, <LabelGrade>를 통해 "먼저 값을 입력하시오!"라는 메시지를 출력하는 코드이다.

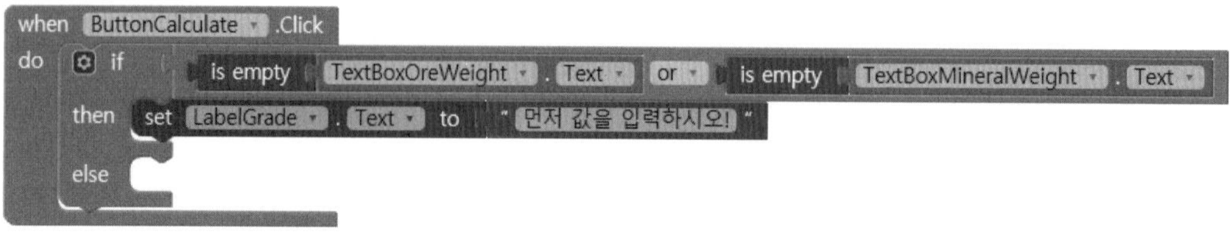

그림 3-8 〈if-then-else〉의 then 명령에 해당하는 블록의 조립

21) Blocks에서 Built-in > Variables을 클릭한 후 <set " " to>를 선택하여 Viewer 영역으로 드래그한다. 그리고 <set " " to>에서 " " 부분을 클릭한 후, " "의 내용을 "global OreWeight"로 변경한다.

22) 같은 방법으로 <set "global MineralWeight" to>를 Viewer 영역에 추가한다.

23) Blocks에서 Screen1 > VerticalArragement1 > TextBoxOreWeight를 클릭한 후, <TextBoxOreWeight.Text>을 선택하여 Viewer 영역으로 드래그한다.

24) 같은 방법으로 <TextBoxMineralWeight.Text> 블록을 Viewer 영역에 추가한다.

25) Viewer 영역의 <if then else>, <set "global OreWeight" to>, <TextBoxOreWeight.Text>, <set "global MineralWeight" to>, <TextBoxMineralWeight.Text>를 그림 3-9와 같이 조립한다. 이는 사용자가 앱 화면을 통해 <TextBoxOreWeight>와 <TextBoxMineralWeight.Text>에 입력한 광석 및 광석광물의 중량값을 전역변수에 저장하는 코드이다.

그림 3-9 〈if-then-else〉의 else 명령에 해당하는 블록의 조립 (1)

26) Blocks에서 Built-in>Control을 클릭한 후 <if then else>을 선택하여 Viewer 영역으로 드래그하고, 그림 3-10과 같이 먼저 추가된 <if then else>의 else 부분에 조립한다.

27) Blocks에서 Built-in>Math를 클릭한 후 <" " = " ">를 선택하여 Viewer 영역으로 드래그한다.

28) <get global OreWeight>과 <0>을 Viewer 영역으로 드래그한 후 그림 3-10과 같이 조립한다.

29) 앞서 수행했던 것과 마찬가지 방법으로 <set LabelGrade.Text to>과 <"광석의 중량을 다시 입력하시오!">를 Viewer 영역으로 드래그하고 그림 3-10과 같이 조립한다. 이는 사용자가 광석의 중량으로 "0"을 입력할 경우 식 3-1에서 분모가 0이 되어 오류가 발생하는 것을 방지하기 위한 코드이다.

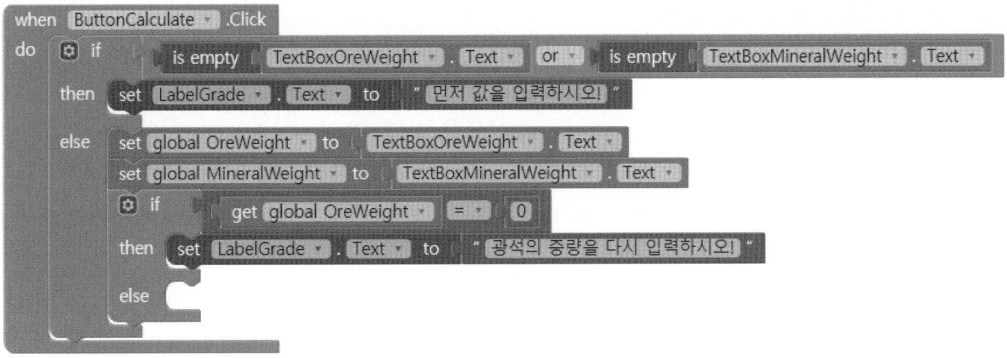

그림 3-10 〈if-then-else〉의 else에 해당하는 블록의 조립 (2)

30) Blocks에서 Built-in>Math를 클릭한 후 그림 3-11과 같은 블록들을 Viewer 영역으로 드래그한 후 조립한다. 여기서 <format as decimal number>은 계산 결과를 소수점 몇째 자리까지 표현할 것인지를 정의하며, <" "/" ">과 <" "×" ">는 각각 나누기 연산과 곱하기 연산을 수행한다. 그림 3-11과 같이 블록을 조립하면 사용자가 입력한 광석광물의 중량 값과 광석의 중량 값을 식 (3-1)에 따라 계산한 후, 그 결과를 소수점 첫째 자리까지 나타낼 수 있다.

그림 3-11 품위 계산을 위한 블록의 조립

31) Blocks에서 Built-in>Text를 클릭한 후 그림 3-12와 같이 <join>과 <" "> 2개를 선택하여 Viewer 영역으로 드래그한 후 조립한다. <join>은 여러 개의 문자열을 하나의 문자열로 결합하는 기능을 제공한다. 결합할 문자열의 개수는 <join>의 설정 아이콘을 클릭하여 변경할 수 있다.

32) Blocks에서 Screen1>VerticalArragement1>HorizontalArragement1>LabelGrade를 차례로 클릭한 후, <set LabelGrade.Text to>을 선택하여 Viewer 영역으로 드래그한다.

33) <set LabelGrade.Text to>와 <join>을 그림 3-12와 같이 조립한다.

그림 3-12 품위 계산 결과를 출력하기 위한 블록의 조립

34) 마지막으로 그림 3-13과 같이 Viewer 영역에 추가된 블록들을 하나로 조립한다. 이는 사용자가 입력한 광석의 중량값이 0이 아닌 경우 품위 계산을 수행하여 그 결과를 앱 화면의 LabelGrade를 통해 출력하는 코드이다.

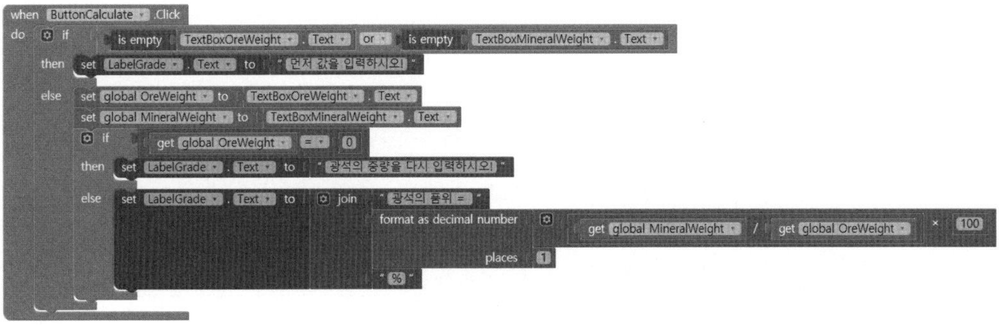

그림 3-13 〈if-then-else〉의 else에 해당하는 블록의 조립 (3)

5. 전체 앱 프로그램

3장에서 앱 인벤터를 이용해 개발한 <광석의 품위 계산> 앱의 전체 프로그램은 그림 3-14
와 같다.

(a)

그림 3-14 〈광석의 품위 계산〉 앱 개발 결과. (a) 컴포넌트 디자인, (b) 블록 프로그래밍

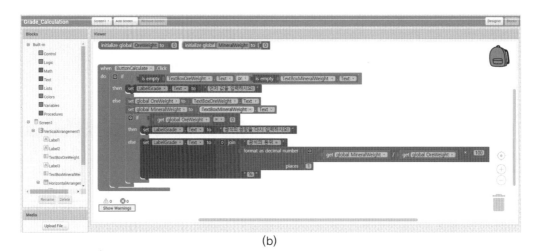

(b)

그림 3-14 〈광석의 품위 계산〉 앱 개발 결과. (a) 컴포넌트 디자인, (b) 블록 프로그래밍(계속)
(컬러 도판 376쪽 참조)

제4장

암반 분류 앱 개발 1:
Q-System

암반 분류 앱 개발 1: Q-System

4장에서 만들어볼 앱은 암반 분류 앱인 <Q-system calculator>이다.

Q-system은 암반 특성을 평가하여 터널 지보량을 산정하기 위해 Barton 등(1974)에 의해 제안된 정량적인 분류법이다. 이는 암질지수(Rock Quality Designation, RQD), 절리군 계수(Jn), 절리면 거칠기 계수(Jr), 절리면 변질계수(Ja), 지하수 보정계수(Jw), 응력저감 계수(Stress Reduction Factor, SRF) 등 6개의 변수를 사용하여 암반을 분류하는 방법이며 다음 식을 이용하여 구할 수 있다.

$$Q = \frac{RQD}{J_n} \times \frac{J_r}{J_a} \times \frac{J_w}{SRF} \tag{4-1}$$

Q 분류체계를 이용한 암반평가 결과에 따라 제안된 최대 무지보 폭에 대한 경험적 설계 활용방안은 다음과 같다(Barton 등, 1980). 즉, 6개의 인자 값으로부터 Q값을 계산할 수 있고, Q값과 ESR 값으로부터 지하공동의 최대 무지보 폭을 계산할 수 있다.

$$최대\ 무지보\ 폭 = 2 \times 공동\ 지보비(Excavation\ Support\ Ratio,\ ESR) \times Q^{0.4} \tag{4-2}$$

그림 4-1은 휴대폰에서 <Q-system calculator> 앱을 실행했을 때의 초기화면(인터페이스)을 보여준다. 이 앱은 사용자가 6개의 변수값을 입력하면 암반의 역학적 특성을 보여주는 Q값을 계산해주고, Q값이 계산된 상태에서 추가로 1개의 변수값을 입력하면 (지하공동 등의) 최대 무지보 폭을 계산해준다. 실제로 Q값을 계산하는 것은 매우 간단하지만 다양한 컴포넌트가

활용되기 때문에 앱 인벤터를 이용하여 에너지자원 분야의 모바일 앱을 개발하고자 하는 초보자에게는 적절한 주제라고 할 수 있다. 여기서는 Label, TextBox, Button, CheckBox 외에 Notifier 컴포넌트 등을 소개한다.

그림 4-1 〈Q-system calculator〉 앱 초기화면(인터페이스)(컬러 도판 377쪽 참조)

1. 학습 개요

4장에서 여러분들이 배우게 될 내용은 다음과 같다.

- 블록 프로그래밍을 수행할 때 변수를 선언하고 정의하는 방법
- 텍스트를 표시해주는 Label 컴포넌트의 사용 방법
- 변수값을 입력받는 TextBox 컴포넌트의 사용 방법
- 조건문과 연계한 CheckBox 컴포넌트의 사용 방법

- TableArrangement / HorizontalArrangement 컴포넌트의 사용 방법
- Notifier 컴포넌트를 이용하여 사용자에게 알림창을 보여주는 방법
- <if then else> 블록의 작동 원리와 사용 방법
- <is empty> 블록의 작동 원리와 사용 방법
- <Logic> 블록의 작동 원리와 사용 방법
- <Procedures> 블록의 작동 원리와 사용 방법
- <Call> 블록의 작동 원리와 사용 방법

2. 프로젝트 생성

앱 인벤터 웹사이트(http://ai2.appinventor.mit.edu/)에 접속하고, 화면 좌측 상단의 <Start new project> 버튼을 클릭하여 "Q_system_calculator" 프로젝트를 생성한다. 참고로 프로젝트 이름에는 하이픈("-")을 사용할 수 없고, 빈칸이 허가되지 않는다. 따라서 단어 사이에는 밑줄 문자라고 불리는 underscore ("_")를 주로 사용한다.

먼저 첫 화면인 디자이너(Designer)의 영역에서, Screen1 컴포넌트의 Title 속성을 "Q-system calculator"로 명명한다. 그러면 앱 좌측 상단의 제목 막대에 그림 4-1과 같이 "Q-system calculator"라고 나타날 것이다. 이는 앱 화면의 좌측 상단에 나타나는 제목 막대에만 나타나는 이름이고, 본 컴포넌트의 기본 이름(Screen1)이 변경된 것은 아니다.

- 프로젝트 이름: Q_system_calculator
- 컴포넌트 이름: Screen1(앱 인벤터 고정값)
- 앱 화면 제목: Q-system calculator

3. 컴포넌트 디자인

<Q-system calculator> 앱을 만들기 위해서는 다음과 같은 컴포넌트가 필요하다.

- 6개의 입력변수명을 보여주는 Label 6개, 각 변수값이 입력되는 곳 앞에 "값"이라고 표시하기 위한 Label 7개, Q값과 최대 무지보 폭 결과값을 보여주는 Label 2개
- Q값 계산 여부에 따라 추가 변수값의 입력을 활성화할 수 있도록 하는 CheckBox 1개
- 총 7개의 변수값을 입력받을 수 있도록 하는 TextBox 7개
- 다수의 Label, CheckBox, TextBox를 보기 좋게 정렬할 수 있도록 하는 TableArrangement 1개
- Q값과 최대 무지보 폭을 계산하도록 하는 Button 2개, 변수값을 초기화할 수 있도록 하는 Button 1개, 앱을 종료할 수 있도록 하는 Button 1개
- 계산된 Q값과 최대 무지보 폭 값을 보여주는 Label 2개
- Button과 Label을 수평적으로 보기 좋게 배치할 수 있도록 하는 HorizontalArrangement 2개
- Q값이나 최대 무지보 폭 계산 시 인자값을 입력하지 않고 버튼을 눌렀을 때 알림창을 띄워주는 Notifier 1개

가. 다수의 컴포넌트를 표의 형태로 배치하기 위한 TableArrangement 컴포넌트 만들기

앱 인벤터에서 화면에 여러 개의 컴포넌트들을 추가하면 이 컴포넌트들은 1줄에 1개씩만 가시화된다. 만약 그림 4-1처럼 입력변수명을 보여주는 Label, "값" Label, 변수값 입력용 TextBox를 가로로 한 줄에 배치한다면 훨씬 더 깔끔하게 보일 것이다. 만약 변수가 1개뿐이어서 앞서 언급한 3개의 컴포넌트를 가로로 한 줄에 표시해도 된다면 3장에서 배웠던 Horizontal Arrangement 컴포넌트를 사용할 수도 있지만(3장의 컴포넌트 디자인 부분 참고), 여기서는 7개 인자에 대한 3개 컴포넌트들을 7개 줄에 표시해야 하기 때문에 7행 3열을 갖는 TableArrangement를 사용한다.

참고로 앱 인벤터는 수평(HorizontalArrangement), 수직(VerticalArrangement), 표(TableArrangement)의 세 가지 정렬 방식을 제공한다. 이들을 이용하면 사용자가 목적에 따라 원하는 정렬 또는 배치 구조를 구현할 수 있다.

1) Palette>Layout에서 TableArrangement 컴포넌트를 클릭한 후, Viewer 영역으로 드래그 앤드 드롭(이하 드래그)한다. Viewer 영역에 연두색 사각형 모양의 TableArrangement1 컴포넌트가 추가되었을 것이다.

2) Properties 영역에서 TableArrangement1 컴포넌트의 속성을 그림 4-2와 같이 변경한다. 참고로 속성을 변경하였더라도 당장 표가 분할된 것처럼 보이지는 않을 것이다.

- Columns: 3(열을 3개로 분할)
- Height: Automatic …(표에 삽입될 컴포넌트들의 크기와 개수에 맞춰 자동 설정)
- Width: Fill parent(가로 길이를 화면 좌우에 꽉 차도록 설정)
- Rows: 7(행을 7개로 분할)
- Visible: 체크 상태(휴대폰 앱을 실행시켰을 때 TableArrangement1의 경계가 보이도록 설정)

그림 4-2 TableArragement1 컴포넌트의 속성 변경

나. 입력변수명을 보여주는 Label과 변수값을 입력받는 TextBox 만들기

앞에서 표를 만들었으니 이제는 다양한 컴포넌트들을 이 표 안에 배치해보자.

1) Palette>User Interface에서 Label 컴포넌트를 클릭한 후, Viewer 영역으로 드래그한다. 컴포넌트들을 표로 옮기다보면 컴포넌트가 들어갈 자리가 파란색으로 표시되기 때문에 배치할 자리를 쉽게 찾을 수 있다. 이와 같은 방식을 이용해서 Q값을 계산하기 위해 고려되는 입력변수명 Label 6개, 최대 무지보 폭을 계산하기 위해 추가로 고려되는 입력변수명 CheckBox 1개, 7개의 변수값을 입력받도록 하는 TextBox 7개, TextBox 앞에 "값:"이라고 적어줄 Label 7개를 그림 4-3처럼 표 안에 배치해보자.

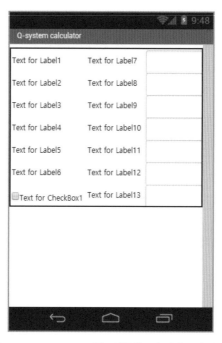

그림 4-3 TableArrangement를 이용한 컴포넌트의 효과적 배치

2) 화면 우측의 Components 패널에서 볼 수 있듯이 처음 드래그한 Label 컴포넌트의 이름은 기본값인 Label1이 된다. 그리고 Viewer 영역에서 Label1은 "Text for Label1"로 표시되는 것을 확인할 수 있다(그림 4-3). 하지만 Label1과 같은 이름은 특징이 없고, 여러 개의 Label이 만들어졌을 때 Label1이 무엇인지 구분하기 어렵다. 따라서 Components 패널에서 Label1을 클릭한 후, 하단에 있는 <Rename> 버튼을 클릭하여 이름을 "Parameter1"으로 변경한다(그림 4-4). 참고로 이는 Q값을 계산하기 위해 고려되는 첫 번째 변수라는 의미이다. 그러면 Components 패널에 변경된 Label 이름이 표시되며, 이제부터 이 Label의 이름은 "Parameter1"이다.

그림 4-4 컴포넌트 이름 변경

3) 동일한 방법으로 Label2, ⋯, Label6 등 5개 Label의 이름을 각각 Parameter2, ⋯, Parameter6 으로 변경한다.

- Label2 → Parameter2
- Label3 → Parameter3
- Label4 → Parameter4
- Label5 → Parameter5
- Label6 → Parameter6

4) Parameter1의 Properties 패널의 속성을 그림 4-5와 같이 변경한다. 다음에서 언급되지 않은 속성들은 기본값(default)을 그대로 사용하도록 한다.

그림 4-5 Label (Parameter1)의 속성 설정

- FontBold: 체크 상태(글씨를 진하게 표시)

- FontSize: 16(글씨 크기 16)

- Text: 1. 암질지수(RQD)(Label에 표시될 내용)

- TextAlignment: left : 0(Label의 내용을 좌측 정렬하여 표시)

5) 4)번과 같은 방식을 이용해서 Parameter2, …, Parameter6 등 5개 Label의 Properties 패널의 속성을 다음과 같이 변경한다. 위에서와 마찬가지로 다음에서 언급되지 않은 속성들은 기본값(default)을 그대로 사용하도록 한다. 속성을 변경하면 그림 4-6과 같이 결과가 나타나는 것을 확인할 수 있다.

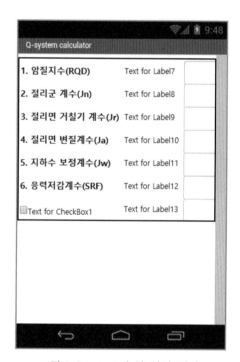

그림 4-6 Label 속성 설정 결과

- FontBold: 체크 상태(글씨를 진하게 표시)

- FontSize: 16(글씨 크기 16)

- TextAlignment: left : 0(Label의 내용을 좌측 정렬하여 표시)

- Text

 －Parameter2: 2. 절리군 계수(Jn)

- Parameter3: 3. 절리면 거칠기계수(Jr)

- Parameter4: 4. 절리면 변질계수(Ja)

- Parameter5: 5. 지하수 보정계수(Jw)

- Parameter6: 6. 응력저감계수(SRF)

6) 이번에는 CheckBox의 속성을 설정해보자. CheckBox는 말 그대로 체크 / 미체크 또는 On /
Off와 같이 체크 여부에 따라 특정한 동작이 수행되도록 하는 Toggle 기능을 수행할 수
있는 컴포넌트이다. 본 앱에서는 CheckBox가 1개만 사용되었기 때문에 이름은 기본값
(CheckBox1)을 그대로 사용한다. CheckBox1의 Properties 패널의 속성을 그림 4-7과 같이
변경한다. 다음에서 언급되지 않은 속성들은 기본값(default)을 그대로 사용하도록 한다.
참고로 앱을 처음 실행했을 때는 CheckBox가 체크되어 있지 않은 상태이기 때문에 글

그림 4-7 CheckBox의 속성 설정

자색을 회색으로 설정하였다. 사용자가 CheckBox를 체크하면 글자색이 검정색으로 변경되도록 하는 기능은 물론 프로그래밍 단계에서 추가할 것이다.

- FontBold: 체크 상태(글씨를 진하게 표시)
- FontSize: 16(글씨 크기 16)
- Text: (무지보 폭 계산용) 공동의 ESR
- TextColor: Gray(회색)

7) 다음으로 Label7, …, Label13 등 7개의 Label의 Properties 패널의 속성을 그림 4-8과 같이 동일하게 변경한다. 다음에서 언급되지 않은 속성들은 기본값(default)을 그대로 사용하도록 한다. 현재까지의 중간 결과는 그림 4-9와 같이 나타날 것이다.

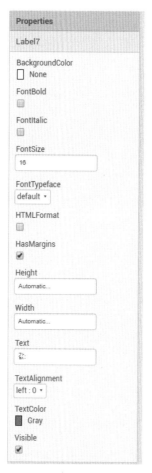

그림 4-8 Label7의 속성 설정

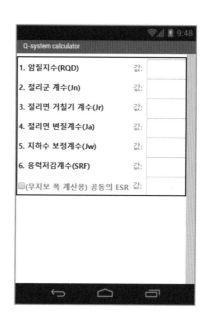

그림 4-9 7단계까지의 결과 화면

- FontSize: 16(글씨 크기 16)

- Text: 값:

- TextColor: Gray

8) 이번에는 TextBox의 속성을 설정해보자. Label이 문자나 숫자와 같은 값을 출력만 할 수 있는 반면, TextBox는 사용자가 문자나 숫자를 입출력할 수 있는 특징이 있다. 여기서 TextBox는 Q값과 최대 무지보 폭을 계산하기 위해 변수값을 입력받는 데 사용된다. 7개 TextBox의 Properties 패널의 속성을 그림 4-10과 같이 변경하되 Hint 항목은 다음과 같이 다르게 설정한다. 다음에서 언급되지 않은 속성들은 기본값(default)을 그대로 사용하도록 한다. 이와 같이 속성을 변경하더라도 Viewer 창에서는 TextBox 속성 중 Hint 항목에 기입한 내용이 보이지 않으며, 그림 4-1처럼 휴대폰이나 Emulator에서 직접 실행을 해야만 보일 것이다.

- Enabled: 숫자를 입출력할 수 있게 활성화하는 기능
  - TextBox1~6: 체크 상태
  - TextBox7: 미체크 상태

- FontBold: 체크 상태(글씨를 진하게 표시)

- FontSize: 16(글씨 크기 16)

- NumbersOnly: 체크 상태(TextBox에 숫자만 입력할 수 있게 설정함)

- Hint: TextBox에 입력할 문자나 숫자에 대한 힌트를 회색으로 표시해주는 기능
  - TextBox1: 10~100
  - TextBox2: 0.5~20
  - TextBox3: 0.5~4
  - TextBox4: 0.75~24
  - TextBox5: 0.05~1
  - TextBox6: 0.5~20
  - TextBox7:

그림 4-10 TextBox1의 속성 설정

다. 다수의 컴포넌트를 한 줄로 배치하기 위한 HorizontalArrangement 컴포넌트 만들기

이번에는 Q값 계산을 실행하는 Button과 이를 클릭했을 때 Q값이 표시되는 Label을 한 줄에 정렬(배치)하여 표시해보자.

1) Palette＞Layout에서 HorizontalArrangement 컴포넌트를 찾아 앞에서 만든 표 하단에 드래

그한다. 이 컴포넌트의 이름은 앱 인벤터의 기본값인 "HorizontalArrangement1"이다.
Properties 패널에서 속성을 그림 4-11과 같이 설정한다. 참고로 TableArrangement 컴포넌트는 행과 열의 개수를 입력받아 컴포넌트가 표시될 부분을 임의로 구분해두었지만,
HorizontalArrangement 컴포넌트는 여러 개의 컴포넌트들을 가로로 한 줄에 묶어서 표시해주는 기능을 제공한다.

- AlignHorizontal: Left : 1(좌우 관점에서 좌측 정렬)
- AlignVertical: Center : 2(상하 관점에서 가운데 정렬)
- Width: Fill parent(가로 길이를 화면 좌우에 꽉 차도록 설정)

그림 4-11 HorizontalArrangement (HorizontalArrangement1)의 속성 설정

2) Palette > User Interface에서 Button 1개를 드래그하여 전 단계에서 만든 HorizontalArrangement 안에 배치시킨다. 이 Button은 Q값 계산을 실행하는 기능을 수행하므로 이 Button의 이름을 "ButtonCalculateQ"로 변경한다. 그리고 Properties의 속성을 그림 4-12와 같이 설정한다.

- BackgroundColor: Magenta(버튼의 배경색을 마젠타로 설정)
- FontBold: 체크 상태(글씨를 진하게 표시)
- FontSize: 18(글씨 크기 18)

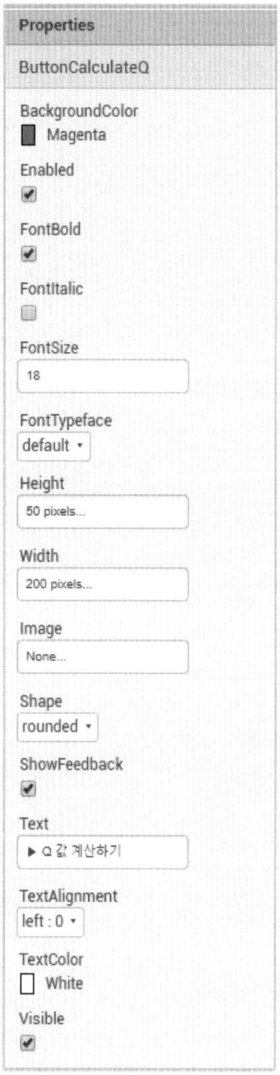

그림 4-12 Button (ButtonCalculateQ)의 속성 설정

- Height: 50 pixels(버튼의 세로 길이를 50 pixels 크기로 설정)
- Width: 200 pixels(버튼의 가로 길이를 200 pixels 크기로 설정)
- Shape: rounded(버튼의 모양을 모서리가 둥근 사각형으로 설정)
- Text: ▶ Q값 계산하기
- TextAlignment: left : 0(버튼의 글씨를 좌측 정렬)
- TextColor: White(글씨 색상을 흰색으로)

3) Palette＞User Interface에서 Label 1개를 드래그하여 HorizontalArrangement1 안에 있는 <ButtonCalculateQ> 버튼 우측에 배치시킨다. 이 Label은 Q값을 출력해주는 역할을 하므로 이름을 "LabelQ"라고 변경한다. 그리고 Properties의 속성을 다음과 같이 설정한다. 속성 설정 결과 그림 4-13과 같이 Button과 Label이 가로로 잘 정렬된 것을 확인할 수 있다.

- FontBold: 체크 상태(글씨를 진하게 표시)
- FontSize: 30(글씨 크기 30)
- Height: 45 pixels(버튼의 세로 길이를 45 pixels 크기로 설정)
- Width: 100 pixels(버튼의 가로 길이를 100 pixels 크기로 설정)
- Text: -
- TextAlignment: right : 2(Label의 내용을 우측 정렬하여 표시)
- TextColor: Magenta(글씨 색상을 마젠타로 설정)

그림 4-13 HorizontalArrangement를 이용한 컴포넌트의 효과적 배치 (1)

4) 위의 1)~3)의 작업과 동일하게 HorizontalArrangement 안에 Button 1개와 Label 1개가 가로로 정렬된 것을 하나 더 만들어보자. 컴포넌트는 동일하지만 Button과 Label의 경우

앞의 것과 몇몇 속성이 다르다. 먼저 HorizontalArrangement 컴포넌트를 찾아 앞에서 만든 HorizontalArrangement1 하단에 끌어다 둔다. 이 컴포넌트의 이름은 "HorizontalArrangement2"로 설정될 것이다. 속성은 앞에서 만든 HorizontalArrangement1과 동일하게 설정한다.

- AlignHorizontal: Left : 1(좌우 관점에서 좌측 정렬)
- AlignVertical: Center : 2(상하 관점에서 가운데 정렬)
- Width: Fill parent(가로 길이를 화면 좌우에 꽉 차도록 설정)

5) Palette > User Interface에서 Button 1개를 드래그하여 HorizontalArrangement2 안에 배치시킨다. 이 Button은 최대 무지보 폭 계산을 실행하는 기능을 수행하므로 이 Button의 이름을 "ButtonCalculateNSWidth"으로 변경한다. 그리고 Properties의 속성을 다음과 같이 설정한다. ButtonCaclulateQ와 비교할 때 BackgrouundColor와 Text 속성만 다르고 나머지 속성은 동일하다.

- BackgroundColor: Blue(버튼의 배경색을 파란색으로 설정)
- FontBold: 체크 상태(글씨를 진하게 표시)
- FontSize: 18(글씨 크기 18)
- Height: 50 pixels(버튼의 세로 길이를 50 pixels 크기로 설정)
- Width: 200 pixels(버튼의 가로 길이를 200 pixels 크기로 설정)
- Shape: rounded(버튼의 모양을 모서리가 둥근 사각형으로 설정)
- Text: ▷ 최대 무지보 폭 계산하기
- TextAlignment: left : 0(버튼의 글씨를 좌측 정렬)
- TextColor: White(글씨 색상을 흰색으로)

6) Palette > User Interface에서 Label 1개를 드래그하여 HorizontalArrangement2 안에 있는 <ButtonCalculateNSWidth> 버튼 우측에 배치시킨다. 이 Label은 최대 무지보 폭 값을 출력해주는 역할을 하므로 이름을 "LabelNSWidth"으로 변경한다. 그리고 Properties의 속성을 다음과 같이 설정한다. LabelQ와 비교할 때, TextColor 속성만 다르고 나머지 속성은 동일하다. 속성 설정 결과 그림 4-14와 같이 Button과 Label이 가로로 정렬된 것을 확인할 수 있다.

- FontBold: 체크 상태(글씨를 진하게 표시)
- FontSize: 30(글씨 크기 30)
- Height: 45 pixels(버튼의 세로 길이를 45 pixels 크기로 설정)

- Width: 100 pixels(버튼의 가로 길이를 100 pixels 크기로 설정)
- Text: -
- TextAlignment: right : 2(Label의 내용을 우측 정렬하여 표시)
- TextColor: Blue(글씨 색상을 파란색으로 설정)

그림 4-14 HorizontalArrangement를 이용한 컴포넌트의 효과적 배치 (2)

라. Button 컴포넌트 만들기

가~다 단계를 통해 Q값이나 최대 무지보 폭을 계산할 수 있는 컴포넌트의 설계는 완료되었다. 이제 입력변수값을 바꾸어 Q값이나 최대 무지보 폭을 다시 계산하기 위해 7개의 TextBox에 입력된 값을 초기화해주는 기능을 하는 버튼을 만들고자 한다. 또한 <Q-system calculator> 앱을 종료하는 기능을 가진 버튼을 추가하고자 한다.

1) Viewer 영역의 화면에서 Button을 추가하려고 보니 아래쪽 공간이 부족해 보인다. 화면에서 상하 스크롤을 할 수 있도록 Components 창에서 Screen1을 클릭한 후, Properties

영역의 Scrollable 항목을 체크한다. 그러면 Viewer 영역의 화면에서 우측에 스크롤바 (Scroll bar)가 생긴 것을 확인할 수 있을 것이다.

2) Palette>User Interface에서 Button 컴포넌트를 찾아 앞에서 만든 <HorizontalArrangement2> 버튼 하단에 배치한다. 이 버튼은 입력된 변수값을 없애주는(초기화) 역할을 하므로, 이름을 "ButtonClear"로 변경한다. 그리고 Properties의 속성을 다음과 같이 설정한다.

- BackgroundColor: Light Gray(버튼의 배경색을 연한 회색으로 설정)
- FontBold: 체크 상태(글씨를 진하게 표시)
- FontSize: 16(글씨 크기 16)
- Width: Fill parent(가로 길이를 화면 좌우에 꽉 차도록 설정)
- Text: 다시 계산하기
- TextAlignment: center : 1(버튼의 글씨를 가운데 정렬)

3) Button 컴포넌트 1개를 바로 앞에서 만든 <ButtonClear> 버튼 하단에 추가한다. 이 버튼은 앱을 종료시키는 역할을 하므로, 이름을 "ButtonExit"로 변경한다. 그리고 Properties의 속성을 다음과 같이 설정한다. ButtonClear와 BackgroundColor와 Text 속성만 다르고 나머지 속성은 동일하다.

- BackgroundColor: Orange(버튼의 배경색을 오렌지색으로 설정)
- FontBold: 체크 상태(글씨를 진하게 표시)
- FontSize: 16(글씨 크기 16)
- Width: Fill parent(가로 길이를 화면 좌우에 꽉 차도록 설정)
- Text: 종료
- TextAlignment: center : 1(버튼의 글씨를 가운데 정렬)

4) 마지막으로 Palette>User Interface에서 Notifier 컴포넌트를 찾아 Viewer 영역으로 드래그한다. Notifier는 휴대폰에서 앱을 실행시켰을 때 화면에서 보이지 않는 컴포넌트로 기본적으로 Viewer 영역에서는 화면 하단에 표시된다. 이 컴포넌트는 특정 상황이나 조건에서 알림창을 띄우는 역할을 한다.

이제 그림 4-15와 같이 [Q-system calculator] 앱의 개발을 위한 컴포넌트 설계가 완료되었다. 이 상태에서 휴대폰으로 앱을 실행하면 그림 4-1의 화면이 나타나는 것이다. <Q-system calculator> 앱에 사용된 컴포넌트들을 정리하면 표 4-1과 같다. 이제부터는 각 컴포넌트들이 역할을 할 수 있도록 화면 우측 상단의 <Blocks> 버튼을 클릭하여 코딩 작업을 시작할 것이다.

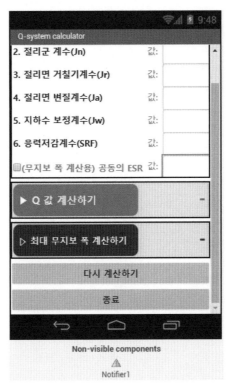

그림 4-15 〈다시 계산하기〉 Button과 〈종료〉 Button 생성 결과

표 4-1 〈Q-system calculator〉 앱에 사용된 컴포넌트 목록

유형	Palette	이름	용도
TableArrangement	Layout	TableArrangement1	컴포넌트들의 그룹화(표로 정렬)
HorizontalArrangement	Layout	HorizontalArrangement1	컴포넌트들의 그룹화(수평 방향 정렬)
HorizontalArrangement	Layout	HorizontalArrangement2	컴포넌트들의 그룹화(수평 방향 정렬)
Label	User Interface	Parameter1	"1. 암질지수(RQD)" 텍스트 표시
Label	User Interface	Parameter2	"2. 절리군 계수(Jn)" 텍스트 표시
Label	User Interface	Parameter3	"3. 절리면 거칠기계수(Jr)" 텍스트 표시
Label	User Interface	Parameter4	"4. 절리면 변질계수(Ja)" 텍스트 표시
Label	User Interface	Parameter5	"5. 지하수 보정계수(Jw)" 텍스트 표시
Label	User Interface	Parameter6	"6. 응력저감계수(SRF)" 텍스트 표시
Label	User Interface	Label7~Label13	"값:" 텍스트 표시
Label	User Interface	LabelQ	Q값 계산 결과 표시

표 4-1 〈Q-system calculator〉 앱에 사용된 컴포넌트 목록(계속)

유형	Palette	이름	용도
Label	User Interface	LabelNSWidth	최대 무지보 폭 계산 결과 표시
CheckBox	User Interface	CheckBox1	조건에 따른 공동의 ESR 값 입력
TextBox	User Interface	TextBox1	암질지수(RQD) 값 입력
TextBox	User Interface	TextBox2	절리군 계수(Jn) 값 입력
TextBox	User Interface	TextBox3	절리면 거칠기계수(Jr) 값 입력
TextBox	User Interface	TextBox4	절리면 변질계수(Ja) 값 입력
TextBox	User Interface	TextBox5	지하수 보정계수(Jw) 값 입력
TextBox	User Interface	TextBox6	응력저감계수(SRF) 값 입력
TextBox	User Interface	TextBox7	공동의 ESR 값 입력
Button	User Interface	ButtonCalculateQ	버튼을 누르면 Q값을 계산
Button	User Interface	ButtonCalculateNSWidth	버튼을 누르면 최대 무지보 폭을 계산
Button	User Interface	ButtonClear	TextBox에 입력된 변수값을 제거
Button	User Interface	ButtonExit	앱 종료
Notifier	User Interface	Notifier1	모든 변수값이 입력되지 않은 상태에서 "계산하기" 버튼을 눌렀을 경우 알림창 (경고창)을 호출

4. 블록 프로그래밍

이제 블록 에디터를 이용하여 〈Q-system calculator〉 앱의 동작을 제어할 수 있는 코드를 작성해보자.

1) 화면 우측 위의 〈Blocks〉 버튼을 클릭하여 블록 에디터 화면으로 이동한다.
2) 이제 변수를 생성해보자. 좌측 상단의 Blocks에서 Built-in>Variables를 클릭한다. <initialize global name to>을 클릭한 후 Viewer 영역으로 드래그한다.
3) Viewer 영역에 블록이 추가되면 name을 클릭하고 "Q"를 입력한다. 이는 "Q"라는 (전역) 변수를 생성(선언)한 것이다. 본 앱에서 TextBox에 입력되는 6개 인자 값은 사용자가 직접 입력한 후 바로 계산에 활용되기 때문에 별도의 변수를 선언해서 저장해놓을 필요가 없는 반면, Q값이 계산된 후에 사용자가 공동의 ESR 값을 추가로 입력하여 최대 무지보 폭을 계산할 때에는 Q값을 앱에서 기억해두고 있어야만 연산이 가능하기 때문에 변수

로 설정해놓는 것이다.

4) Blocks에서 Built-in > Math를 클릭한다. <0>을 클릭하고 Viewer 영역으로 드래그한 후, <initialize global Q to>의 오른쪽 끝에 그림 4-16과 같이 조립한다. 블록이 조립될 때에는 "딸깍" 하는 소리가 난다.

그림 4-16 Variables 선언 및 math 블록의 추가와 조립

5) 이번에는 앱 하단의 <Q 값 계산하기> 버튼을 클릭했을 때 어떤 작업을 실행할지 코드를 작성해보자. Blocks에서 Screen1 > HorizontalArrangement1 > ButtonCalculateQ를 클릭한 후, <when ButtonCalculateQ.Click>을 선택하여 Viewer 영역으로 드래그한다.

6) Blocks에서 Built-in > Control을 클릭한 후 <if then>를 선택하여 Viewer 영역으로 드래그한다. Viewer 영역에 추가된 <if then>의 청색 톱니모양의 설정 버튼을 클릭하여 <else>를 하나 추가한다. <if then>이 <if then else>로 바뀌는 것을 확인할 수 있다. 사실 <if then else>라고 하는 별도의 블록도 존재하지만 이 블록은 5번에서 만든 블록과 조립되지 않기 때문에 여기서는 사용할 수 없다.

7) <if then else>을 선택하여 그림 4-17과 같이 <when ButtonCalculateQ.Click>에 조립한다. <if then else>은 if 조건을 만족하는 경우 then에 해당하는 명령을 수행하고, if 조건을 만족하지 못하는 경우 else에 해당하는 명령을 수행하도록 알고리즘을 제어하는 블록이다.

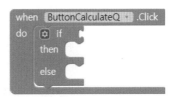

그림 4-17 〈if then else〉 블록의 추가와 조립

8) Blocks에서 Buil-in > Variables를 클릭한다. 동일한 2개 중에서 그림 4-17의 else 우측에 조립할 수 있는 <initialize local name to>을 클릭한 후 Viewer 영역으로 드래그한다. Viewer 영역에 블록이 추가되면 name을 클릭하고 "P1DP2"를 입력한다. 이는 P1 값을 P2로 나눠준

값을 변수로 저장한다는 의미이다. 변수명이 설정된 <initialize local P1DP2 to>을 그림 4-17의 else 우측에 조립한다. if나 then이 아닌 else에 조립하는 이유는 뒤에서 설명할 것이다.

9) Blocks에서 Built-in > Math를 클릭한 후 6번째에 있는 나눗셈 블록을 Viewer 영역으로 드래그한다. 그리고 <initialize local P1DP2 to> 블록 우측에 조립한다.

10) Block에서 Screen1 > TableArrangement1 > TextBox1을 클릭하고, 맨 밑에서 3번째에 있는 TextBox1.Text를 클릭하여 그림 4-18과 같이 나눗셈 블록 좌측에 조립한다. 마찬가지 방식으로 TextBox2.Text를 클릭하여 나눗셈 블록 우측에 조립한다. 이는 사용자가 앱에서 TextBox1에 입력한 값(숫자)을 TextBox2에 입력한 값(숫자)로 나눠준 값을 P1DP2라는 변수에 저장하겠다는 의미이다. 즉, 앞의 8번 단계에서는 변수만 설정해준 것이고, 이번 단계에서 변수값이 설정되도록 구체화해준 것으로 이해하면 된다.

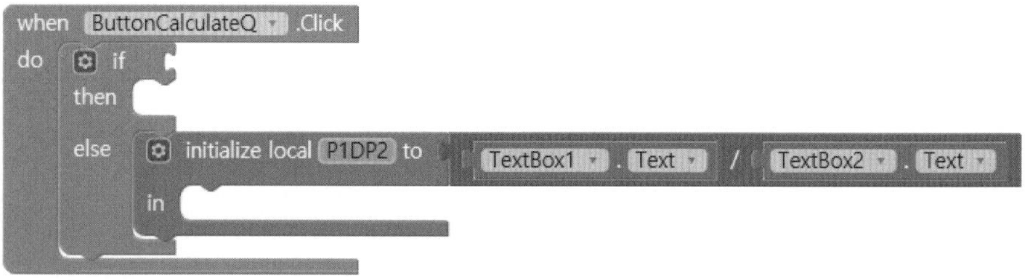

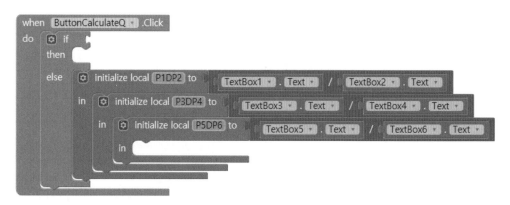

그림 4-18 Variables 선언 및 math 블록의 추가와 조립

11) 8)~10)과 유사한 방식을 이용해서 그림 4-19와 같이 블록들을 추가로 조립한다. 이때 <initialize local name to> 블록은 이전 블록 안쪽에 조립하는 방식을 사용한다.

그림 4-19 Variables 선언 및 math 블록의 추가와 조립

12) Blocks에서 Built-in > Variables를 클릭한다. 위에서 3번째에 있는 <set " " to>를 선택하여 Viewer 영역으로 드래그한 후 <initialize local P5DP6> 블록 안에 조립한다. 그리고 <set " " to>에서 " " 부분을 클릭한 후, " "의 내용을 "global Q"로 변경한다.

13) Blocks에서 Built-in > Math를 클릭한 후 위에서 5번째에 있는 곱셈 블록을 Viewer 영역으로 드래그한다. 그리고 <set global Q to> 블록 우측에 조립한다. 현재는 곱셈 블록이 2개 값만 곱할 수 있게 되어 있는 상태이다. 식 (4-1)에 근거하여 좌측 상단의 설정 버튼을 클릭하고, 좌측의 number 블록을 우측 화면에 드래그하면 3개 값을 곱할 수 있는 곱셈 블록으로 변경된다.

14) Blocks에서 Built-in > Variables를 클릭한다. 위에서 2번째에 있는 <get " ">를 선택하여 Viewer 영역으로 드래그한 후 앞에서 만든 곱셈 블록 안에 조립한다. 이 작업을 2번 더 반복하여 곱셈 블록을 모두 채운다.

15) <get " ">에서 " " 부분을 클릭한 후, " "의 내용을 각각 "P1DP2", "P3DP4", "P5DP6"으로 변경한다(그림 4-20). 이는 P1DP2, P3DP4, P5DP6 변수에 저장되어 있는 값들을 가져와서 곱한 값을 전역변수(global Q)에 저장하겠다는 의미이다.

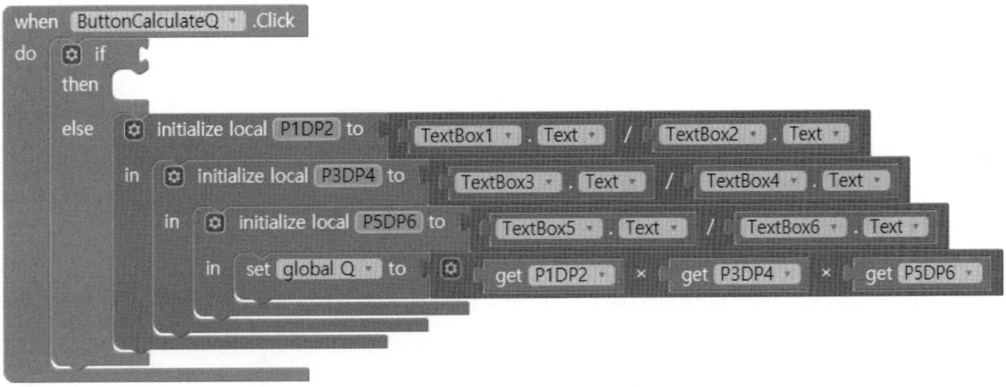

그림 4-20 3개 변수값의 곱셈 연산을 통한 Q값 계산하기 코드

16) 앞의 5)~15)를 통해 사용자가 6개의 TextBox에 입력한 값을 연산하여 Q값을 계산하고, 이를 "global Q"라는 전역변수에 저장하는 코드를 작성하였다. 이 작업은 앱에서 내부적으로 계산을 하고 저장을 하는 것이지 아직까지는 앱에서 계산된 Q값을 확인할 수는 없다. 따라서 <Q 값 계산하기>라는 버튼을 클릭했을 때 버튼 우측에 계산된 Q값

이 표시되도록 코드를 작성해보자. Blocks에서 Screen1 > HorizontalArrangement1 > LabelQ를 클릭하고 중간쯤에 위치한 <set LabelQ.Text to>를 선택하여 Viewer 영역으로 드래그한 후 앞에서 만든 <set global Q.to> 블록 밑에 조립한다.

17) Blocks에서 Built-in > Variables를 클릭하고 <get " ">를 선택하여 그림 4-21과 같이 조립한다. 앞에서 Q값은 global Q라는 변수에 저장되어 있으므로, <get " ">에서 " " 부분을 클릭한 후, " "의 내용을 "global Q"로 변경한다.

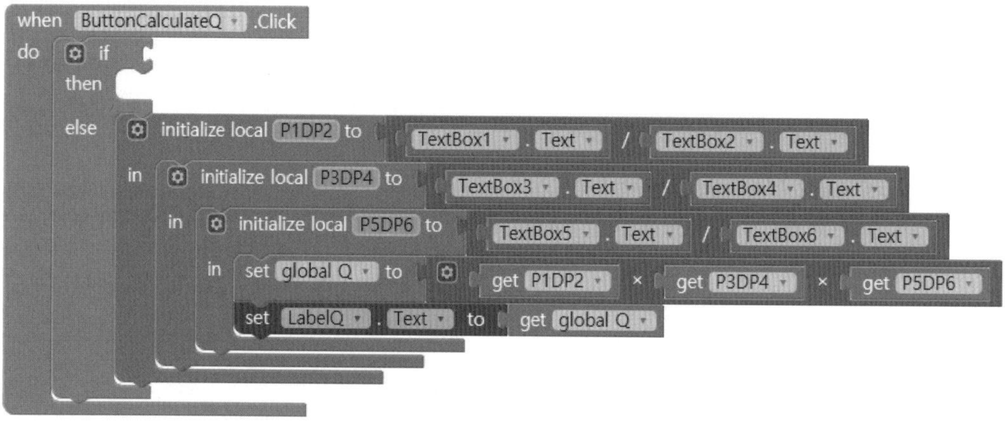

그림 4-21 3개 변수값의 곱셈 연산을 통한 Q값 계산하기 코드

18) 이제 앱에서 <Q 값 계산하기> 버튼(ButtonCalculateQ)을 클릭했을 때 TextBox에 입력된 값을 이용해서 Q값을 계산할 수 있게 되었다. 그런데 만약 사용자가 TextBox에 6개의 변수를 모두 입력하지 않고 <Q 값 계산하기> 버튼을 클릭한다면 어떻게 될까? 물론 여러 차례 반복하다보면 본인의 실수를 인지하고 변수값을 입력하겠지만, 앱에서 입력되지 않은 변수값을 입력하라는 알림창(또는 경고창) 메시지를 띄워준다면 보다 친절하고 완성도 있는 앱이 될 것이다. 따라서 지금부터는 알림창 메시지를 호출하는 코드를 작성해보자. 사실 앞의 8번 단계에서 if와 then 우측 부분을 남겨둔 이유는 바로 이것 때문이다. 먼저 Blocks에서 Built-in > Text를 클릭하고 <is empty>를 선택하여 그림 4-22와 같이 if 블록 우측에 조립한다.

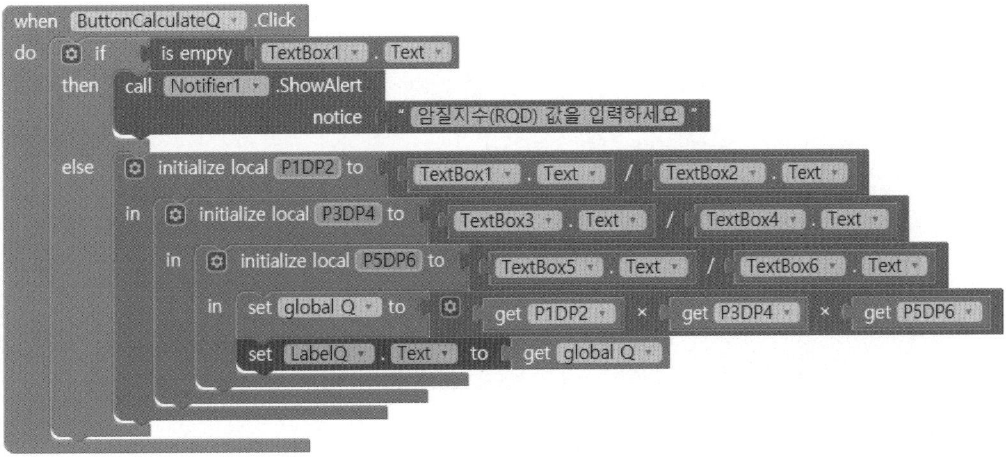

그림 4-22 TextBox1 미입력 시 알림창 호출 블록 조립 및 메시지 작성

19) 다음으로 Block에서 Screen1 > TableArrangement1 > TextBox1을 클릭하고, 맨 밑에서 3번째에 있는 TextBox1.Text를 클릭하여 <is empty> 블록 우측에 조립한다.

20) 그리고 Block에서 Screen1 > Notifier 1을 클릭하고 중간쯤에 위치한 <call Notifier 1.ShowAlert notice>를 선택하여 그림 4-22와 같이 then 블록 우측에 조립한다.

21) Blocks에서 Built-in > Text를 클릭하고 맨 위에 있는 <" ">를 선택하여 <call Notifier 1.ShowAlert notice> 블록 중 notice 우측에 조립한다. <" ">에서 " " 부분을 클릭한 후, " "의 내용을 각각 "암질지수(RQD) 값을 입력하세요"로 변경한다. 18)~22)에서 작성한 코드의 의미는 [만약(if then) TextBox1.Text가 빈칸(is empty)이면 "암질지수(RQD) 값을 입력하세요"라는 공지(notice)를 담은 알림창(Notifier 1)을 호출(call)하여라]라고 볼 수 있다.

22) TextBox1 외에도 다른 TextBox의 값이 비었을 때 알림창을 호출하기 위해서 <if then else>의 설정 버튼을 클릭하고 좌측의 else if 버튼을 선택하여 우측의 else 버튼 위에 드래그한다. 그러면 그림 4-23처럼 코드 블록을 조립할 수 있는 추가 공간이 생길 것이다.

23) 그리고 18)~22)와 유사한 방식을 이용해서 그림 4-24와 같이 상황별로 다른 내용의 알림창을 호출하는 블록을 조립하고 코드를 작성해보자. If 조건문에서 else if는 각각 별도로 수행되는 것이기 때문에 본 앱에서는 6개 TextBox에 대한 입력 여부를 모두 조사하여 알림창을 호출하게 된다.

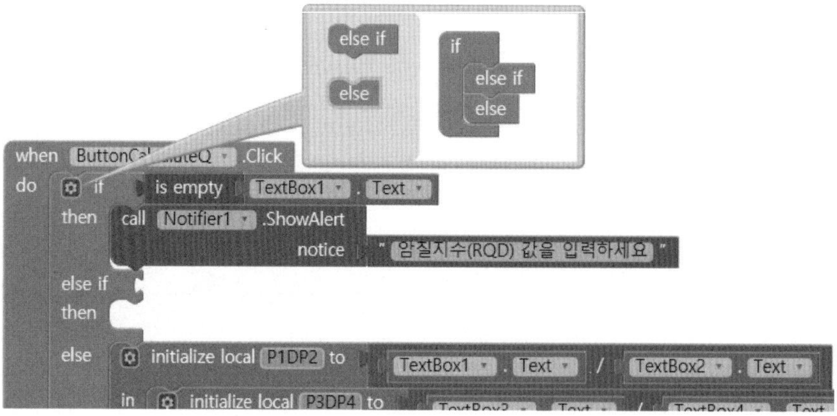

그림 4-23 〈If then else〉 블록에서 else if 추가하기

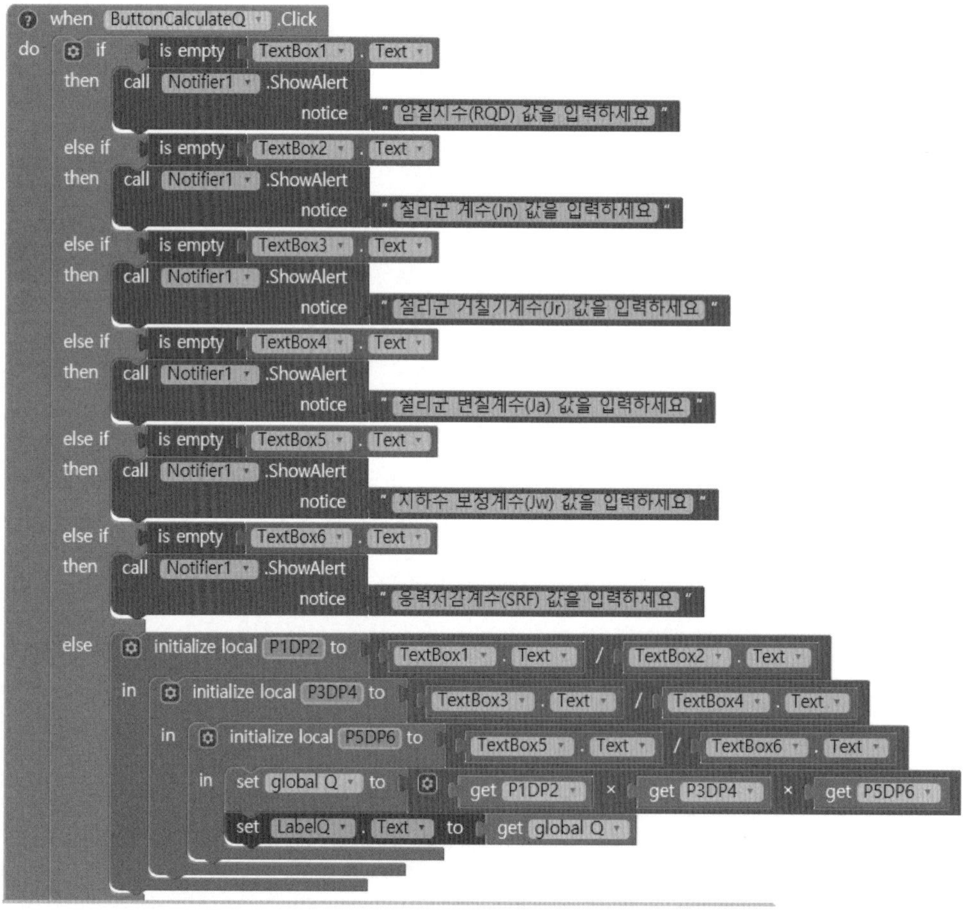

그림 4-24 TextBox 미입 시 알림창 호출 블록 조립 및 메시지 작성

24) 지금부터는 Q값이 계산된 상태에서 사용자가 (무지보 폭 계산용) 공동의 ESR 값을 입력한 후 "최대 무지보 폭 계산하기" 버튼을 클릭하면(그림 4-1 참조) 최대 무지보 폭이 계산되어 앱에서 표시되도록 하는 코드를 작성해보려고 한다. 사용자에 따라 어떤 사람은 Q값에만 관심이 있을 수도 있고, 어떤 사람은 최대 무지보 폭에 관심이 있을 수도 있다. 절차상 "공동의 ESR 값"은 Q값이 결정된 상태에서 최대 무지보 폭을 계산하기 위해서만 사용되기 때문에 현재 앱에서 "(무지보 폭 계산용) 공동의 ESR 값"이라는 텍스트가 표시되는 CheckBox1은 타 Label과 다르게 회색으로 표시되어 있고, 이를 입출력할 수 있는 TextBox7의 경우 타 TextBox와는 다르게 Enabled 기능이 미체크되어 있다. 즉, 앱을 실행시켰을 때 "공동의 ESR 값"에 해당하는 TextBox에는 숫자(값)를 입력할 수 없게 되어 있다는 의미이다. 이제는 "공동의 ESR 값" CheckBox1의 체크 상태에 따라서 다른 기능을 수행하도록 코드를 작성해보자.

25) Blocks에서 Screen1 > TableArrangement1 > CheckBox1을 클릭하고, <when CheckBox1.Changed>를 선택하여 Viewer 영역으로 드래그한다.

26) Blocks에서 Built-in > Control을 클릭한 후 <if then>를 선택하여 Viewer 영역으로 드래그한다. Viewer 영역에 추가된 <if then>의 청색 설정 버튼을 클릭하여 <else>를 하나 추가한다(그림 4-25).

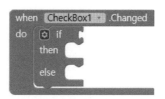

그림 4-25 CheckBox의 체크 상태에 따른 작업 제어 블록

27) Blocks에서 Screen1 > TableArrangement1 > CheckBox1을 클릭하고, <CheckBox1.Checked>를 선택하여 앞에서 만든 if 블록 우측에 조립한다. 이는 만약 CheckBox1이 체크되어 있으면, then 블록 우측에 조립되는 블록과 코드의 작업을 하라는 의미를 갖는다.

28) Blocks에서 Screen1 > TableArrangement1 > CheckBox1을 클릭하고, <set CheckBox1.TextColor to>를 선택하여 앞에서 만든 then 블록 안에 조립한다. 그리고 Blocks에서 Built-in > Colors에서 검정색 블록을 선택하여 <set CheckBox1.TextColor to> 블록 우측에 조립한

다. 이는 만약 CheckBox1이 체크되어 있으면, CheckBox1의 글자 색상을 검정색으로 설정하는 기능을 수행한다.

29) 유사한 방식으로 Blocks에서 Screen1 > TableArrangement1 > TextBox7을 클릭하고, <set TextBox7.Enabled to>를 선택하여 앞에서 만든 then 블록 안에 조립한다. 그리고 Blocks에서 Built-in > Logic에서 <true> 블록을 선택하여 <set TextBox7.Enabled to> 블록 우측에 조립한다. 이는 만약 CheckBox1이 체크되어 있으면, TextBox7에 숫자 등을 입력할 수 있도록 활성화하는 기능을 수행한다.

30) 다음으로 Blocks에서 Screen1 > TableArrangement1 > TextBox7을 클릭하고, <call TextBox7.RequestFocus>를 선택하여 앞에서 만든 then 블록 안에 조립한다. 이는 만약 CheckBox1이 체크되어 있으면, TextBox7에 숫자(값)을 바로 입력할 수 있도록 커서를 위치시키는 기능을 수행한다.

31) 28)~30)과 유사한 방식을 이용하여 그림 4-26과 같이 else 블록 우측에 조립할 블록을 선택하고 코드를 작성해보자. 이제 블록을 조립하거나 설정하는 방법에 대해서는 익숙할 것이니 자세한 설명은 생략하겠다. 다만 else 우측에 위치한 블록의 경우 28)~30)과 그 조건이 상이하다. CheckBox1이 체크되어 있지 않을 때 수행되는 기능으로 CheckBox1의 글자 색상을 회색으로 설정하고, TextBox7에 숫자를 입력하지 못하도록 비활성화하며, TextBox7에 입력된 값이 있으면 빈칸으로 변경한다. 사용자에 따라 24)~31)의 경우 앱에서 반드시 필요하지 않다고 생각할 수도 있다. 그러나 이는 앱의 완성도를 높이는 중요한 단계라고 인식하길 바란다.

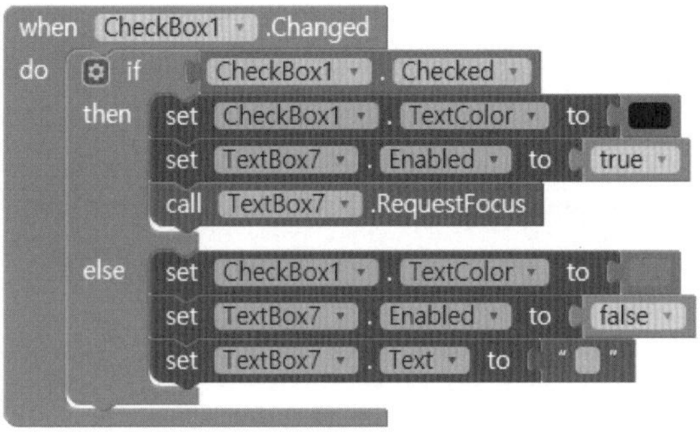

그림 4-26 CheckBox의 체크 상태에 따른 작업 제어를 위한 블록 완성

32) 이제 앱 초기화면에서 "최대 무지보 폭 계산하기" 버튼을 클릭했을 때 그 값이 우측에 표시되도록 코드를 작성해보자. 먼저 Blocks에서 Screen1 > HorizontalArrangement2 > ButtonCalculateNSWidth를 클릭하고, <when ButtonCalculateNSWidth.Click>을 선택하여 Viewer 영역에 드래그한다.

33) "최대 무지보 폭"을 계산할 때에는 <Q 값 계산하기> 버튼을 클릭했을 때와 마찬가지로 변수값을 입력하지 않고 버튼을 클릭했을 경우에는 알림창을 호출하고, 변수값을 잘 입력하고 버튼을 클릭하면 식 4-20에 근거하여 "최대 무지보 폭"을 계산하고 앱에 잘 표시되도록 그림 4-27과 같이 코딩해보자. 다양한 종류의 블록 조립과 설정이 요구되지만 대부분 앞에서 한 번 이상씩 해본 것이니 자신감을 갖고 천천히 수행해보자.

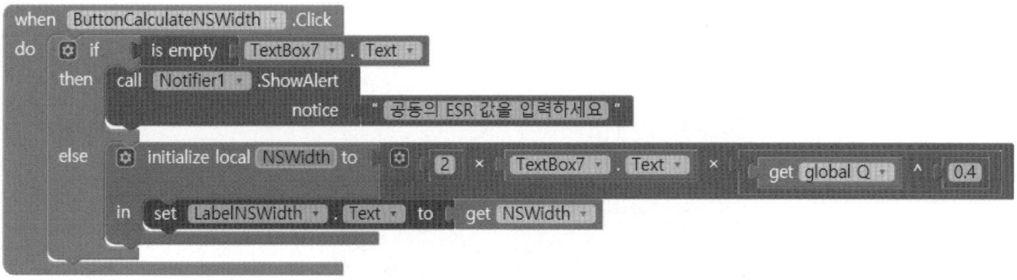

그림 4-27 최대 무지보 폭을 계산하기 위한 블록 조립 및 코딩

34) 위 블록의 기능과 의미를 해석해보면 다음과 같다. 먼저 앱 화면에서 "최대 무지보 폭 계산하기" 버튼(ButtonCalculateNSWidth)을 클릭하면 if then else 문이 실행된다. 만약 공동의 ESR 값을 입력받는 TextBox7이 공란(is empty)일 경우, "공동의 ESR 값을 입력하세요"라는 메시지 창(notice)이 호출된다. 그렇지 않으면(즉, TextBox7에 공동의 ESR 값이 입력되어 있을 경우) 식 4-2에 따라 2 × 입력된 공동의 ESR 값 × (계산된 Q)$^{0.4}$ 값을 NSWidth라는 전역변수에 저장하고, 이 전역 변수값을 LabelNSWidth라는 Label에 표시한다.

35) 지금까지 Q값이나 최대 무지보 폭을 계산하는 블록 조립과 코딩 작업은 완료되었다. 하지만 앱의 완성도나 사용자의 편의성을 증대시키기 위한 몇 가지 작업을 진행해보려고 한다. 예를 들어, 사용자가 다른 조건(입력 변수값)에서 Q값이나 최대 무지보 폭을 계산한다든지, 앱을 다시 실행하는 경우가 종종 발생할 것이다. 이럴 때에는 TextBox

입력값, Q 또는 최대 무지보 폭의 계산 결과값, CheckBox1의 상태 등을 초기화(이른바 리셋)시킬 필요가 있다. 이를 위해 앱의 변수나 입력값 등을 초기화하는 코딩 작업을 수행해보자. Blocks에서 Built-in > Procedures를 클릭하고 <to procedure do>을 선택하여 Viewer 영역에 드래그한다. 그리고 "procedure"를 클릭하고 이를 "Reset"으로 변경한다. Procedures 블록은 어디선가 코드 내에서 이를 호출할 때만 기능을 수행한다. 여기서 Procedures 블록을 이용하는 이유는 이 블록 안에 조립되는 여러 블록들이 한 가지 환경이 아닌 여러 환경에서 호출되어 기능을 수행하기 때문이다. 그래서 Procedures 블록을 이용하면 코드의 양이 줄어들 뿐만 아니라 효과적인 블록 구조 작성이 가능하다.

36) 전역변수 Q 초깃값을 0으로 할당하고, TextBox1~7, Q 계산값, 최대 무지보 폭 계산값을 빈칸으로 설정하고, CheckBox1을 미체크 상태로 되도록 그림 4-28과 같이 블록을 조립하고 코드를 작성해보자.

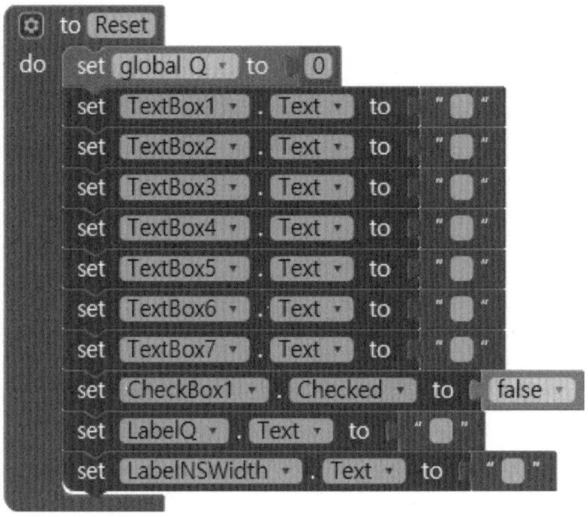

그림 4-28 Reset Procedures 블록 조립 및 코딩

37) 앞에서 만든 Procedures를 호출하는 코드를 작성해보자. Reset Procedures는 앱이 실행되었을 때와 앱 화면에서 "다시 계산하기" 버튼을 클릭했을 때 호출되어 기능을 수행하게 된다. 따라서 그림 4-29와 같이 블록과 코드를 작성하면 된다.

38) 마지막으로 앱을 종료하는 코드를 작성해보자. 앱 화면에서 "종료" 버튼을 클릭했을 때 앱을 종료하는 코드를 그림 4-30과 같다.

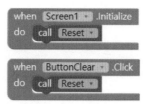

그림 4-29 Reset Procedures를 호출하는 블록 및 코딩

그림 4-30 앱을 종료하는 블록 및 코딩

5. 개발된 앱 확인

4장에서 앱 인벤터를 이용해 개발한 <Q-system calculator> 앱의 전체 프로그램은 그림 4-31 과 같다.

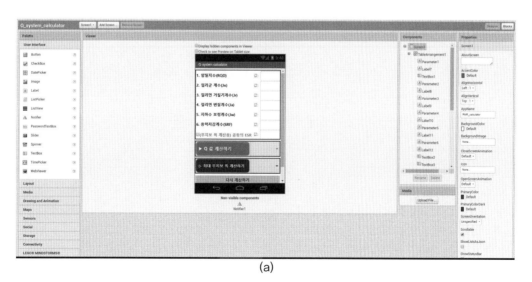

(a)

그림 4-31 〈Q-system calculator〉 앱 개발 결과. (a) 컴포넌트 디자인, (b) 블록 프로그래밍

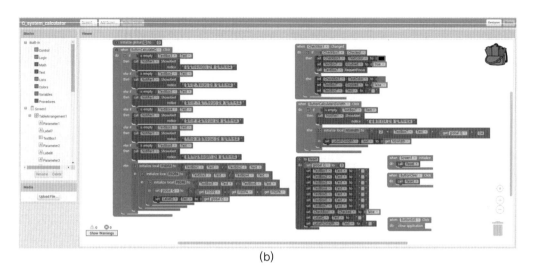

(b)

그림 4-31 〈Q-system calculator〉 앱 개발 결과. (a) 컴포넌트 디자인, (b) 블록 프로그래밍(계속)
(컬러 도판 378쪽 참조)

암반 분류 앱 개발 2: RMR

암반 분류 앱 개발 2: RMR

5장에서 만들어볼 앱은 두 번째 암반 분류 앱인 <Rock Mass Rating(RMR) calculator>이다. RMR은 Rock Mass Rating의 약자로서 터널이나 갱내굴착 광산에서 이용하는 것을 목적으로 남아프리카공화국의 Bieniawski(1989)에 의해 제안된 암반 분류방법이다. 이는 일축압축강도(Unconfined compressive strength, UCS), 암질지수(Rock Quality Designation, RQD), 절리 간격, 절리 상태, 지하수 상태 등 현장 및 시추자료로서 판단할 수 있는 5개 기본인자와 불연속면의 방향성의 1개 보정인자 등 6개의 변수를 사용하여 암반을 분류한다. 다음 표 5-1과 표 5-2와 같이 암석의 상태와 불연속면의 상태에 따라 세부적으로 점수를 부여하고 이를 합산하는 방식으로 점수를 계산한다. RMR 값(또는 분류 평점)은 0~100점의 분포를 보이며, 점수가 높을수록 공학적으로 양호한 지반으로 판단된다. 또한 RMR 합산 점수에 근거하여 암반을 표 5-3과 같이 5개의 등급으로 분류할 수 있다.

표 5-1 RMR 분류체계를 위한 변수의 분류 평점

	분류 변수	값의 범위						
1	일축압축강도(UCS, MPa)	>250	100~250	50~100	25~50	5~25	1~5	<1
	평점	15	12	7	4	2	1	0
2	암질지수(RQD, %)	90~100	75~90	50~75	25~50	<25		
	평점	20	17	13	8	3		
3	절리 간격	>2 m	0.6~2 m	0.2~0.6 m	6~20 cm	<6 cm		
	평점	20	15	10	8	5		
4	절리 상태	매우 거침 불연속적 이격 없음 모암 견고	약간 거침 이격<1 mm 약간 풍화	다소 거침 이격<1 mm 심한 풍화	매끄럽다 이격<5 mm 연속 절리	연한 충진물>5 이격>5 mm 연속 절리		
	평점	30	25	20	10	0		

표 5-1 RMR 분류체계를 위한 변수의 분류 평점(계속)

	분류 변수		값의 범위				
5	지하수 상태	터널길이 10 m당 출수량(l/분)	없음	<10	10~25	25~125	>125
		절리수압 / 최대주응력	0	<0.1	0.1~0.2	0.2~0.5	<0.5
		일반적 조건	완전 건조	습기	젖은 상태	물방울 떨어짐	흘러내림
	평점		15	10	7	4	0

표 5-2 RMR 분류체계를 위한 불연속면의 방향에 따른 평점의 보정

절리의 주향과 경사		매우 유리	유리	보통	불리	매우 불리
평점	터널과 광산	0	-2	-5	-10	-12
	기초	0	-2	-7	-15	-25
	사면	0	-5	-25	-50	

표 5-3 RMR 분류 평점에 의한 암반 등급 및 상태

평점	81~100	61~80	41~60	21~40	<21
암반 등급	I	II	III	IV	V
암반 상태	매우 양호	양호	보통	불량	매우 불량

그림 5-1은 휴대폰에서 <RMR calculator> 앱을 실행했을 때의 초기화면을 보여준다. 이 앱은 사용자가 6개 항목에 대한 속성값을 각각 선택하면 암반의 역학적 특성을 나타내는 RMR 값을 계산해준다. 4장에서 만든 <Q-system calculator> 앱과 유사하지만 있으나 6개 항목별 속성값을 직접 입력하지 않고, 보기 중에 하나를 선택하여 RMR 값을 계산한다는 점에서 차이가 있다. 여기서는 Label, Button, Notifier, TableArrangement, HorizontalArrangement 외에 Horizontal ScrollArrangement와 ListPicker 컴포넌트 등을 소개한다.

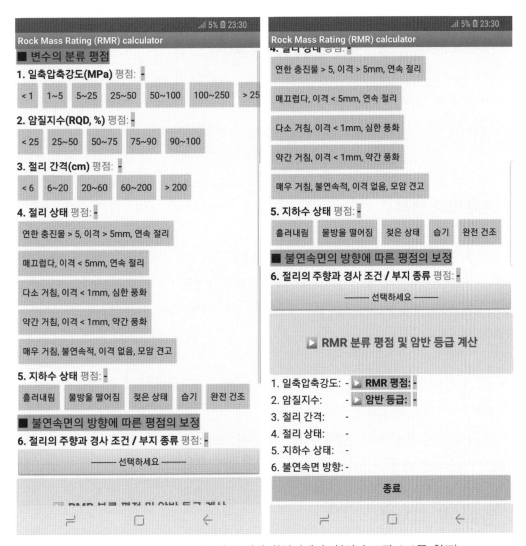

그림 5-1 〈RMR calculator〉 앱 초기화면(인터페이스)(컬러 도판 379쪽 참조)

1. 학습 개요

5장에서 여러분들이 배우게 될 내용은 다음과 같다. 다음에 제시하지는 않았지만 3장과 4장에서 배운 다양한 컴포넌트와 블록 코딩이 기본적으로 포함된다.

- VerticalArrangement 컴포넌트의 사용 방법
- HorizontalScrollArrangement 컴포넌트의 사용 방법
- ListPicker 컴포넌트의 사용 방법
- \<is number\> 블록의 작동 원리와 사용 방법
- \<not\> 블록의 작동 원리와 사용 방법

2. 프로젝트 생성

앱 인벤터 웹사이트(http://ai2.appinventor.mit.edu/)에 접속하고, 화면 좌측 상단의 \<Start new project\> 버튼을 클릭하여 "RMR_calculator" 프로젝트를 생성한다. 그리고 첫 화면인 디자이너 (Designer)의 영역에서, Screen1 컴포넌트의 Title 속성을 "Rock Mass Rating(RMR) calculator"로 명명한다.

- 프로젝트 이름: RMR_calculator
- 컴포넌트 이름: Screen1(앱 인벤터 고정값)
- 앱 화면 제목: Rock Mass Rating(RMR) calculator(이하 RMR calculator)

3. 컴포넌트 디자인

\<RMR calculator\> 앱을 만들기 위해서는 다음과 같은 컴포넌트가 필요하다.

- 대항목을 나타내는 Label 2개, 6개의 입력변수명을 보여주는 Label 6개, 각 변수별 평점이 출력되는 Label 6개, 각 변수별 평점이 출력되는 곳 앞에 "평점"이라고 표시하기 위한 Label 6개, 앱 화면 하단에 6개의 입력변수명을 다시 한번 보여주는 Label 6개, 앱 화면에 서 계산 버튼을 클릭했을 때 선택된 6개 항목의 평점을 앱 화면 하단에 보여주는 Label 6개, RMR 평점과 암반 등급이라는 텍스트를 표시하는 Label 2개, 최종 계산된 RMR 평점 과 암반 등급을 보여주는 Label 2개

- 각 변수별 Label 들을 가로로 잘 배치되도록 묶어주는 HorizontalArrangement 6개
- 각 항목별 속성값을 선택할 수 있도록 하는 Button 27개, RMR 분류 평점과 암반 등급을 계산하도록 하는 Button 1개, 앱을 종료하는 Button 1개
- 각 변수별 보기들을 가로로 잘 배치되도록 묶어주는 HorizontalScrollArrangement 5개
- 절리의 주향과 경사 조건 / 부지 종류를 선택할 수 있도록 해주는 LickPicker 1개
- 변수별 보기들을 1개 이상 선택하지 않고 계산 버튼을 눌렀을 때 알림창을 띄워주는 Notifier 1개

가. RMR 1~5번 변수의 분류 평점 컴포넌트 설계하기

여기서는 HorizontalArrangement, HorizontalScrollArrangement, VerticalArrangement 정렬 방식을 제공하는 컴포넌트를 사용하여 그림 5-1의 좌측 사진과 같이 5개 변수의 분류 평점을 계산할 수 있는 앱 화면을 구성해볼 것이다. 그림 5-1에서 볼 수 있듯이 1~5번 변수 항목은 모두 HorizontalArrangement 컴포넌트를, 1, 2, 3, 5번의 보기들은 HorizontalScrollArrangement 컴포넌트들을 사용하고 있으며, 4번의 보기들만 VerticalArrangement 컴포넌트를 사용하고 있다.

1) Palette>Layout에서 Label 컴포넌트를 클릭한 후, Viewer 영역으로 드래그 앤드 드롭(이하 드래그)한다. Viewer 영역과 Components 영역에 Label1이 표시된 것을 확인할 수 있다.
2) Components 패널에서 Label1을 클릭한 후, 하단에 있는 <Rename> 버튼을 클릭하여 이름을 "Title1"로 변경한다.
3) Properties 영역에서 Title1의 속성을 그림 5-2와 같이 변경한다. Label의 속성 변경 방법이나 의미는 이미 알고 있다고 가정하여 자세한 설명은 생략한다. 속성을 변경하면 Viewer 영역에서 Title1의 배경색이나 글자 내용 등이 변경된 것을 확인할 수 있다.

그림 5-2 Label (Title1) 컴포넌트의 속성 변경

4) Palette＞Layout에서 HorizontalArrangement 컴포넌트를 클릭한 후, Viewer 영역으로 드래그한다. Viewer 영역에 연두색 사각형 모양의 HorizontalArrangement1 컴포넌트가 추가되고, Components 영역에도 표시된 것을 확인할 수 있을 것이다.

5) Properties 영역에서 HorizontalArrangement1 컴포넌트의 속성을 그림 5-3과 같이 변경한다.

- AlignHorizontal: Left : 1(안에 포함될 컴포넌트들을 좌측 정렬)
- AlignVertical: Top : 1(안에 포함될 컴포넌트들을 위쪽 정렬)
- BackgroundColor: Default(배경색은 기본 색상으로 설정)
- Height: Automatic …(안에 삽입될 컴포넌트들의 크기와 개수에 맞춰 자동 설정)
- Width: Fill parent(가로 길이를 화면 좌우에 꽉 차도록 설정)

- Image: None ⋯(배경을 이미지로 채울지 설정)
- Visible: 체크 상태(휴대폰 앱을 실행시켰을 때 HorizontalArrangement1의 경계가 보이도록 설정)

그림 5-3 HorizontalArrangement1 컴포넌트의 속성 변경

6) Palette＞User Interface에서 Label 컴포넌트를 클릭한 후, Viewer 영역으로 드래그한다. 총 3개의 Label을 앞에서 만든 HorizontalArrangement1 안에 좌측부터 각각 위치시킨다. 컴포넌트들을 옮기다 보면 컴포넌트가 들어갈 자리가 파란색으로 표시되기 때문에 배치할 자리를 쉽게 찾을 수 있다.

7) 3개의 Label을 그림 5-4와 같이 나타나도록 각각 속성을 설정한다. 먼저 좌측 Label (Label2)의 이름을 "Parameter1"로 변경하고, 속성은 다음과 같이 설정한다. 여기서는 기본값(default) 외에 변경된 속성만 제시한다.

- FontBold: 체크 상태
- FontSize: 16
- Text: 1. 일축압축강도(MPa)

8) 이번에는 가운데 Label(Label3)의 속성을 다음과 같이 설정한다. 마찬가지로 기본값 (default) 외에 변경된 속성만 제시한다.

- FontSize: 16
- Text: 평점 :
- TextColor: Gray

그림 5-4 Viewer 영역에 나타난 Label의 속성 설정 결과

9) 다음으로 우측 Label(Label4)의 이름을 "Point1"로 변경하고, 속성을 다음과 같이 설정한다.
- BackgroundColor: Pink
- FontBold: 체크 상태
- FontSize: 16
- Text: -

10) Palette > Layout에서 HorizontalScrollArrangement 컴포넌트를 클릭한 후, Viewer 영역으로 드래그한다. Viewer 영역에 연두색 사각형 모양의 HorizontalScrollArrangement1 컴포넌트가 추가되고, Components 영역에도 표시된 것을 확인할 수 있을 것이다. 이 컴포넌트는 기본적으로 HorizontalArrangement와 동일한 기능을 수행하며, 다만 컴포넌트가 많을 때 좌우로 크기가 더 확장될 수 있는 것이 차이점이다.

11) Properties 영역에서 HorizontalScrollArrangement1 컴포넌트의 속성을 그림 5-5와 같이 변경한다. 속성 항목도 HorizontalArrangement와 동일하기 때문에 자세한 설명은 생략한다. 속성 중 기본값(default)에서 변경할 것은 Width 항목뿐이다.

그림 5-5 HorizontalScrollArragement1 컴포넌트의 속성 변경

12) Palette＞User Interface에서 Button 컴포넌트를 클릭한 후, 앞에서 만든 Horizontal Arrangement1 안으로 드래그한다. 표 5-1의 내용을 참고해서 총 7개의 Button을 앞에서 만든 HorizontalArrangement1 안에 좌측부터 각각 위치시킨다.

13) Components 영역에서 <Rename> 버튼을 클릭하여 7개의 Button의 이름을 다음과 같이 변경한다.

- Button1 → P1a(첫 번째 변수의 첫 번째 보기라는 의미)
- Button2 → P1b(첫 번째 변수의 두 번째 보기라는 의미)
- Button3 → P1c(첫 번째 변수의 세 번째 보기라는 의미)
- Button4 → P1d(첫 번째 변수의 네 번째 보기라는 의미)
- Button5 → P1e(첫 번째 변수의 다섯 번째 보기라는 의미)
- Button6 → P1f(첫 번째 변수의 여섯 번째 보기라는 의미)
- Button7 → P1g(첫 번째 변수의 입곱 번째 보기라는 의미)

14) Properties 영역에서 7개 Button들의 속성을 그림 5-6과 같이 설정한다. 이 값들은 표 5-1 의 내용에 근거한 것이다. 다음에서 언급되지 않은 속성들은 기본값(default)을 그대로 사용하도록 한다. 속성을 변경하면 그림 5-7과 같은 결과가 나타날 것이다.

그림 5-6 Button (P1a) 컴포넌트의 속성 변경

• BackgroundColor: Light Gray(글씨를 회색으로 표시)
• Text

$-\text{P1a} \rightarrow\ <1$

$-\text{P1b} \rightarrow 1\sim5$

$-\text{P1c} \rightarrow 5\sim25$

$-\text{P1d} \rightarrow 25\sim50$

$-\text{P1e} \rightarrow 50\sim100$

$-\text{P1f} \rightarrow 100\sim250$

$-\text{P1g} \rightarrow\ >250$

그림 5-7 일축압축강도 변수 분류 평점의 속성 설정 결과

15) 4)~14)와 유사한 방법을 이용해서 그림 5-8과 같이 "암질지수", "절리 간격", "절리 상태", "지하수 상태" 변수 항목에 대한 컴포넌트를 설계하고 속성을 설정해보자. "2. 암질지수(RQD, %)"와 같이 변수명을 보여주는 Label의 이름을 각각 "Parameter2", …, "Parameter6"으로, 각 변수별 평점을 보여주는 Label의 이름은 각각 "Point2", …, "Point6"으로, 각 변수별 세부 항목에 해당하는 Button의 이름은 "P2a", …, "P5e" 등으로 변경하자. 각 컴포넌트들의 속성 값은 그림 5-7에 적용된 것과 동일하며, 컴포넌트의

Text에 해당하는 것은 표 5-1을 참고하면 된다. 다만 이번 단계에서 절리 상태 변수 항목에 대한 보기는 우선 생략해두자.

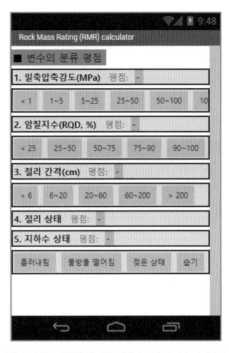

그림 5-8 변수 분류 평점의 컴포넌트 설계 및 속성 설정 결과

16) "절리 상태" 변수 항목의 보기의 경우 타 변수 항목과는 다르게 내용이 매우 길다. 따라서 보기에 해당하는 Button들을 좌우로 배치하지 않고 상하로 배치할 수 있는 VerticalArrangement 컴포넌트를 이용해서 Button들을 정렬하고자 한다. Palette＞Layout 에서 VerticalArrangement 컴포넌트를 클릭한 후, Viewer 영역 중 "4. 절리 상태" Label 하단에 위치시킨다. 그러면 Components 영역에 VerticalArrangement1이 생성된 것을 확인할 수 있다.

17) Components 영역에서 VerticalArrangement1을 선택하고 하단에 있는 <Rename> 버튼을 클릭하여 이름을 "VerticalArrangement4"로 변경한다. 4번째 변수 항목의 보기를 정렬해 놓은 것이라는 의미를 주기 위해서다.

18) Properties 영역에서 속성을 그림 5-9와 같이 변경한다. VerticalArrangement 컴포넌트도 HorizontalArrangement과 속성 항목이 동일하기 때문에 자세한 설명은 생략한다. 속성

중 기본값(default)에서 변경할 것은 Width 항목뿐이다.

19) Palette>User Interface에서 5개의 Button 컴포넌트를 앞에서 만든 VerticalArrangement4 안으로 드래그하여 위에서부터 아래로 각각 배치한다.

20) 표 5-1의 내용을 참고해서 앞의 5개 Button의 Text를 그림 5-10과 같이 입력하고, Button 의 속성을 HorizontalArrangement 안에 있는 Button의 그것과 동일하도록 설정한다.

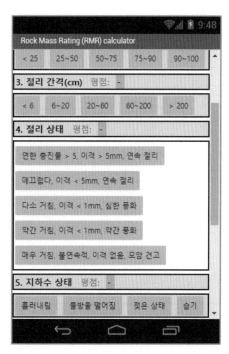

그림 5-9 VerticalArrangement4 컴포넌트의 속성 변경 **그림 5-10** 5개 변수 분류 평점의 컴포넌트 설계 및 속성 설정 결과

나. RMR 6번 변수의 분류 평점 컴포넌트 설계하기

표 5-1에 제시된 변수들의 보기를 보면 1~5번 변수 항목의 보기는 5개인 반면, 6번 변수 항목(절리의 주향과 경사 조건/부지 종류)의 보기는 14개이다. 물론 14개의 보기도 앞에서와 마찬가지로 14개의 Button을 만들고 코딩 작업을 하더라도 큰 문제는 없다. 다만 이렇게 개수 가 많을 때는 ListPicker라는 컴포넌트를 활용하면 보다 효과적으로 앱을 설계하고 구성할 수 있다.

1) 먼저 Palette>Layout에서 Label 컴포넌트를 클릭한 후, Viewer 영역으로 드래그한다.

2) Components 패널에서 해당 Label을 클릭한 후, 하단에 있는 <Rename> 버튼을 클릭하여 이름을 "Title2"로 변경한다.

3) Properties 영역에서 Title2의 속성을 그림 5-11과 같이 변경한다. 속성을 변경하면 Viewer 영역에서 Title2의 배경색이나 글자 내용 등이 변경된 것을 확인할 수 있다.

그림 5-11 Label (Title2) 컴포넌트의 속성 변경

4) Palette>User Interface에서 Label 3개, Palette>Layout에서 HorizontalArrangement 1개를 클릭하여 Title2 Label 하단에 위치시키고 그림 5-12와 같이 속성을 설정한다. 이는 1~5번 변수와 Text만 다를 뿐 다른 속성은 동일하다. 또한 이름을 "HorizontalArrangement6"

으로 변경한다.

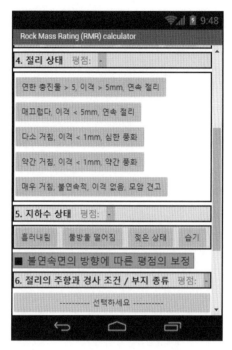

그림 5-12 6번 변수 분류 평점의 컴포넌트 설계 및 속성 설정 결과

5) Palette>User Interface에서 ListPicker를 클릭하고, "HorizontalArrangement6 밑에 위치시
킨다.

6) Properties 영역에서 ListPicker1의 속성을 그림 5-13과 같이 설정한다. 다음에서 언급되지
않은 속성들은 기본값(default)을 그대로 사용하도록 한다.

• Width: Fill parent(가로 길이를 화면 좌우에 꽉 차도록 설정)

• ItemBackgroundColor: White(목록 배경색을 흰색으로 설정)

• ItemTextColor: Blue(목록 글자 색상: 청색으로 설정)

• Text: ---------- 선택하세요 ----------(ListPicker에 표시될 말)

그림 5-13 ListPicker1 컴포넌트의 속성 변경

다. RMR 분류 평점과 암반 등급을 계산하고 표시해주는 컴포넌트 설계하기

이번에는 RMR 분류 평점과 암반 등급 계산을 실행하는 Button과 이를 클릭했을 때 평점과 등급이 표시되는 Label을 한 줄에 정렬(배치)해보자.

1) Palette＞User Interface에서 Button 1개를 드래그하여 Viewer 영역의 ListPicker1 밑에 배치시킨다. 이 Button은 RMR 분류 평점 계산을 실행하는 기능을 수행하므로 ＜Rename＞ 버튼을 클릭하고 이 Button의 이름을 "ButtonCalculateRMR"으로 변경한다.

2) Properties의 속성을 그림 5-14와 같이 설정한다. 다음에서 언급되지 않은 속성들은 기본값(default)을 그대로 사용하도록 한다.

그림 5-14 Button (ButtonCalculateRMR)의 속성 설정

- BackgroundColor: Yellow(버튼의 배경색을 노란색으로 설정)
- FontBold: 체크 상태(글씨를 진하게 표시)
- FontSize: 18(글씨 크기 18)
- Height: 100 pixels(버튼의 세로 길이를 100 pixels 크기로 설정)
- Width: Fill parent(가로 길이를 화면 좌우에 꽉 차도록 설정)
- Shape: rounded(버튼의 모양을 모서리가 둥근 사각형으로 설정)
- Text: ▶ RMR 분류 평점 및 암반 등급 계산
- TextColor: Red(글씨 색상을 적색으로)

3) HorizontalArrangement 컴포넌트를 찾아 앞에서 만든 Button 하단에 드래그한다. 이 컴포넌트의 이름은 앱 인벤터의 기본값인 "HorizontalArrangement7"이다.

4) Properties의 속성 중 기본값(default)에서 Width 항목만 변경한다. 다음에서 언급되지 않은 속성들은 기본값(default)을 그대로 사용하도록 한다.

- Width: Fill parent(가로 길이를 화면 좌우에 꽉 차도록 설정)

5) Palette > User Interface에서 Label 컴포넌트를 클릭한 후, Viewer 영역으로 드래그한다. 총 4개의 Label을 앞에서 만든 HorizontalArrangement7 안에 좌측부터 각각 위치시킨다.

6) Components 영역에서 <Rename> 버튼을 클릭하여 4개의 Label 이름을 좌측 첫 번째부터 차례로 다음과 같이 변경한다.

- Label7 → LabelRMR(RMR 텍스트를 표시하는 Label)
- Label8 → Point_sum(분류 평점 합계를 표시하는 Label)
- Label9 → LabelGrade(Grade 텍스트를 표시하는 Label)
- Label10 → Grade(암반 등급을 표시하는 Label)

7) 이름이 변경된 4개의 Label을 그림 5-15와 같이 나타나도록 각각 속성을 설정한다. 여기서는 기본값(default) 외에 변경된 속성만 제시한다.

- BackgroundColor: Light Gray
- FontBold: 체크 상태(글씨를 진하게 표시)
- FontSize: 18(글씨 크기 18)
- Text:
  - LabelRMR: ▶ RMR 평점:
  - Point_sum: -

- LabelGrade: ▶ 암반 등급 :

- Grade: -

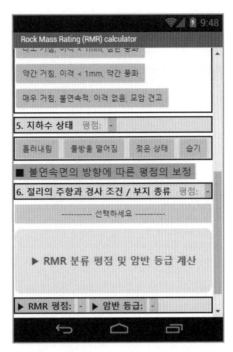

그림 5-15 RMR 분류 평점 및 암반 등급 계산 컴포넌트 설계 및 속성 설정 결과

8) Palette＞User Interface에서 Button 1개를 드래그하여 Viewer 영역의 맨 밑에 배치시킨다. 이 Button은 앱을 종료시키는 기능을 수행하므로 <Rename> 버튼을 클릭하고 이 Button 의 이름을 "ButtonExit"로 변경한다.

9) Properties의 속성을 다음과 같이 설정한다. 다음에서 언급되지 않은 속성들은 기본값 (default)을 그대로 사용하도록 한다.

- BackgroundColor: Orange(버튼의 배경색을 주황색으로 설정)
- FontBold: 체크 상태(글씨를 진하게 표시)
- FontSize: 18(글씨 크기 18)
- Width: Fill parent(가로 길이를 화면 좌우에 꽉 차도록 설정)
- Shape: rounded(버튼의 모양을 모서리가 둥근 사각형으로 설정)
- Text: 종료

10) 마지막으로 Palette > User Interface에서 Notifier 컴포넌트를 찾아 Viewer 영역으로 드래그한다. Notifier는 휴대폰에서 앱을 실행시켰을 때 화면에서 보이지 않는 컴포넌트로 기본적으로 Viewer 영역에서는 화면 하단에 표시된다(그림 5-16). 이 컴포넌트는 특정 상황이나 조건에서 알림창을 띄우는 역할을 한다.

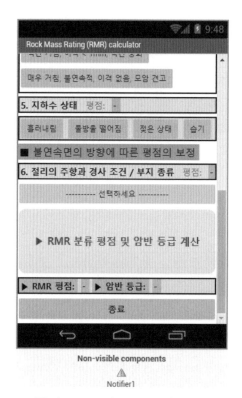

그림 5-16 〈종료〉 Button과 Notifier 컴포넌트 생성 결과

이제 그림 5-16과 같이 <RMR calculator> 앱 개발을 위한 컴포넌트 설계가 완료되었다. 이 상태에서 휴대폰으로 앱을 실행하면 그림 5-1의 화면이 나타나는 것이다. <RMR calculator> 앱에 사용된 컴포넌트들을 정리하면 표 5-4와 같다. 이제부터는 각 컴포넌트들이 역할을 할 수 있도록 화면 우측 상단의 <Blocks> 버튼을 클릭하여 코딩 작업을 시작할 것이다.

표 5-4 〈RMR calculator〉 앱에 사용된 컴포넌트 목록

유형	Palette	이름	용도
Label	User Interface	Title1	"변수의 분류 평점" 텍스트 표시
Label	User Interface	Title2	"불연속면의 방향에 …" 텍스트 표시
Label	User Interface	Parameter1	"1. 일축압축강도(MPa)" 텍스트 표시
Label	User Interface	Parameter2	"2. 암질지수(RQD, %)" 텍스트 표시
Label	User Interface	Parameter3	"3. 절리 간격(cm)" 텍스트 표시
Label	User Interface	Parameter4	"4. 절리 상태" 텍스트 표시
Label	User Interface	Parameter5	"5. 지하수 상태" 텍스트 표시
Label	User Interface	Parameter6	"6. 절리의 주향과 …" 텍스트 표시
Label	User Interface	Point1	"1. 일축압축강도(MPa)" 평점 표시
Label	User Interface	Point2	"2. 암질지수(RQD, %)" 평점 표시
Label	User Interface	Point3	"3. 절리 간격(cm)" 평점 표시
Label	User Interface	Point4	"4. 절리 상태" 평점 표시
Label	User Interface	Point5	"5. 지하수 상태" 평점 표시
Label	User Interface	Point6	"6. 절리의 주향과 …" 평점 표시
Label	User Interface	Label1	"평점:" 텍스트 표시
Label	User Interface	Label2	"평점:" 텍스트 표시
Label	User Interface	Label3	"평점:" 텍스트 표시
Label	User Interface	Label4	"평점:" 텍스트 표시
Label	User Interface	Label5	"평점:" 텍스트 표시
Label	User Interface	Label6	"평점:" 텍스트 표시
Label	User Interface	LabelRMR	"▶ RMR 평점:" 텍스트 표시
Label	User Interface	Point_sum	RMR 분류 평점 표시
Label	User Interface	LabelGrade	"▶ 암반 등급:" 텍스트 표시
Label	User Interface	Grade	암반등급 및 상태 표시
ListPicker	User Interface	ListPicker1	절리의 주향과 경사 조건 / 부지 종류 변수의 보기 선택 목록
Button	User Interface	P1a~P1g	일축압축강도의 보기 선택 버튼
Button	User Interface	P2a~P2e	암질지수의 보기 선택 버튼
Button	User Interface	P3a~P3e	절리 간격의 보기 선택 버튼
Button	User Interface	P4a~P4e	절리 상태의 보기 선택 버튼
Button	User Interface	P5a~P5e	지하수 상태의 보기 선택 버튼
Button	User Interface	ButtonCalculateRMR	RMR 평점과 암반 등급을 계산
Button	User Interface	ButtonExit	앱 종료
Notifier	User Interface	Notifier1	각 변수항목별 보기가 선택되지 않은 상태에서 "계산" 버튼을 눌렀을 경우 알림창(경고창)을 호출
HorizontalArrangement	Layout	HorizontalArrangement1	컴포넌트들의 그룹화(수평 방향 정렬)

표 5-4 〈RMR calculator〉 앱에 사용된 컴포넌트 목록(계속)

유형	Palette	이름	용도
HorizontalArrangement	Layout	HorizontalArrangement2	컴포넌트들의 그룹화(수평 방향 정렬)
HorizontalArrangement	Layout	HorizontalArrangement3	컴포넌트들의 그룹화(수평 방향 정렬)
HorizontalArrangement	Layout	HorizontalArrangement4	컴포넌트들의 그룹화(수평 방향 정렬)
HorizontalArrangement	Layout	HorizontalArrangement5	컴포넌트들의 그룹화(수평 방향 정렬)
HorizontalArrangement	Layout	HorizontalArrangement6	컴포넌트들의 그룹화(수평 방향 정렬)
HorizontalScrollArrangement	Layout	HorizontalScroll-Arragement1	컴포넌트들의 그룹화(수평 방향 정렬)
HorizontalScrollArrangement	Layout	HorizontalScroll-Arragement2	컴포넌트들의 그룹화(수평 방향 정렬)
HorizontalScrollArrangement	Layout	HorizontalScroll-Arragement3	컴포넌트들의 그룹화(수평 방향 정렬)
HorizontalScrollArrangement	Layout	HorizontalScroll-Arragement5	컴포넌트들의 그룹화(수평 방향 정렬)
VerticalArrangement	Layout	VerticalArrangement4	컴포넌트들의 그룹화(수직 방향 정렬)

4. 블록 프로그래밍

이제 블록 에디터를 이용하여 〈RMR calculator〉 앱의 동작을 제어할 수 있는 코드를 작성해보자.

1) 화면 우측 위의 〈Blocks〉 버튼을 클릭하여 블록 에디터 화면으로 이동한다.
2) 이제 변수를 생성해보자. 좌측 상단의 Blocks에서 Built-in＞Variables를 클릭한다. 〈initialize global name to〉을 클릭한 후 Viewer 영역으로 드래그한다.
3) Viewer 영역에 블록이 추가되면 name을 클릭하고 "R1"을 입력한다. 이는 "R1"이라는 (전역)변수를 생성(선언)한 것이다.
4) Blocks에서 Built-in＞Math를 클릭한다. 〈0〉을 클릭하고 Viewer 영역으로 드래그한 후, 〈initialize global R1 to〉의 오른쪽 끝에 그림 5-17과 같이 조립한다. R1이라는 변수는 아직 속성이 할당되지 않았으므로 기본값으로는 0을 할당하는 것이다.

그림 5-17 Variables 선언 및 math 블록의 추가와 조립

5) 이번에는 앱 상단의 일축압축강도의 보기 중에 한 개 버튼을 클릭했을 때 어떤 작업을 실행할지 코드를 작성해보자. Blocks에서 Screen1 > HorizontalArrangement1 > P1a를 클릭한 후, <when P1a.Click>을 선택하여 Viewer 영역으로 드래그한다.

6) Blocks에서 Built-in > Variables을 클릭한 후 <set " " to>를 선택하여 Viewer 영역의 <when P1a.Click> 블록 안쪽에 조립한다.

7) " "을 클릭하고 "global R1"을 선택한다.

8) 4번 단계와 같은 방식을 이용해서 <0>을 <set global R1 to> 오른쪽 끝에 조립한다. 이는 <P1a> 버튼을 클릭하면 global R1이라는 변수에 0이라는 값을 할당하는 의미이다. 다만 여기서 0을 할당한 것은 표 5-1에 제시된 내용과 같이 일축압축강도가 1보다 작을 때에는 0점을 부여하기 때문이다. 따라서 4번 단계에서 R1 인자에 (기본값으로) 0을 할당한 것과는 다른 의미이다.

9) 다음으로 Blocks에서 Screen1 > HorizontalArrangement1 > Point1을 클릭하고, <set Point1.Text to>를 선택하여 <when P1a.Click> 블록 안쪽에 조립한다.

10) Blocks에서 Built-in > Variables을 클릭한 후 <get " ">를 선택하여 Viewer 영역의 <set Point1.Text to> 블록 오른쪽 끝에 조립한다(그림 5-18). 그리고 " "에는 "global R1"을 선택한다. 이는 앱에서 <P1a> 버튼을 클릭했을 때 앞에서 0값을 할당받은 global R1 변수를 Point1 Label의 텍스트로 표시하겠다는 의미이다.

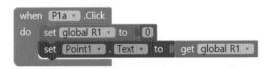

그림 5-18 변수값 할당 및 Label에 텍스트로 표시하는 블록의 추가와 조립

11) 5)~10)과 유사하게 앱 화면에서 P1b부터 P1g 버튼 중 하나를 클릭했을 때 표 5-1에 근거하여 global R1 변수에 점수값이 할당되고, 그 값을 Point1.Text에 각각 표시해주도록 하는 블록과 코드를 그림 5-19와 같이 작성해보자. 아래 블록과 코드 중 하나를 해석하면 다음과 같다. 만약 앱에서 P1b 버튼(일축압축강도 1~5 Mpa)을 클릭했을 경우 표 5-1에 나타난 바와 같이 일축압축강도 항목(global R1)에 1점을 할당해주고, 이 값을 앱 우측 상단에 분홍색 음영 처리된 Point.text에 표시해주는 것이다. 이제 RMR의 첫

번째 항목인 일축압축강도 값 중 하나를 보기에서 선택했을 때의 점수 할당 작업은 마무리되었다.

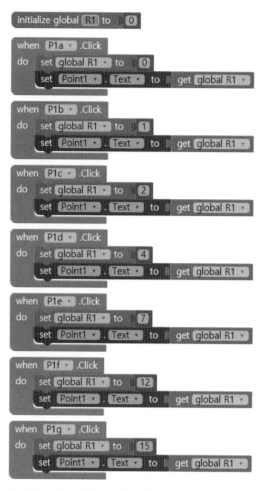

그림 5-19 일축압축강도 특성값 버튼 선택에 따른 변수값 할당 및 Label 텍스트 표시 블록 작성

12) 2)~11)의 내용을 참고해서 두 번째 항목인 임질지수의 전역변수(global R2)를 선언하고, 앱에서 암질지수 보기값 중 하나를 선택했을 때 Point2.text에 그 값이 표시되도록 표 5-1을 참고하여 그림 5-20과 같이 블록과 코드를 작성해보자.

13) 2)~11)의 내용을 참고해서 세 번째 항목인 절리 간격의 전역변수(global R3)를 선언하고, 앱에서 절리 간격 보기값 중 하나를 선택했을 때 Point3.text에 그 값이 표시되도록 표 5-1을 참고하여 그림 5-21과 같이 블록과 코드를 작성해보자.

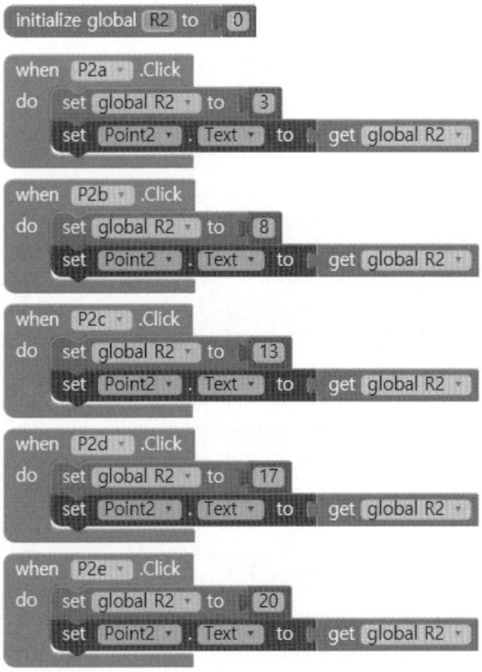

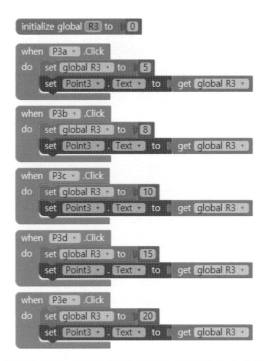

그림 5-20 암질지수 특성값 버튼 선택에 따른 변수값 할당 및 Label 텍스트 표시 블록 작성

그림 5-21 절리 간격 특성값 버튼 선택에 따른 변수값 할당 및 Label 텍스트 표시 블록 작성

14) 2)~11)의 내용을 참고해서 네 번째 항목인 절리 상태의 전역변수(global R4)를 선언하고, 앱에서 절리 간격 보기값 중 하나를 선택했을 때 Point4.text에 그 값이 표시되도록 표 5-1을 참고하여 그림 5-22와 같이 블록과 코드를 작성해보자.

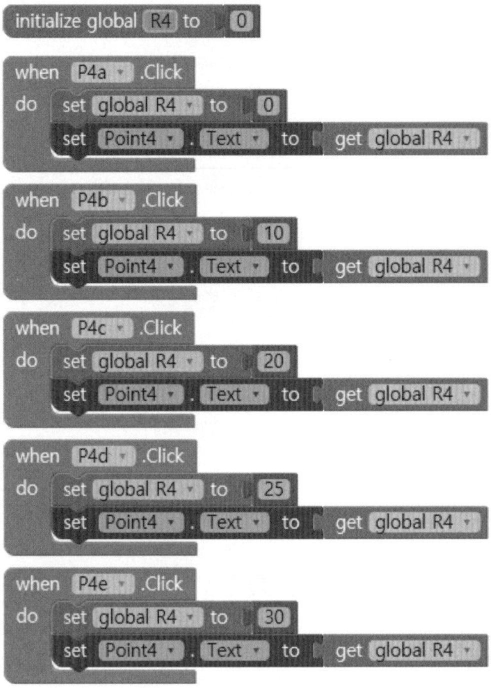

그림 5-22 절리 상태 특성값 버튼 선택에 따른 변수값 할당 및 Label 텍스트 표시 블록 작성

15) 2)~11)의 내용을 참고해서 다섯 번째 항목인 지하수 상태의 전역변수(global R5)를 선언하고, 앱에서 절리 간격 보기값 중 하나를 선택했을 때 Point5.text에 그 값이 표시되도록 표 5-1을 참고하여 그림 5-23과 같이 블록과 코드를 작성해보자.

16) 앱 화면에서 1~5번 변수와는 달리 6번째 변수인 "절리의 주향과 경사 조건 / 부지 종류"의 경우 그 목록의 개수가 14개로 다소 많은 편이다. 물론 이 변수도 버튼 14개를 만들어서 세부 항목 값을 선택할 수 있게 컴포넌트를 구성할 수도 있지만, 본 실습에서는 목록에서 선택할 수 있게 하는 ListPicker 컴포넌트를 이용하였다. 그래서 이번에는 목록에 들어갈 내용들과 각 내용을 선택했을 때 할당할 점수에 대해 먼저 코드를 작성해보자. 먼저 그림 5-24와 같이 R6 전역변수를 선언하고 초깃값을 0으로 할당한다.

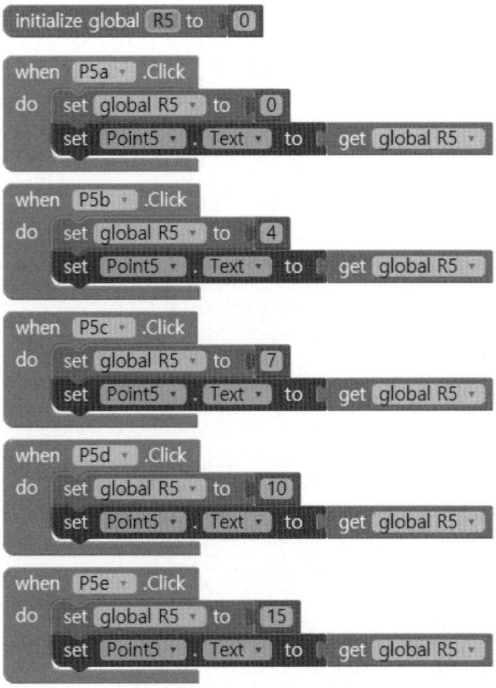

그림 5-23 절리 상태 특성값 버튼 선택에 따른 변수값 할당 및 Label 텍스트 표시 블록 작성

그림 5-24 "R6" 전역변수 선언 및 초깃값 할당

17) Blocks에서 Built-in>Variables를 클릭한다. 맨 위에 있는 <initialize global " " to>를 선택하여 Viewer 영역으로 드래그한다. 그리고 <initialize global " " to>에서 " " 부분을 클릭한 후, " "의 내용을 "direction"로 변경한다. 여기서 변경한 전역변수는 절리의 방향이라는 의미를 고려해서 만든 것이다.

18) Blocks에서 Built-in>Lists를 클릭한다. 위에서 두 번째에 있는 <make a list> 컴포넌트를 선택하여 Viewer 영역에 있는 <initialize global direction to> 블록 오른쪽 끝에 조립한다. 이제 direction이라는 전역변수는 한 개가 아닌 여러 개의 목록값을 저장하는 변수가 된 것이다.

19) Blocks에서 Built-in>Text를 클릭한다. 맨 위에 있는 <" ">를 선택하여 <make a list> 오른쪽 끝에 조립한다. 그리고 " " 부분을 클릭한 후, 표 5-2의 내용을 참고하여 " "의

내용을 "터널과 광산－매우 유리"로 변경한다. 동일한 방식을 이용해서 그림 5-25와 같이 14개의 목록값을 입력한다. 이제 앱 화면에서 "6. 절리의 주향과 경사 조건 / 부지 종류" 밑에 있는 ListPicker1을 클릭하면 아래 14개의 목록이 나열되고, 사용자는 그중에 한 개를 선택할 수 있게 된다.

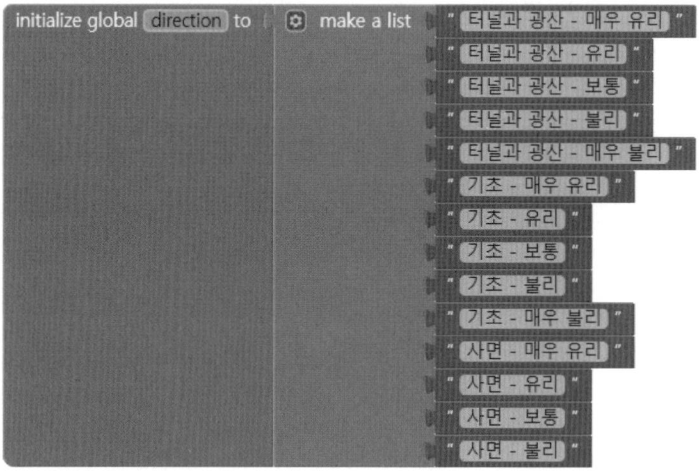

그림 5-25 "direction" 목록 변수 선언 및 변수값 할당

20) 이제 목록 중 하나를 선택했을 때 부여할 점수를 목록으로 작성해보자. 17)~19)와 유사한 방법을 이용하여 그림 5-26과 같이 컴포넌트를 설계하고 코드를 작성해보자. 다만 그림 5-26에 나타난 바와 같이 <make a list> 오른쪽 끝에 조립된 컴포넌트들은 Text가 아니라 Math에 포함되어 있는 컴포넌트이다. 이 과정도 앞에서 수행한 바 있으므로 조립 방법에 대한 자세한 설명은 생략한다. 물론 입력할 숫자값은 표 5-2의 내용을 참고해야 한다. 예를 들어, 그림 5-25의 목록 중 3번째 항목 "터널과 광산－보통"을 선택할 경우 그림 5-26의 목록 중 3번째 항목인 -5점이 할당되도록 표 5-2에서 목록의 세부 항목 순서와 점수 순서를 일치시키는 방법으로 목록(list)을 작성해야 한다.

그림 5-26 "direction" 목록 중 선택 시 할당할 점수 목록 작성

21) 아직까지는 목록에 들어갈 내용과 대응되는 점수를 목록 형식의 변수로 만들어두었을 뿐, 지금 단계에서 목록 중 특정 항목을 선택하더라도 점수가 할당되거나 어딘가에 표시되지는 않는다. 이제 Point6.Text에 선택된 목록에 대응되는 점수가 할당되도록 블록을 설계하고 코드를 작성해보려고 한다. Blocks에서 Screen1 > HorizontalArrangement6 > ListPicker1을 클릭한다. 맨 위에 있는 <when ListPicker1.AfterPicking>을 선택하여 Viewer 영역으로 드래그한다. 이는 ListPicker1을 선택한 후에 발생될 일들을 실행해주는 블록이다.

22) 그림 5-27과 같이 블록을 설계하고 코드를 작성해보자. 다음 그림에서 파란색 <select list item list> 컴포넌트는 Built-in > Lists을 클릭하면, 녹색의 <ListPicker1.SelectionIndex>는 Screen1 > HorizontalArrangement6 > ListPicker1을 클릭하면 선택할 수 있다. 그 외의 컴포넌트들의 조립방법은 어렵지 않을 것이다. 아래 블록과 코드는 "global point" 변수에 저장된 목록 중 ListPicker1에서 선택한 목록의 번호(ListPicker1.SelectionIndex)에 해당하는 점수값을 선택하여 전역변수인 "global R6"에 저장(set global R6 to)한다. 그리고 난 후에 "Point6.Text"에 "global R6" 변수에 저장된 값을 가져와서 표시하는 기능을 수행한다.

그림 5-27 "ListPicker1" 목록 선택 시 수행할 기능 블록 조립

23) 이제 앱에서 "RMR 분류 평점 및 암반 등급 계산하기" 버튼(ButtonCalculateRMR)을 클릭했을 때 앱 화면 하단에 평점과 등급이 표시되도록 블록을 설계하고 코드를 작성해보자. 그런데 만약에 사용자가 6개 변수에 대한 세부 항목 버튼을 모두 선택하지 않고 "RMR 분류 평점 및 암반 등급 계산하기" 버튼을 클릭한다면 어떻게 될까? 물론 여러 차례 반복하다보면 본인의 실수를 인지하고 세부 항목을 선택하겠지만, 앱에서 선택되지 않은 세부 항목을 선택하라는 알림창(또는 경고창) 메시지를 띄워준다면 보다 친절하고 완성도 있는 앱이 될 것이다. 따라서 지금부터는 알림창 메시지를 호출하는 코드를 작성해보자. 사실 이 작업은 앞의 4장(Q-system calculator)에서 이미 수행한 바 있다. 따라서 자세한 설명은 4장의 내용을 참고하기 바란다. 먼저 RMR이라는 전역변수를 선언하고 초깃값으로 0을 할당한다(그림 5-28).

그림 5-28 "RMR" 전역변수 선언 및 초깃값 할당

24) 현재 앱 화면에서 Point1.Text부터 Point6.Text에는 하이픈 "-"이 표시되어 있다. 이제 "RMR 분류 평점 및 암반 등급 계산하기" 버튼(ButtonCalculateRMR)을 클릭했을 때 Point1.Text부터 Point6.Text의 값이 숫자가 아닐 경우 다음과 같은 알림창 메시지가 호출되도록 블록을 설계하고 코드를 작성해보자(그림 5-29).

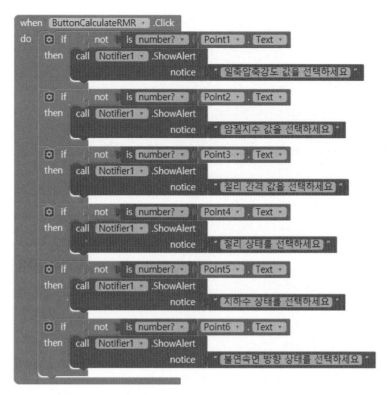

그림 5-29 RMR 6개 변수 항목 미 선택 시 알림창 호출하는 블록 및 코드

25) 사용자가 6개 변수의 세부 목록을 잘 선택했을 경우에 각 변수별 할당 점수를 합산해서 RMR 값을 표시해주도록 해야 한다. 이를 위해 그림 5-30과 같이 블록을 설계하고 코드를 작성해보자. 물론 <when ButtonCalculateRMR.Click> 블록 안쪽에 조립해야 한다. 아래 블록과 코드는 R1부터 R6까지의 점수를 합산해서 RMR 변수에 저장(set global RMR to)하고, 이 값을 Point_sum.Text에 표시(set Point_sum.Text to)해주는 기능을 수행한다.

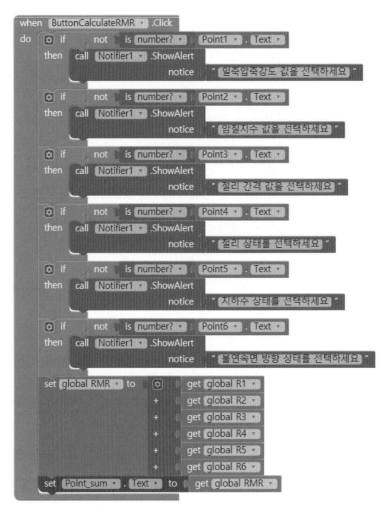

그림 5-30 RMR 점수 합산 방법 및 합산 점수 표시 블록 및 코드

26) 이제 계산된 RMR 값에 근거하여 암반 등급을 표시해주는 블록을 설계하고 코드를 작성할 차례이다. 앞의 표 5-3에 제시된 바와 같이 RMR 값에 따라 암반의 등급을 "매우 양호(I)(RMR>80)", "양호(II)(RMR>60)", "보통(III)(RMR>40)", "불량(IV)(RMR>20)", "매우 불량(V)(RMR≤20)" 중 하나로 제시할 수 있다. 따라서 "If-then" 조건문을 사용하여 그림 5-31과 같이 블록을 설계하고 코드를 작성해보자. 여기서 배경색 지정에 사용되는 컴포넌트는 Blocks에서 Built-in>Colors를 클릭하면 선택할 수 있다. 아래 블록과 코드는 만약 전역변수인 RMR 값이 80보다 크면, Grade.Text에 "매우 양호(I)"라고 표시해주고, Grade Label의 배경색을 하늘색으로 변경해주는 기능을 수행한다.

그림 5-31 RMR 값에 따른 암반등급 및 상태 판정 코드 일부

27) 26번 단계와 유사한 방식을 이용하여 RMR 값에 따른 암반등급 및 상태 판정 코드를 그림 5-32와 같이 완성하고, 이를 <when ButtonCalculateRMR.Click> 블록 안쪽에 조립한다.

그림 5-32 RMR 값에 따른 암반등급 및 상태 판정 코드 전체

28) 지금까지 RMR 분류 평점을 계산하고 암반 등급을 할당하는 블록 조립과 코딩 작업은 완료되었다. 4장(Q-system calculator)에서와 마찬가지로 앱을 다시 실행할 경우 모든 변수값을 초기화하고, ListPicker1의 세부 항목을 원래대로 설정해놓아야 할 경우가 종종 발생할 것이다. 이를 위한 블록 설계와 코드는 그림 5-33과 같다. 아래 블록과 코드는 Screen1이 초기화되면(initialize) R1~R6 전역변수의 값을 0으로 할당하고, ListPicker1의

세부 항목을 direction 변수 목록에서 가져오는 기능을 수행한다.

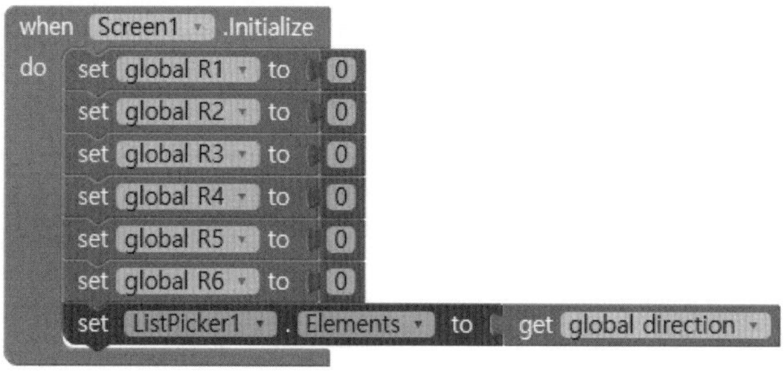

그림 5-33 앱 초기화를 위한 블록 조립 및 코딩

29) 마지막으로 앱을 종료하는 코드를 작성해보자. 앱 화면에서 "종료" 버튼을 클릭했을
때 앱을 종료하는 코드를 그림 5-34와 같다.

그림 5-34 앱을 종료하는 블록 및 코딩

5. 개발된 앱 확인

5장에서 앱 인벤터를 이용해 개발한 <RMR calculator> 앱의 전체 프로그램은 그림 5-35와
같다.

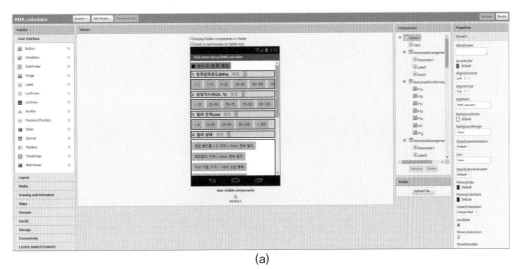

(a)

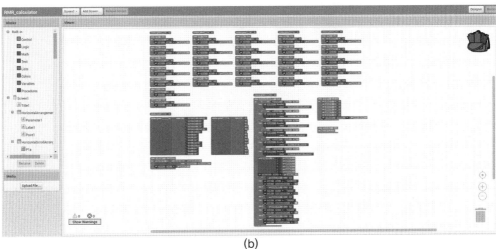

(b)

그림 5-35 〈RMR calculator〉 앱 개발 결과. (a) 컴포넌트 디자인, (b) 블록 프로그래밍(컬러 도판 380쪽 참조)

제6장

지질자원 퀴즈 앱 개발 1: 객관식

지질자원 퀴즈 앱 개발 1: 객관식

6장에서 만들어볼 앱은 지질자원 객관식 퀴즈 앱인 <Quiz_MultipleChoice>이다.

그림 6-1(a)은 휴대폰에서 이 앱을 실행시켰을 때의 초기화면을 보여준다. 이 앱은 실제 광해방지기사 필기시험에 출제된 문제를 대상으로 4지선다형의 객관식 퀴즈를 출제하며, 사용

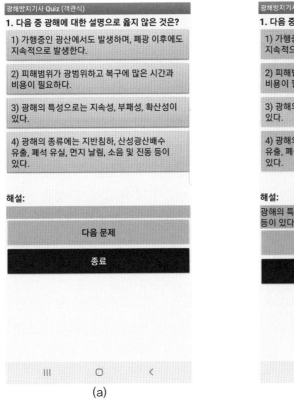

(a)　　　　　　　　　(b)

그림6-1 〈Quiz_MultipleChoice〉 앱. (a) 초기화면(인터페이스), (b) 앱 동작화면(컬러 도판 381쪽 참조)

자가 4개의 보기 중에 하나를 선택하면 보기 아래 부분에 정답 여부를 알려주고, 간단한 해설 내용을 표시한다(그림 6-1(b)). 또한 사용자가 그림 하단에 있는 <다음 문제> 버튼을 클릭하면 다음 문제로 넘어가고, <종료> 버튼을 클릭하면 앱이 종료된다. 여기서는 Label, Button, VerticalArrangement 컴포넌트 등을 소개한다. 앞 장들에 비해 컴포넌트를 이용한 인터페이스 구성은 간단한 편이지만 Block에서의 코딩 작업은 조금 더 복잡하다(참고로 다음 장에서는 주관식 퀴즈 앱을 개발할 예정이다).

1. 학습 개요

6장에서 여러분들이 배우게 될 내용은 다음과 같다. 컴포넌트의 경우 앞에서 대부분 다룬 것이고, 블록 코딩의 경우 처음 배우는 것들이 몇 개 있다.

- Label 컴포넌트의 사용 방법
- Button 컴포넌트의 사용 방법
- VerticalArrangement 컴포넌트의 사용 방법
- <create empty list> 블록의 작동 원리와 사용 방법
- <select list item list index> 블록의 작동 원리와 사용 방법
- <split text at> 블록의 작동 원리와 사용 방법
- <call " " ButtonNum> 블록의 작동 원리와 사용 방법

2. 프로젝트 생성

앱 인벤터 웹사이트(http://ai2.appinventor.mit.edu/)에 접속하고, 화면 좌측 상단의 <Start new project> 버튼을 클릭하여 "Quiz_MultipleChoice" 프로젝트를 생성한다. 그리고 첫 화면인 디자이너(Designer)의 영역에서, Screen1 컴포넌트의 Title 속성을 "광해방지기사 Quiz (객관식)"으로 명명한다.

- 프로젝트 이름: Quiz_MultipleChoice
- 컴포넌트 이름: Screen1(앱 인벤터 고정값)
- 앱 화면 제목: 광해방지기사 Quiz(객관식)

3. 컴포넌트 디자인

이 앱은 그림 6-2와 같은 컴포넌트들로 구성된다.

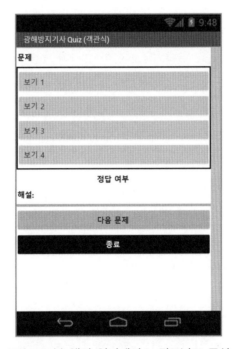

그림 6-2 본 앱의 인터페이스 컴포넌트 구성

- 질문을 표시하는 Label 1개
- 4개의 객관식 보기를 보여주는 Button 4개
- 4개의 보기를 세로로 잘 배치되도록 묶어주는 VerticalArrangement 1개
- 정답 여부를 표시하는 Label 1개
- "해설:"이라는 글자를 표시하는 Label 1개

- 해설 내용을 보여주는 Label 1개
- 다음 문제로 넘어가도록 하는 Button 1개
- 앱을 종료하는 Button 1개

가. 문제와 보기 선택 컴포넌트 설계하기

여기서는 먼저 객관식 문제를 표시해주는 Label 1개를 맨 위에 위치시키고, 4개의 Button과 1개의 VerticalArrangement을 이용하여 그림 6-2의 상단과 같이 4개의 보기를 세로로 정렬하는 앱 화면을 구성해볼 것이다.

1) Palette > User Interface에서 Label 컴포넌트를 클릭한 후, Viewer 영역으로 드래그한다. Viewer 영역과 Components 영역에 Label1이 표시된 것을 확인할 수 있다.

2) Components 패널에서 Label1을 클릭한 후, 하단에 있는 <Rename> 버튼을 클릭하여 이름을 "LabelQuestion"으로 변경한다. 이는 문제를 표시하는 Label이라는 의미이다.

3) Properties 영역에서 LabelQuestion의 속성 중 FontBold에 체크한다(그림 6-3). 그 외에 언급되지 않은 속성들은 기본값(default)을 그대로 사용하도록 한다.

4) 다음으로 Palette > Layout에서 VerticalArrangement 컴포넌트를 클릭한 후, Viewer 영역으로 드래그한다. Viewer 영역에 연두색 사각형 모양의 VerticalArrangement1 컴포넌트가 추가되고, Components 영역에도 표시된 것을 확인할 수 있을 것이다.

5) Properties 영역에서 VerticalArrangement1 컴포넌트의 속성을 그림 6-4와 같이 변경한다. 다음에서 언급되지 않은 속성들은 기본값(default)을 그대로 사용하도록 한다.
   - BackgroundColor: None(배경색을 투명하게 선택)
   - Width: Fill parent(가로 길이를 화면 좌우에 꽉 차도록 설정)

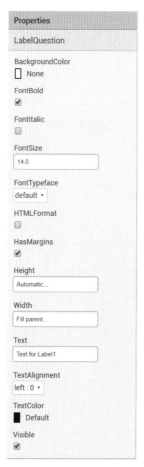

그림 6-3 Label (LabelQuestion) 컴포넌트의 속성 변경 **그림 6-4** VerticalArrangement1 컴포넌트의 속성 변경

6) Palette＞User Interface에서 Button 컴포넌트를 클릭한 후, Viewer 영역으로 드래그한다. 총 4개의 Button을 앞에서 만든 VerticalArrangement1 안에 위쪽부터 각각 위치시킨다. 컴포넌트들을 옮기다보면 컴포넌트가 들어갈 자리가 파란색으로 표시되기 때문에 배치할 자리를 쉽게 찾을 수 있다.

7) 4개의 Button에 대하여 각각 속성을 설정한다. Button에 따라 Text 속성값만 다르게 입력하고, 그 외의 속성은 모두 동일하게 설정한다(그림 6-5). 여기서는 기본값(default) 외에 변경된 속성만 제시한다.

• Width: Fill parent(가로 길이를 화면 좌우에 꽉 차도록 설정)
• TextAlignment: left: 0

- Text:
  - Button1: 보기 1
  - Button2: 보기 2
  - Button3: 보기 3
  - Button4: 보기 4

그림 6-5 Button (Button1) 컴포넌트의 속성 변경

8) 현재까지 완성된 인터페이스는 그림 6-6과 같다.

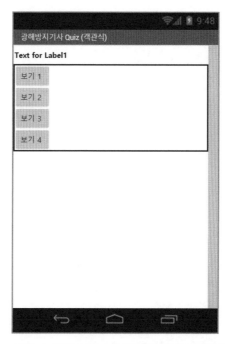

그림 6-6 문제 및 보기 컴포넌트 설계 결과

나. 정답 여부, 해설, 다음 문제, 종료 컴포넌트 설계하기

다음으로 정답 여부를 표시해주는 Label, '해설:'이라는 글자를 표시하는 Label, 해설을 보여주는 Label, 다음 문제로 넘어가게 하는 Button, 종료 Button을 설계해보자.

1) Palette>User Interface에서 Label 컴포넌트를 클릭한 후, Viewer 영역으로 드래그한다.
2) Components 패널에서 해당 Label을 클릭한 후, 하단에 있는 <Rename> 버튼을 클릭하여 이름을 "CorrectOrIncorrect"로 변경한다. 정답 여부를 표시해줄 Label의 이름을 설정한 것이다.
3) Properties 영역에서 CorrectOrIncorrect의 속성을 그림 6-7과 같이 변경한다. 여기서는 기본값(default) 외에 변경된 속성만 제시한다.
   • FontBold: 체크 상태(글씨를 진하게 표시)
   • Width: Fill parent(가로 길이를 화면 좌우에 꽉 차도록 설정)
   • Text: 정답 여부
   • TextAlignment: center : 1

그림 6-7 Label (CorrectOrIncorrect) 컴포넌트의 속성 변경

4) 이번에는 새로운 Label 1개 추가한다.

5) 마찬가지로 Components 패널에서 해당 Label을 클릭한 후, 하단에 있는 <Rename> 버튼을 클릭하여 이름을 "LabelDescription"으로 변경한다.

6) Properties 영역에서 LabelDescription의 속성을 그림 6-8과 같이 변경한다. 여기서는 기본값(default) 외에 변경된 속성만 제시한다.

• FontBold: 체크 상태(글씨를 진하게 표시)

• Width: Fill parent(가로 길이를 화면 좌우에 꽉 차도록 설정)

• Text: 해설 :

그림 6-8 Label (LabelDescription) 컴포넌트의 속성 변경

7) 새로운 Label 1개를 다시 추가한다.

8) 마찬가지로 Components 패널에서 해당 Label을 클릭한 후, 하단에 있는 <Rename> 버튼을 클릭하여 이름을 "Explanation"으로 변경한다. 이는 문제의 답에 대한 설명을 표시해 주는 Label이라는 의미이다.

9) Properties 영역에서 Explanation의 속성을 그림 6-9와 같이 변경한다. 여기서는 기본값 (default) 외에 변경된 속성만 제시한다.

- BackgroundColor: Orange
- Width: Fill parent(가로 길이를 화면 좌우에 꽉 차도록 설정)
- Text:

그림 6-9 Label (Explanation) 컴포넌트의 속성 변경

10) Palette＞User Interface에서 Button 1개를 드래그하여 Viewer 영역의 맨 밑에 배치시킨
다. 이 Button은 다음 문제로 넘어가는 기능을 수행하므로 <Rename> 버튼을 클릭하고
이 Button의 이름을 "ButtonNext"로 변경한다.

11) Properties의 속성을 다음과 같이 설정한다(그림 6-10). 다음에서 언급되지 않은 속성들
은 기본값(default)을 그대로 사용하도록 한다.

• BackgroundColor: Pink(버튼의 배경색을 분홍색으로 설정)

• FontBold: 체크 상태(글씨를 진하게 표시)

• Width: Fill paren(가로 길이를 화면 좌우에 꽉 차도록 설정)

• Text: 다음 문제

• TextAlignment: center : 1

그림 6-10 Button (ButtonNext) 컴포넌트의 속성 변경

12) Palette＞User Interface에서 Button 1개를 드래그하여 Viewer 영역의 맨 밑에 배치시킨다. 이 Button은 앱을 종료시키는 기능을 수행하므로 <Rename> 버튼을 클릭하고 이 Button의 이름을 "ButtonExit"로 변경한다.

13) Properties의 속성을 다음과 같이 설정한다(그림 6-11). 다음에서 언급되지 않은 속성들은 기본값(default)을 그대로 사용하도록 한다.

- BackgroundColor: Default(버튼의 배경색을 기본값으로 설정)
- FontBold: 체크 상태(글씨를 진하게 표시)
- Width: Fill parent(가로 길이를 화면 좌우에 꽉 차도록 설정)
- Text: 종료
- TextAlignment: center : 1
- TextColor: White

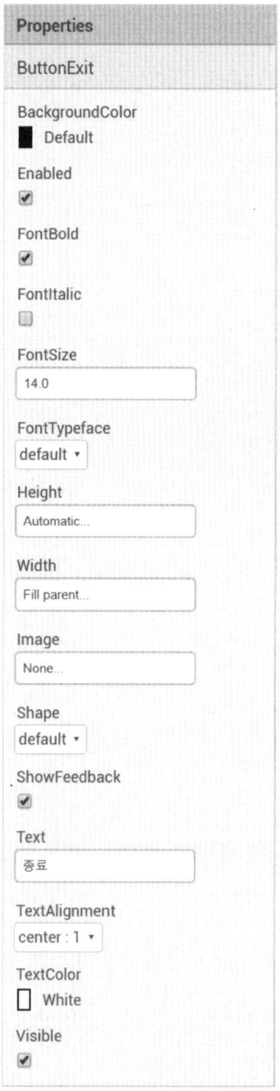

그림 6-11 Button (ButtonExit) 컴포넌트의 속성 변경

이제 그림 6-2와 같이 <Quiz_MultipleChoice> 앱 개발을 위한 컴포넌트 설계가 완료되었다. 이 상태에서 휴대폰으로 앱을 실행하면 그림 6-1(a)의 화면이 나타나는 것이다. <Quiz_MultipleChoice> 앱에 사용된 컴포넌트들을 정리하면 표 6-1과 같다. 이제부터는 각 컴포넌트들이 역할을 할 수 있도록 화면 우측 상단의 <Blocks> 버튼을 클릭하여 코딩 작업을 시작할 것이다.

표 6-1 〈Quiz_MultipleChoice〉 앱에 사용된 컴포넌트 목록

유형	Palette	이름	용도
Label	User Interface	LabelQuestion	문제 텍스트 표시
Label	User Interface	CorrectOrIncorrect	정답 여부 텍스트 표시
Label	User Interface	LabelDescription	"해설:" 텍스트 표시
Label	User Interface	Explanation	실제 해설 내용 텍스트 표시
Button	User Interface	Button1	보기 1 버튼
Button	User Interface	Button2	보기 2 버튼
Button	User Interface	Button3	보기 3 버튼
Button	User Interface	Button4	보기 4 버튼
Button	User Interface	ButtonNext	다음 문제로 넘어가기
Button	User Interface	ButtonExit	앱 종료
VerticalArrangement	Layout	VerticalArrangement1	컴포넌트들의 그룹화(수직 방향 정렬)

4. 블록 프로그래밍

이제 블록 에디터를 이용하여 <Quiz_MultipleChoice> 앱의 동작을 제어할 수 있는 코드를 작성해보자.

1) 화면 우측 위의 <Blocks> 버튼을 클릭하여 블록 에디터 화면으로 이동한다.
2) 이제 변수를 생성해보자. 좌측 상단의 Blocks에서 Built-in>Variables를 클릭한다. <initialize global name to>을 클릭한 후 Viewer 영역으로 드래그한다.
3) Viewer 영역에 블록이 추가되면 name을 클릭하고 "QnA"를 입력한다. 이는 "QnA"라는 (전역)변수를 생성(선언)한 것이다.

4) Blocks에서 Built-in > Lists를 클릭한다. <make a list>를 클릭하고 Viewer 영역으로 드래 그한 후, <initialize global QnA to>의 오른쪽 끝에 조립한다.

5) Blocks에서 Built-in > Text를 클릭한다. <" ">를 클릭하고 Viewer 영역으로 드래그한 후, <make a list>의 오른쪽 끝에 그림 6-12와 같이 조립한다. 이 작업을 반복해서 총 3개의 <" ">를 조립한다.

그림 6-12 Variables 선언 및 Text List 블록의 추가와 조립

6) 각 Text 블록의 <" ">를 클릭하고 다음 내용을 각각 입력한다. 다음 문장들을 보면 "/" 기호로 문장이 구분되어 있는 것을 확인할 수 있다. 실제로 다음 내용은 문제/보기1/보 기2/보기3/보기4/정답번호/해설 등 7개의 항목으로 구성되어 있는 목록(list)이다.

1. 다음 중 광해에 대한 설명으로 옳지 않은 것은?/1) 가행 중인 광산에서도 발생하며, 폐광 이후에도 지속적으로 발생한다./2) 피해범위가 광범위하고 복구에 많은 시간과 비용이 필요하다./3) 광해의 특 성으로는 지속성, 부패성, 확산성이 있다./4) 광해의 종류에는 지반침하, 산성광산배수 유출, 폐석 유 실, 먼지 날림, 소음 및 진동 등이 있다./3/광해의 특성으로는 오염성, 지속성, 확산성, 축적성 등이 있다. 부패성은 광해의 특성이 아니다.

2. 체적팽창계수(B)가 0.3일 때, 두께(t)가 2 m인 수평 광체를 채광하고 난 뒤 상반의 붕괴로 인해 원 뿔형의 붕락대가 형성되었다면 이때 예상되는 붕락고(H)는?/1) 5 m/2) 10 m/3) 15 m/4) 20 m/4/원뿔형 의 경우 체적팽창계수에 대한 수식은 B=3t÷h이므로, h=3 * 2÷0.3=20 m이다.

3. 지반을 강체거동하는 블록모델로 가정하여 채굴적 상반에 작용하는 응력과 강도와의 관계에서 지반침하의 가능성을 평가하는 침하이론은?/1) 연속체 모델이론/2) 응력아치-체적팽창 이론/3) 도식 법/4) 한계평형이론/4/한계평형법: 지반을 강체 거동하는 블록모델로 가정 → 채굴적 상반에 작용하 는 응력과 강도와의 관계 → 침하에 대한 안전율을 구하고 한계심도를 결정하는 데 적용

7) 이번에는 그림 6-13과 같이 변수를 선언하고 초깃값으로는 빈 목록을 만들어보자. 블록 의 선택과 조립 방법은 앞의 2)~4)의 내용을 참고하면 된다. 이는 QnA_split이라는 변수 를 선언하고, 목록이 변수에 입력될 수 있도록 만들어둔 상태를 가리킨다.

그림 6-13 Variables 선언 및 Text List 블록의 추가와 조립

8) 다음으로 앱이 실행되거나 다음 문제를 불러올 때 앱 화면에 광해방지기사 퀴즈 문제와 보기가 표시되도록 하는 블록을 설계하고 코드를 작성해보자. 앱이 실행되거나 다음 문제를 불러올 때 명령할 동작들이 유사한 것이 많으므로 그림 6-14와 같이 InitQuestion이라는 프로시저(procedure)를 호출하도록 컴포넌트를 설계해보자. 아래 코드로는 프로시저를 불러올 뿐 아직 프로시저의 내용은 결정되지 않았다.

그림 6-14 앱 실행 시 InitQuestion 프로시저 실행을 명령하는 컴포넌트 설계

9) 이제 <InitQuestion> 프로시저를 호출했을 때 수행할 동작들을 코딩해보자. 먼저 이 프로시저를 호출하면 QnA 변수에 있는 3개 목록(문제＋보기4개＋정답번호＋해설 포함) 중 하나를 랜덤하게 불러와 목록에 있는 문장의 텍스트를 "/" 기호에서 구분하여 QnA_split 변수에 여러 개의 텍스트 항목으로 저장하는 블록을 설계해보자(그림 6-15). 그림의 좌측 컴포넌트부터 매칭시켜 해석해보면 다음과 같다. 먼저 <InitQuestion do> 프로시저를 호출하면 무언가를 실행하라. <set global QnA_split to>는 전역변수 QnA_split에 어떤 값 또는 텍스트를 저장하라. <split text at>는 어떤 문장 텍스트를 "/" 기호에서 구분하라(나누어라). <select list item list> 여기서는 global QnA 변수의 목록 중에 1~3번 중 랜덤하게 번호를 선택(random integer from 1 to 3)하여 그 번호(index)에 해당하는 목록을 가져와라.

그림 6-15 InitQuestion 프로시저 호출 시 문제, 보기 4개, 답, 해설을 QnA_split 변수에 저장하는 코드

10) 이제 QnA_split 전역변수에는 QnA 변수에 있는 목록 중 1개를 7개 항목으로 구분한 텍스트가 저장되어 있을 것이다. 첫 번째 항목은 문제, 두 번째부터 다섯 번째 항목은 보기 1~4, 여섯 번째 항목은 정답번호, 마지막 일곱 번째 항목은 해설이다. 이제 문제 텍스트를 LabelQuestion Label에, 각각의 보기 텍스트를 각 Button의 텍스트에 표시되도록 블록을 작성해보자. 아래 코드 중 일부를 해석해보면 다음과 같다. QnA_split 변수(global QnA_split)의 첫 번째 항목(index 1) 텍스트(여기서는 문제)를 선택(select list item)하여 LabelQuestion의 텍스트로 표시(set LabelQuestion.Text to)한다. 마찬가지 방식으로 QnA_split 변수(global QnA_split)의 두 번째 항목(index 2) 텍스트(보기 1)를 선택(select list item)하여 Button1의의 텍스트로 표시(set Button1.Text to)한다. 참고로 이 프로시저는 다음 문제로 넘어가기 버튼을 클릭했을 때도 호출되도록 블록을 설계하고 코드를 작성할 것이다.

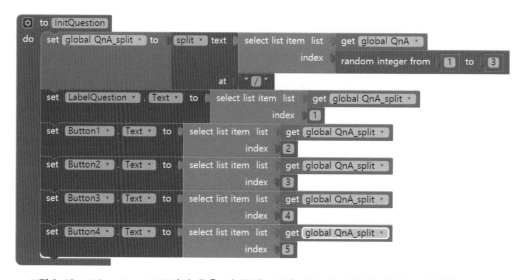

그림 6-16 InitQuestion 프로시저 호출 시 문제, 보기 4개, 답, 해설을 앱에 표시해주는 코드

11) 이제 앱을 실행하면 InitQuestion 프로시저가 실행되어 문제와 보기 4개가 앱에 표시될 것이다. 이제부터는 보기 중 한 개를 클릭했을 때 클릭한 보기의 배경색을 연두색으로 변경하고, 선택한 보기가 정답인지 여부를 표시하며, 답에 대한 해설 내용이 표시되도록 코드를 작성해보자. 먼저 첫 번째 보기 버튼(Button1)을 클릭했을 때 해당 버튼만 연두색으로 강조되도록 그림 6-17과 같이 블록을 설계하고 코드를 작성해보자. 방법은

간단하다. 아래 블록의 해석도 어렵지 않을 것이다. 만약 내용이 기억나지 않는다면 4장의 내용을 참고하기 바란다.

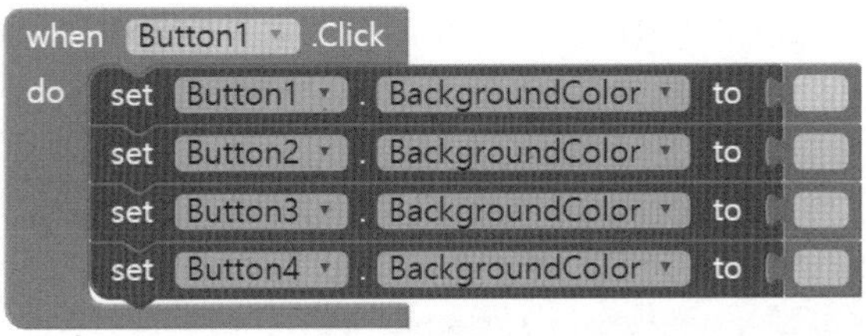

그림 6-17 첫 번째 보기 버튼 클릭 시 배경색이 연두색으로 강조되도록 하는 코드

12) 사용자가 첫 번째 보기를 정답이라고 생각해서 Button1을 클릭했다 가정하고, 현재 출제된 문제의 답이 QnA_split의 여섯 번째 항목(정답 번호)과 값이 같은지 검토해보자. 맞으면 청색으로 "정답입니다", 그렇지 않으면 적색으로 "오답입니다"를 CorrectOrIncorrect Label에 표시되도록 블록을 설계하고 코드를 작성해보자. 또한 보기 클릭 시 정답 여부와 상관없이 해당 문제에 대한 해설 텍스트가 Explanation Label에 표시되도록 코드를 작성해보자. QnA_split 전역변수에서 해설은 일곱 번째 항목에 해당한다(앞의 6) 또는 10) 참조). 이를 만족하는 코드는 그림 6-18과 같을 것이다.

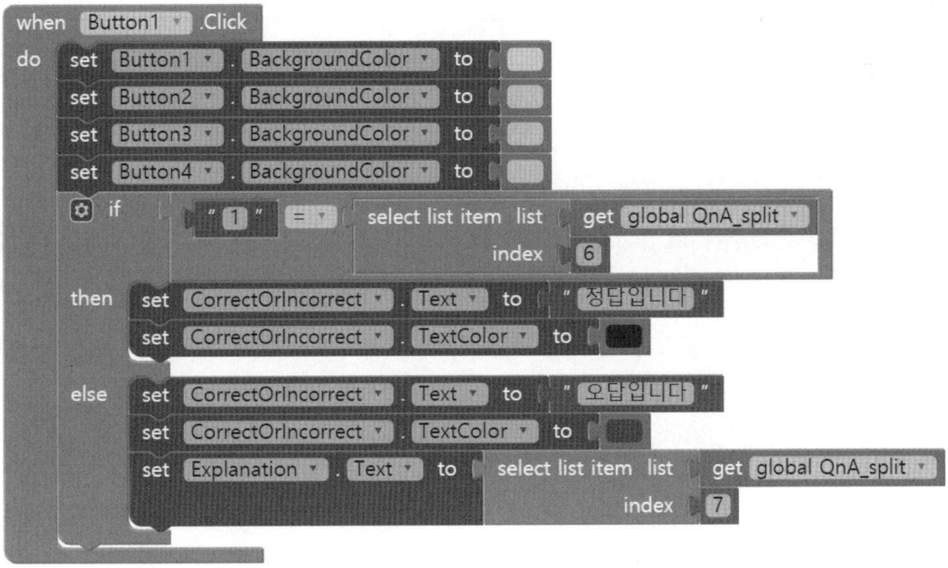

그림 6-18 첫 번째 보기 버튼 클릭 시 보기 버튼의 배경색 변경, 정답 여부 및 해설을 표시하는 코드

13) 다음으로 어떤 문제에 대하여 Button2를 클릭했을 때 Button2의 배경색을 연두색으로 강조하고, 정답 여부와 해설을 표시해주는 코드를 작성해보자. 위의 11)~12)와 거의 유사한 과정을 거친다(그림 6-19). 다만 다음 그림에서 if문 우측에 Text에 값이 2인 이유는 사용자가 정답을 2번(Button2)이라고 생각했으므로 QnA_split의 여섯 번째 항목 (정답 번호) 값이 2와 같은지 비교한 것이다.

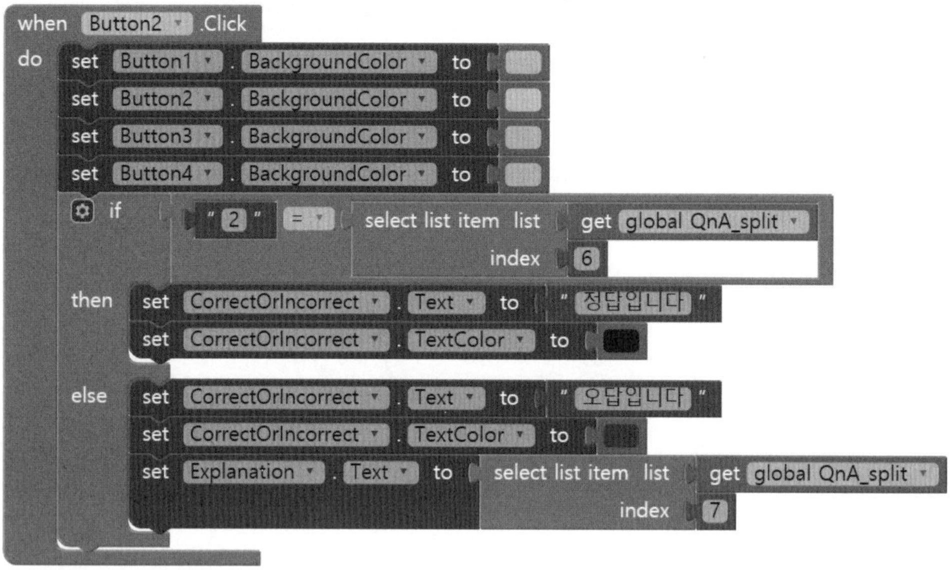

그림 6-19 두 번째 보기 버튼 클릭 시 배경색 변경, 정답 여부 및 해석을 표시하는 코드

14) Button3을 클릭했을 때 Button3의 배경색을 연두색으로 강조하고, 정답 여부와 해설을 표시해주는 코드를 작성해보자(그림 6-20).

15) Button4를 클릭했을 때 Button4의 배경색을 연두색으로 강조하고, 정답 여부와 해설을 표시해주는 코드를 작성해보자(그림 6-21). 물론 11)~14)의 과정에서도 반복되는 코드가 많기 때문에 이를 하나의 프로시저로 보다 간결하게 구성할 수도 있다. 그러나 여기서는 보다 직관적인 이해를 위해 지금과 같이 코드를 구성한 것으로 이해하기 바란다.

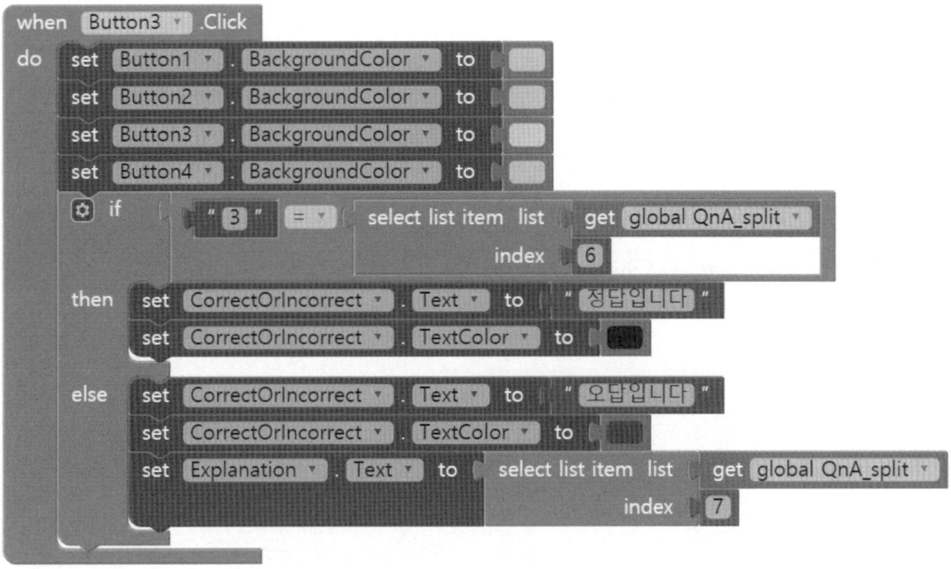

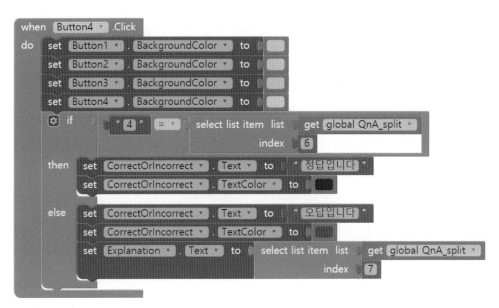

그림 6-20 세 번째 보기 버튼 클릭 시 배경색 변경, 정답 여부 및 해석을 표시하는 코드

그림 6-21 네 번째 보기 버튼 클릭 시 배경색 변경, 정답 여부 및 해석을 표시하는 코드

16) 다음으로 앱 화면에서 <다음 문제> 버튼을 클릭했을 때 명령을 수행할 코드를 작성해 보자. <다음 문제> 버튼을 클릭하면 정답 여부와 해설 내용을 표시했던 Label을 다시

빈칸으로 만들고, 선택된 보기 버튼의 배경색을 연두색에서 회색으로 변경시켜야 할 것이다. 뿐만 아니라 앱을 실행시켰을 때 호출했던 InitQuestion 프로시저를 호출해서 새로운 문제와 보기가 앱에 표시되도록 해야 한다. 이런 내용들을 수행하기 위해 그림 6-22와 같은 코드를 작성해보자. 이제 왜 <InitQuestion> 프로시저 안에 들어가는 내용을 굳이 프로시저로 구성했는지 이해가 될 것이다. 지금과 같이 앱에서 특정 코드를 여러 상황에서 반복해서 이용하게 되면 프로시저로 구성하는 것이 보다 효율적이다.

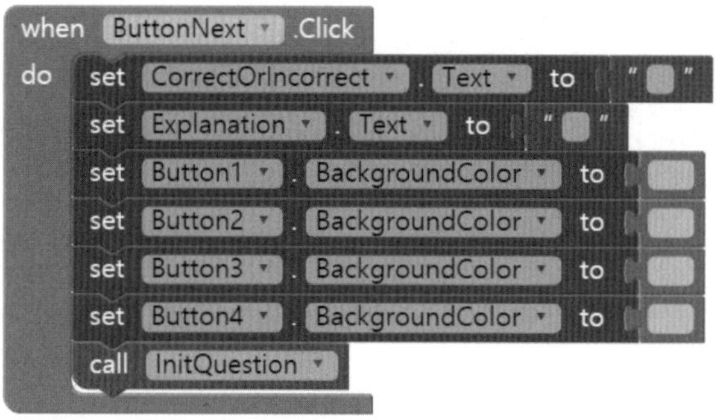

그림 6-22 〈다음 문제〉 버튼 클릭 시 명령을 수행하는 코드

17) 마지막으로 앱을 종료하는 코드를 작성해보자. 앱 화면에서 "종료" 버튼을 클릭했을 때 앱을 종료하는 코드를 그림 6-23과 같다.

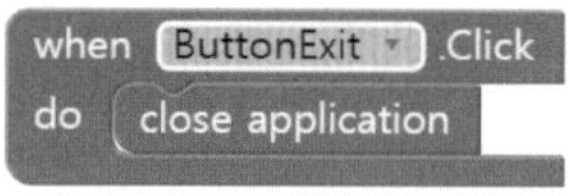

그림 6-23 앱을 종료하는 블록 및 코딩

5. 개발된 앱 확인

6장에서 앱 인벤터를 이용해 개발한 <Quiz_MultipleChoice> 앱의 전체 프로그램은 그림 6-24와 같다.

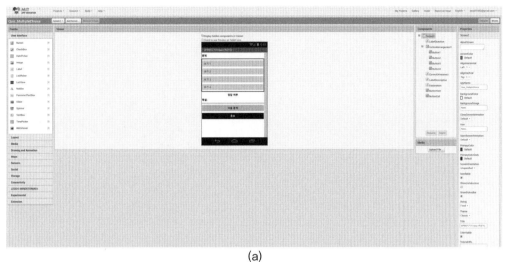

(a)

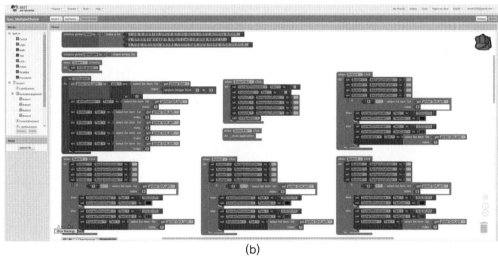

(b)

그림 6-24 〈Quiz_MultipleChoice〉 앱 개발 결과. (a) 컴포넌트 디자인, (b) 블록 프로그래밍 (컬러 도판 382쪽 참조)

제7장

지질자원 퀴즈 2: 주관식

지질자원 퀴즈 2: 주관식

7장에서 만들어볼 앱은 지질자원 주관식 퀴즈 앱인 <Quiz_ShortAnswer>이다.

그림 7-1(a)은 휴대폰에서 이 앱을 실행시켰을 때의 초기화면을 보여준다. 이 앱은 광해방지공학 분야의 내용을 대상으로 예시 그림과 함께 퀴즈를 출제하며, 사용자가 주관식으로 답

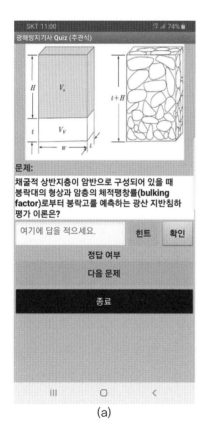
(a)

(b)

그림 7-1 ⟨Quiz_ShortAnswer⟩ 앱. (a) 초기화면(인터페이스), (b) 앱 동작화면(컬러 도판 383쪽 참조)

을 입력하고 <확인> 버튼을 클릭하면 아래 부분에 정답 여부를 표시한다(그림 7-1(b)). 다만 앞에서 만들었던 객관식 퀴즈 앱과는 달리 해설은 별도로 표시되지 않는다. 또한 사용자가 그림 하단에 있는 <다음 문제> 버튼을 클릭하면 다음 문제로 넘어가고, <종료> 버튼을 클릭하면 앱이 종료된다. 여기서는 Image, Label, TextBox, Button, HorizontalArrangement 컴포넌트 등을 소개한다.

1. 학습 개요

7장에서 여러분들이 배우게 될 내용은 다음과 같다. 컴포넌트의 경우 대부분은 앞에서 다룬 것이고, Image 컴포넌트는 처음 다루게 될 것이다. 블록의 경우에는 텍스트를 입력하거나 조합하기 위한 코드 작성법에 대해 배우게 될 것이다.

- Image 컴포넌트의 사용 방법
- <make a list> 블록의 작동 원리와 사용 방법
- <call " "> 블록의 작동 원리와 사용 방법
- <join> 블록의 작동 원리와 사용 방법
- <call " ".HideKeyboard> 블록의 작동 원리와 사용 방법
- <length of list list> 블록의 작동 원리와 사용 방법

2. 프로젝트 생성

앱 인벤터 웹사이트(http://ai2.appinventor.mit.edu/)에 접속하고, 화면 좌측 상단의 <Start new project> 버튼을 클릭하여 "Quiz_ShortAnswer" 프로젝트를 생성한다. 그리고 첫 화면인 디자이너(Designer)의 영역에서, Screen1 컴포넌트의 Title 속성을 "광해방지기사 Quiz (주관식)"으로 명명하고, BackgroundColor 속성을 밝은 회색(Light Gray)으로 설정하며, Scrollable 항목을 체크한다.

- 프로젝트 이름: Quiz_ShortAnswer
- 컴포넌트 이름: Screen1(앱 인벤터 고정값)
- 앱 화면 제목: 광해방지기사 Quiz(주관식)
- 앱 화면 배경색: Light Gray(밝은 회색)

3. 컴포넌트 디자인

이 앱은 그림 7-2와 같은 컴포넌트들로 구성된다.

- 예시 그림을 보여주는 Image 1개
- "문제:"라는 글자를 표시하는 Label 1개
- 문제 내용을 표시하는 Label 1개
- 주관식 답을 입력하는 TextBox 1개
- 힌트를 요청하는 Button 1개
- 정답 확인을 요청하는 Button 1개
- 바로 위의 3개 컴포넌트를 가로로 잘 배치되도록 묶어주는 HorizontalArrangement 1개
- 정답 여부를 표시하는 Label 1개
- 다음 문제로 넘어가도록 하는 Button 1개
- 앱을 종료하는 Button 1개

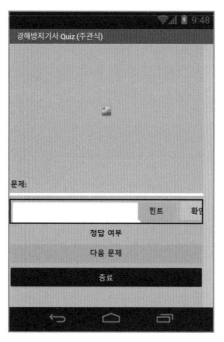

그림 7-2 본 앱의 인터페이스 컴포넌트 구성

가. 예시 그림과 문제 내용을 보여주는 컴포넌트 설계하기

여기서는 그림 7-2의 상단과 같이 예시 그림을 보여주는 Image 1개를 맨 위에 위치시키고, '문제:'라는 글자를 표시하는 Label 1개와 주관식 문제를 표시해주는 Label 1개를 보여주는 앱 화면을 구성해볼 것이다.

1) Palette>User Interface에서 Image 컴포넌트를 클릭한 후, Viewer 영역으로 드래그한다. Viewer 영역과 Components 영역에 Image1이 표시된 것을 확인할 수 있다.
2) Properties 영역에서 Image1의 속성을 다음과 같이 설정한다(그림 7-3). 그 외에 언급되지 않은 속성들은 기본값(default)을 그대로 사용하도록 한다.
   - Height: 200 pixels(버튼의 세로 길이를 200 pixels로 설정)
   - Width: Fill parent(가로 길이를 화면 좌우에 꽉 차도록 설정)

그림 7-3 Image (Image1) 컴포넌트의 속성 변경

3) 나중에 앱을 실행시켰을 때 방금 추가한 Image 컴포넌트에 그림을 표시하기 위해서는 그림 파일들을 미리 추가해두어야 한다. Components 패널 하단의 Media에 있는 <Upload File …> 버튼을 클릭하고 본 실습에서 제공한 그림 4개를 업로드한다. 그림 파일명은 다음과 같다.

- Karfakis.jpg
- RoomNPillar_method.jpg
- RQD.jpg
- Trough_subsidence.jpg

4) 그림 파일을 업로드하면 Media 패널에 그림 7-4와 같이 업로드한 파일명이 표시된다.

그림 7-4 업로드 파일명 표시

5) 다음으로 Palette>User Interface에서 Label 컴포넌트를 클릭한 후, Viewer 영역으로 드래

그한다. Viewer 영역과 Components 영역에 Label1이 표시된 것을 확인할 수 있다.

6) Components 패널에서 Label1을 클릭한 후, 하단에 있는 <Rename> 버튼을 클릭하여 이름을 "LabelQuestion"으로 변경한다. 이는 "문제:"라는 텍스트를 표시하는 Label이라는 의미이다.

7) Properties 영역에서 LabelQuestion의 속성을 다음과 같이 설정한다(그림 7-5). 그 외에 언급되지 않은 속성들은 기본값(default)을 그대로 사용하도록 한다.

- FontBold: 체크 상태(글씨를 진하게 표시)
- Text: 문제: (Label의 글자를 "문제:"라고 표시)
- TextColor: Blue(글씨 색상을 파란색으로 표시)

그림 7-5 Label (LabelQuestion) 컴포넌트의 속성 변경

8) 다음으로 Palette＞User Interface에서 Label 컴포넌트를 클릭한 후, Viewer 영역으로 드래그한다. Viewer 영역과 Components 영역에 Label1이 표시된 것을 확인할 수 있다.

9) Components 패널에서 Label1을 클릭한 후, 하단에 있는 <Rename> 버튼을 클릭하여 이름을 "Question"으로 변경한다. 이는 문제 내용(텍스트)을 표시하는 Label이라는 의미이다.

10) Properties 영역에서 Question의 속성을 다음과 같이 설정한다(그림 7-6). 그 외에 언급되지 않은 속성들은 기본값(default)을 그대로 사용하도록 한다.

그림 7-6 Label (Question) 컴포넌트의 속성 변경

- BackgroundColor: Default
- FontBold: 체크 상태(글씨를 진하게 표시)

- Width: Fill parent(가로 길이를 화면 좌우에 꽉 차도록 설정)
- Text:(빈칸으로 표시)

11) 현재까지의 컴포넌트 설계 결과는 그림 7-7과 같다.

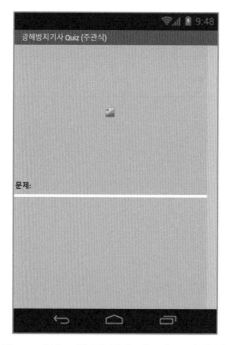

그림 7-7 예시 그림 및 문제 컴포넌트 설계 결과

나. 답 입력창, 힌트 및 정답 확인 요청, 다음 문제, 종료 컴포넌트 설계하기

다음으로 답을 입력할 수 있는 TextBox, 힌트를 요청하는 Button, 정답 확인을 요청하는 Button, 정답 여부를 표시해주는 Label, 다음 문제로 넘어가게 하는 Button, 종료 Button을 설계 해보자.

1) Palette>Layout에서 HorizontalArrangement 컴포넌트를 클릭한 후, Viewer 영역으로 드래 그한다. Viewer 영역에 연두색 사각형 모양의 HorizontalArrangement1 컴포넌트가 추가되 고, Components 영역에도 표시된 것을 확인할 수 있을 것이다.

2) Properties 영역에서 HorizontalArrangement1 컴포넌트의 속성을 그림 7-8과 같이 변경한 다. 다음에서 언급되지 않은 속성들은 기본값(default)을 그대로 사용하도록 한다.

- BackgroundColor: None(배경색을 투명하게 선택)
- Width: Fill parent(가로 길이를 화면 좌우에 꽉 차도록 설정)

그림 7-8 HorizontalArrangement1 컴포넌트의 속성 변경

3) Palette＞User Interface에서 TextBox 컴포넌트를 클릭한 후, Viewer 영역 중 앞에서 만든 Horizontal Arrangement 안의 좌측에 드래그한다.

4) Components 패널에서 해당 TextBox1을 클릭한 후, 하단에 있는 <Rename> 버튼을 클릭하여 이름을 "TextAnswer"로 변경한다. 답을 입력할 수 있는 TextBox라는 이름을 설정한 것이다.

5) Properties 영역에서 TextAnswer의 속성을 그림 7-9와 같이 변경한다. 여기서는 기본값(default) 외에 변경된 속성만 제시한다. 여기서 Hint에 적은 텍스트는 설정 시 바로 보이지 않고 앱을 실행시켰을 때에만 표시된다.

- Width: 200 pixels(버튼의 가로 길이를 200 pixels로 설정)
- Hint: 여기에 답을 적으세요.

그림 7-9 TextBox (TextAnswer) 컴포넌트의 속성 변경

6) Palette>User Interface에서 Button 컴포넌트를 클릭한 후, Viewer 영역 중 앞에서 만든 Horizontal Arrangement 안의 TextAnswer 컴포넌트 우측에 드래그한다.

7) Components 패널에서 해당 Button1을 클릭한 후, 하단에 있는 <Rename> 버튼을 클릭하여 이름을 "ButtonHint"로 변경한다. 힌트를 요청하는 Button의 기능을 수행하는 것이다.

8) Properties 영역에서 ButtonHint의 속성을 그림 7-10과 같이 변경한다. 여기서는 기본값(default) 외에 변경된 속성만 제시한다.

• BackgroundColor: Pink(배경색을 분홍색으로 선택)

- FontBold: 체크 상태(글씨를 진하게 표시)
- Width: 60 pixels(버튼의 가로 길이를 60 pixels로 설정)
- Text: 힌트

그림 7-10 Button (ButtonHint) 컴포넌트의 속성 변경

9) 다음으로 Palette>User Interface에서 Button 컴포넌트를 클릭한 후, Viewer 영역 중 앞에서 만든 HorizontalArrangement 안의 ButtonHint 컴포넌트 우측에 드래그한다.

10) Components 패널에서 해당 Button1을 클릭한 후, 하단에 있는 <Rename> 버튼을 클릭하

여 이름을 "ButtonAnswer"로 변경한다. 정답 확인을 요청하는 Button의 기능을 수행하는 것이다.

11) Properties 영역에서 ButtonAnswer의 속성을 그림 7-11과 같이 변경한다. 여기서는 기본값(default) 외에 변경된 속성만 제시한다. 현재까지의 중간 결과가 잘 맞는지 확인하려면 그림 7-2를 다시 한번 확인해보자.

그림 7-11 Button (ButtonAnswer) 컴포넌트의 속성 변경

• FontBold: 체크 상태(글씨를 진하게 표시)

- Width: 60 pixels(버튼의 가로 길이를 60 pixels로 설정)

- Text: 확인

12) 다음으로 앞의 객관식 퀴즈 앱에서도 만들었던 정답 여부 확인 Label과 다음 문제로 넘어가는 Button, 종료 Button을 차례로 만들어보자. 과정은 동일하다. Palette > User Interface에서 Label 컴포넌트를 클릭한 후, Viewer 영역으로 드래그한다.

13) Components 패널에서 해당 Label을 클릭한 후, 하단에 있는 <Rename> 버튼을 클릭하여 이름을 "CorrectOrIncorrect"로 변경한다. 정답 여부를 표시해줄 Label의 이름을 설정한 것이다.

14) Properties 영역에서 CorrectOrIncorrect의 속성을 그림 7-12와 같이 변경한다. 여기서는

그림 7-12 Label (CorrectOrIncorrect) 컴포넌트의 속성 변경

기본값(default) 외에 변경된 속성만 제시한다.

- FontBold: 체크 상태(글씨를 진하게 표시)
- Width: Fill parent(가로 길이를 화면 좌우에 꽉 차도록 설정)
- Text: 정답 여부
- TextAlignment: center : 1

15) Palette>User Interface에서 Button 1개를 드래그하여 Viewer 영역의 맨 밑에 배치시킨다. 이 Button은 다음 문제로 넘어가는 기능을 수행하므로 <Rename> 버튼을 클릭하고 이 Button의 이름을 "ButtonNext"로 변경한다.

16) Properties의 속성을 다음과 같이 설정한다(그림 7-13). 다음에서 언급되지 않은 속성들은 기본값(default)을 그대로 사용하도록 한다.

- BackgroundColor: Orange(버튼의 배경색을 오렌지색으로 설정)
- FontBold: 체크 상태(글씨를 진하게 표시)
- Width: Fill parent(가로 길이를 화면 좌우에 꽉 차도록 설정)
- Text: 다음 문제
- TextAlignment: center : 1

17) Palette>User Interface에서 Button 1개를 드래그하여 Viewer 영역의 맨 밑에 배치시킨다. 이 Button은 앱을 종료시키는 기능을 수행하므로 <Rename> 버튼을 클릭하고 이 Button의 이름을 "ButtonExit"로 변경한다.

18) Properties의 속성을 다음과 같이 설정한다(그림 7-14). 다음에서 언급되지 않은 속성들은 기본값(default)을 그대로 사용하도록 한다.

- BackgroundColor: Default(버튼의 배경색을 기본값으로 설정)
- FontBold: 체크 상태(글씨를 진하게 표시)
- Width: Fill parent(가로 길이를 화면 좌우에 꽉 차도록 설정)
- Text: 종료
- TextAlignment: center : 1
- TextColor: White

그림 7-13 Button (ButtonNext) 컴포넌트의 속성 변경 **그림 7-14** Button (ButtonExit) 컴포넌트의 속성 변경

이제 그림 7-2와 같이 <Quiz_ShortAnswer> 앱 개발을 위한 컴포넌트 설계가 완료되었다. 이 상태에서 휴대폰으로 앱을 실행하면 그림 7-1(a)의 화면이 나타나는 것이다. <Quiz_ShortAnswer> 앱에 사용된 컴포넌트들을 정리하면 표 7-1과 같다. 이제부터는 각 컴포넌트들이 역할을 할 수 있도록 화면 우측 상단의 <Blocks> 버튼을 클릭하여 코딩 작업을 시작할 것이다.

표 7-1 〈Quiz_ShortAnswer〉 앱에 사용된 컴포넌트 목록

유형	Palette	이름	용도
Image	User Interface	Image1	사진 또는 그림 표시
Label	User Interface	LabelQuestion	"문제:" 텍스트 표시
Label	User Interface	Question	문제 내용 텍스트 표시
Label	User Interface	CorrectOrIncorrect	정답 여부 텍스트 표시
TextBox	User Interface	TextAnswer	답(텍스트) 입력
Button	User Interface	ButtonHint	힌트 요청
Button	User Interface	ButtonAnswer	정답 확인
Button	User Interface	ButtonNext	다음 문제로 넘어가기
Button	User Interface	ButtonExit	앱 종료
HorizontalArrangement	Layout	HorizontalArrangement1	컴포넌트들의 그룹화(수평 방향 정렬)

4. 블록 프로그래밍

이제 블록 에디터를 이용하여 〈Quiz_ShortAnswer〉 앱의 동작을 제어할 수 있는 코드를 작성해보자.

1) 화면 우측 위의 〈Blocks〉 버튼을 클릭하여 블록 에디터 화면으로 이동한다.

2) 이제 변수를 생성해보자. 좌측 상단의 Blocks에서 Built-in>Variables를 클릭한다. 〈initialize global name to〉을 클릭한 후 Viewer 영역으로 드래그한다.

3) Viewer 영역에 블록이 추가되면 name을 클릭하고 "PictureList"를 입력한다. 이는 "PictureList"라는 (전역)변수를 생성(선언)한 것이다.

4) Blocks에서 Built-in>Lists를 클릭한다. 〈make a list〉를 클릭하고 Viewer 영역으로 드래그한 후, 〈initialize global PictureList to〉의 오른쪽 끝에 조립한다.

5) Blocks에서 Built-in>Text를 클릭한다. 〈" "〉를 클릭하고 Viewer 영역으로 드래그한 후, 〈make a list〉의 오른쪽 끝에 그림 7-15와 같이 조립한다. 이 작업을 반복해서 총 4개의 〈" "〉를 조립한다.

그림 7-15 PictureList Variables 선언 및 Text List 블록의 추가와 조립

6) 각 Text 블록의 <" ">를 클릭하고 다음 내용을 각각 입력한다. 이는 4개의 다른 텍스트를 목록으로 저장하고(make a list), 이를 "PictureList"라는 변수에 저장하는 기능을 수행한다고 볼 수 있다.

가) Karfakis.jpg
나) RoomNPillar_method.jpg
다) RQD.jpg
라) Trough_subsidence.jpg

7) 위의 2)~6)과 동일한 방법을 이용해서 이번에는 "QuestionList"라는 전역변수를 선언하고 다음 내용을 그림 7-16과 같이 입력해보자. 이 작업은 4개의 문제를 목록화하여 변수에 저장한 것이다.

- 채굴적 상반지층이 암반으로 구성되어 있을 때 붕락대의 형상과 암층의 체적팽창률(bulking factor)로부터 붕락고를 예측하는 광산 지반침하 평가 이론은?
- "잔주식(기둥을 남기는) 채탄법"이라고 하며, 탄주(炭柱)를 남기며 채탄하는 방법은?
- 한글로는 암질지수라고 하며, 시추코어와 위 식을 계산하여 얻을 수 있는 암석의 물성치를 표현하는 영어 용어는?
- 상반을 지지하던 광주의 파괴 또는 펀칭현상에 기인하며, 비교적 넓은 구역에, 장기적으로 서서히 대체로 완만한 지표침하 곡선을 발생시키는 침하 유형은?

그림 7-16 QuestionList Variables 선언 및 Text List 블록의 추가와 조립

8) 위의 2)~6)과 동일한 방법을 이용해서 이번에는 "Hint"라는 전역변수를 선언하고 다음 내용을 그림 7-17과 같이 입력해보자. 이 작업은 4개의 힌트 내용을 목록의 형태로 변수에 저장한 것이다.

- ○○○○ ○○○○ 이론
- ○○○ 채탄법
- ○○○(Abbreviation in English)
- ○○○형 침하

그림 7-17 Hint Variables 선언 및 Text List 블록의 추가와 조립

9) 위의 2)~6)과 동일한 방법을 이용해서 이번에는 "AnswerList"라는 전역변수를 선언하고 다음 내용을 그림 7-18과 같이 입력해보자. 이는 4개의 정답을 목록의 형태로 변수에 저장한 것이다.

- 응력아치 체적팽창 이론
- 주방식 채탄법
- RQD
- 트러프형 침하

그림 7-18 AnswerList Variables 선언 및 Text List 블록의 추가와 조립

10) 다음으로 "currentQuestionIndex"라는 전역변수를 생성하고, 초깃값을 1로 할당하는 그

림 7-19와 같은 블록을 조립해보자. 이는 현재의 문제 번호는 1이라는 의미를 갖는다.

그림 7-19 currentQuestionIndex Variables 선언 및 Math 블록의 추가와 조립

11) 다음으로 앱이 실행되거나 다음 문제를 불러올 때 앱 화면에 광해방지공학 분야의 그림과 퀴즈 문제가 표시되도록 하는 블록을 설계하고 코드를 작성해보자. 앱이 실행되거나 다음 문제를 불러올 때 명령할 동작들이 유사한 것이 많으므로 그림 7-20과 같이 "SetupQuestion"이라는 프로시저(procedures)를 호출하도록 컴포넌트를 설계해보자. 아래 코드로는 프로시저를 불러올 뿐 아직 프로시저의 내용은 결정되지 않았다.

그림 7-20 앱 실행 시 SetupQuestion 프로시저를 호출하는 컴포넌트 설계

12) 이제 <SetupQuestion> 프로시저를 호출했을 때 수행할 동작들을 코딩해보자. 먼저 이 프로시저를 호출하면 "QuestionList" 변수에 저장되어 있는 4개 목록(문제) 중 1번과 함께 "PictureList" 변수에 저장되어 있는 4개 목록(사진 파일) 중 1번을 불러오도록 블록을 설계해보자(그림 7-21). 그림의 좌측 컴포넌트부터 매칭시켜 해석해보면 다음과 같다. 먼저 <SetupQuestion do> 프로시저를 호출하면 무언가를 실행하라. <set Question.Text to>는 Question Label의 텍스트 값을 설정하라. <select list item list> 여기서는 QuestionList 전역변수의 목록 중에 <currentQuestionIndex> (현재 문제 번호인) 1번 문제를 가져와라. Image의 경우에는 PictureList에서 현재 문제 번호인 1번 사진을 가져와서 Image1 Label의 그림(Picture)으로 표시하라는 의미를 갖는다. 참고로 이 프로시저는 앱에서 <다음 문제> 버튼을 클릭했을 때도 호출되도록 블록을 설계하고 코드를 작성할 것이다.

그림 7-21 SetupQuestion 프로시저 호출시 그림과 문제를 각각 Label에 표시하라는 코드

13) 다음으로 앱 화면에서 <힌트> 버튼을 클릭했을 때 수행할 명령을 코드로 작성해보자. <힌트> 버튼을 클릭하면 앱 중간 부분에 위치한 "TextAnswer"에 문제에 대한 힌트가 표시되도록 할 것이다. 다만 사용자가 어떤 답을 입력한 상황에서 <힌트> 버튼을 클릭했을 수도 있고 그렇지 않을 수도 있다. 따라서 <힌트> 버튼을 클릭하면 "TextAnswer" 창에 있는 내용을 먼저 빈칸으로 만든 후에 힌트 내용을 표시하도록 할 것이다. 물론 힌트는 앞에서 "Hint"라는 전역변수에 저장되어 있는 것을 불러오는 것이다. 다만 여기서 알아두어야 할 것은 TextBox 컴포넌트의 속성(Properties) 중 Text는 값을 입력했을 때 나타나는 것이고, Hint는 사용자가 무언가를 입력하기 전에만 나타나는 텍스트이다. 즉, TextBox 창에 무언가를 입력하기 시작하면 Hint 항목에 있는 내용은 사라진다. 따라서 그림 7-22와 같이 블록을 설계하고 코드를 작성해보자. 만약에 사용자가 앱에서 첫 번째 문제를 풀고 있다면 "currentQuestionIndex" 값은 1일 것이고, 네 번째 문제를 풀고 있다면 그 값은 4가 될 것이다.

그림 7-22 ButtonHint 버튼 클릭 시 수행할 명령을 보여주는 코드

14) 이제 사용자가 앱 화면에서 어떤 답을 입력하고 <확인> 버튼을 클릭했을 때 명령을 수행할 코드를 작성해보자. 현재 풀고 있는 N번째 문제에 대하여 사용자가 입력한 답이 이미 저장되어 있는 "AnswerList"의 N번째 항목(답)과 같은지를 비교한다. 그리고 그 두 값이 같다면(정답이라면) 파란색으로 "정답입니다"를, 그렇지 않으면 빨간색으

로 "오답입니다. 정답은 ○○○입니다"의 텍스트를 "CorrectOrIncorrect" Label의 Text에 표시되도록 할 것이다. 여기서 "○○○"에 들어갈 정답은 이미 구축해놓은 "AnswerList"의 N번째 항목에서 그 내용을 가져올 것이다. 다만 "오답입니다. 정답은 ○○○입니다"의 경우 직접 입력하는 텍스트와 기존 전역변수에 저장되어 있는 텍스트를 합쳐야 하기 때문에 join이라는 블록을 사용하게 될 것이다. 이를 위해 그림 7-23과 같이 블록을 설계하고 코드를 작성해보자. 다음 그림에서 주의해야 <join> 블록이다. 사용자에게 표시해주는 "오답입니다. 정답은 ○○○입니다"에서 "오답입니다. 정답은"까지는 앱 개발자가 직접 입력해야 하고, 정답에 해당하는 ○○○는 "AnswerList" 목록 중 하나의 내용을 가져오는 것이고, 마지막으로 "입니다" 또한 앱 개발자가 직접 입력해야 한다. 따라서 join 함수를 이용할 때 다음 그림과 같은 순서로 조합해야만 의도한 대로 표시될 것이다.

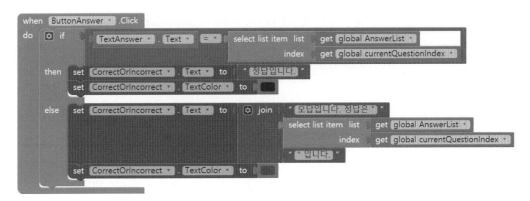

그림 7-23 답 입력 후 〈확인〉 버튼 클릭 시 수행할 명령을 나타내는 코드

15) 다음으로 앱 화면에서 <다음 문제> 버튼을 클릭했을 때 명령을 수행할 코드를 작성해보자. <다음 문제> 버튼을 클릭하면 앱을 처음 실행시켰을 때처럼 "TextAnswer" 창의 Hint 속성("여기에 답을 적으세요")은 표시하되 Text 속성은 빈칸으로 처리하고 커서가 위치하지 않도록 앱 화면 속 키보드를 숨겨야(HideKeyboard) 한다. 또한 정답 여부를 표시했던 "CorrectOrIncorrect" Label을 다시 빈칸으로 처리하며, 새로운 예시 그림과 문제를 불러와야 할 것이다. 새로운 예시 그림과 문제를 불러오는 것은 앞에서 "SetupQuestion"이라는 프로시저를 호출하면 된다. 이때, 1번 문제를 풀고 있다가 <다음 문제> 버튼을

클릭했다면 번호값에 1을 더해 2번 문제가 제시되어야 한다. 만약 마지막 문제인 4번 문제를 풀고 있다가 <다음 문제> 버튼을 클릭했다면 (5번 문제가 없으므로) 다시 1번 문제로 돌아가야 한다. 이를 위해서 <다음 문제> 버튼을 클릭할 때마다 초깃값을 1로 설정해놓은 "currentQuestionIndex" 변수값에 1씩 더하도록 하고, 만약에 이 변수값(현재 번호)이 문제 개수에 해당하는 QuestionList의 목록 길이(length of list)보다 커지면 "current QuestionIndex" 값을 다시 1로 설정해야 한다. 그림 7-24는 이와 같은 과정을 명령해주는 코드다. 비록 간단하게 설명했지만 아래 코드를 한 줄씩 읽어가며 그 의미를 해석해보기 바란다.

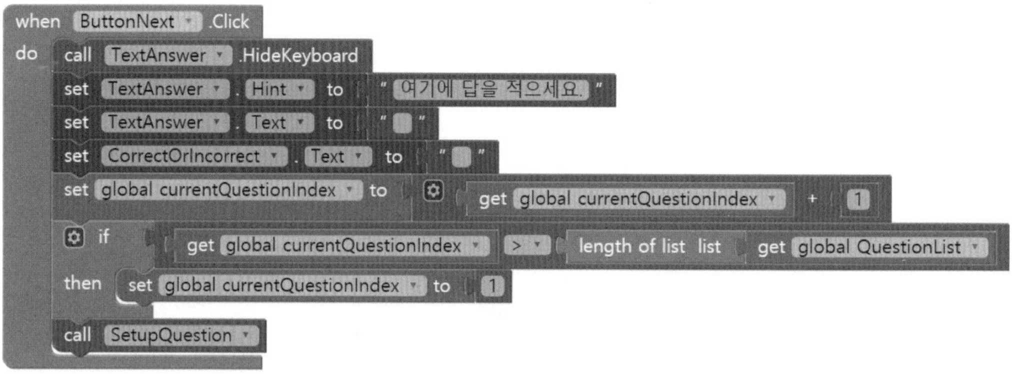

```
when  ButtonNext .Click
do    call  TextAnswer .HideKeyboard
      set  TextAnswer . Hint  to  " 여기에 답을 적으세요. "
      set  TextAnswer . Text  to  " "
      set  CorrectOrIncorrect . Text  to  " "
      set  global currentQuestionIndex  to  ⚙  get  global currentQuestionIndex  +  1
      ⚙ if    get  global currentQuestionIndex  >  length of list  list  get  global QuestionList
      then  set  global currentQuestionIndex  to  1
      call  SetupQuestion
```

그림 7-24 <다음 문제> 버튼 클릭 시 명령을 수행하는 코드

16) 마지막으로 앱을 종료하는 코드를 작성해보자. 앱 화면에서 "종료" 버튼을 클릭했을 때 앱을 종료하는 코드를 그림 7-25와 같다.

```
when  ButtonExit .Click
do    close application
```

그림 7-25 앱을 종료하는 블록 및 코딩

5. 개발된 앱 확인

7장에서 앱 인벤터를 이용해 개발한 <Quiz_ShortAnswer> 앱의 전체 프로그램은 그림 7-26 과 같다.

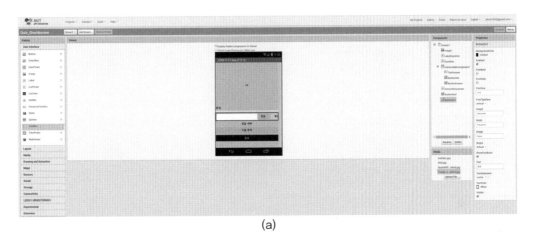

(a)

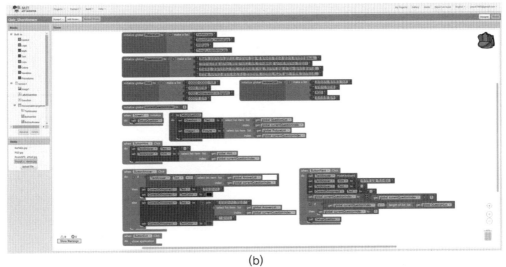

(b)

그림 7-26 〈Quiz_ShortAnswer〉 앱 개발 결과. (a) 컴포넌트 디자인, (b) 블록 프로그래밍
(컬러 도판 384쪽 참조)

제8장

지질 노두
스케치

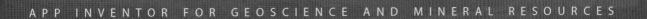

지질 노두 스케치

현장의 지질 구조를 조사하는 기법과 이를 위한 장비에는 셀 수 없이 많은 종류가 있지만, 가장 기본적인 것은 육안으로 관찰하고 이를 기록하는 것이다. 노두는 사진으로 촬영하여 기록하는 것이 기본이나 현장에서 확인한 노두의 구조나 특징을 직접 그려서 보관할 수 있다면 더욱 유용한 결과물이 될 것이다.

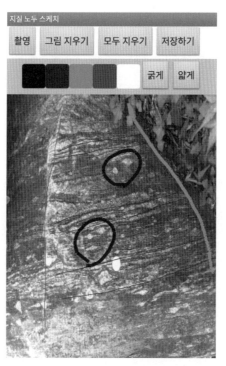

그림 8-1 〈지질 노두 스케치〉 앱(컬러 도판 385쪽 참조)

그러나 실제로 현장에서 노두를 스케치해본 경험이 많지 않다면 그려온 결과가 대체 무엇을 뜻하는지 알지 못할 수도 있다. 또는 그림 실력이 형편없어 실제와 전혀 다른 그림이 그려질 수도 있다. 이럴 때에 만약 현장이 촬영된 사진이 기본 바탕에 주어진다면, 해당 사진 위에 편하게 노두의 특정 부분을 표시해서 원하는 결과를 만들어낼 수 있다.

본 장에서는 위에서 설명한 것과 같이 지질 노두를 사진으로 촬영하고, 해당 사진에 여러 색을 사용하여 스케치를 수행할 수 있는 앱을 만들어볼 것이다. 스케치 기능이 완성되면 저장 기능을 추가하여 자기가 촬영한 사진과 그림을 파일로 저장할 수 있도록 만들어본다.

1. 학습 개요

이 장에서는 다음의 개념들을 새로 배운다.

• Camera 컴포넌트를 사용하여 사진을 촬영하고, 해당 사진을 사용하는 방법
• Canvas 컴포넌트를 사용하여 사용자의 입력을 받아 그림을 그리는 방법
• Notifier 컴포넌트를 사용하여 사용자에게 임시 메시지를 보여주는 방법

2. 프로젝트 생성

프로젝트 이름을 "Geo_Sketch"로 하여 새 프로젝트를 만들고, Screen1의 Title 속성을 "지질 노두 스케치"로 변경한다.

3. 컴포넌트 디자인

<지질 노두 스케치> 앱은 사용자가 촬영한 사진 위에 그림을 그리고, 이것을 파일로 저장하기 위한 앱이므로 이러한 작업을 수행할 수 있는 표 8-1과 같은 컴포넌트가 필요하다. 이번에는 버튼이 11개나 필요하기 때문에, 나중에 코드에서 이것들을 편하게 구분하기 위해서는

각 버튼의 이름을 알기 쉽게 변경하는 것이 좋다.

컴포넌트는 그림 8-2와 표 8-1을 참조하며 배치하도록 하자.

표 8-1 〈세계의 노천광산 투어〉에 사용되는 컴포넌트들의 목록과 각각의 용도

유형	Palette	이름	용도
HorizontalArrangement	Layout	HorizontalArrangement1	촬영, 그림 지우기, 모두 지우기, 저장하기 버튼 그룹화 및 정렬
HorizontalArrangement	Layout	HorizontalArrangement2	색 선택 버튼 5개와 선 굵기 버튼 그룹화 및 정렬
Button	User Interface	ButtonCapture	버튼을 누르면 사진 촬영 기능 실행
Button	User Interface	ButtonRemoveDrawing	버튼을 누르면 Canvas에서 그림만 삭제
Button	User Interface	ButtonClear	버튼을 누르면 Canvas에서 그림과 사진을 모두 삭제
Button	User Interface	ButtonSave	버튼을 누르면 Canvas의 그림을 저장
Button	User Interface	ButtonBlack	버튼을 누르면 그리기 색을 검정색으로 변경
Button	User Interface	ButtonBlue	버튼을 누르면 그리기 색을 파란색으로 변경
Button	User Interface	ButtonGreen	버튼을 누르면 그리기 색을 녹색으로 변경
Button	User Interface	ButtonRed	버튼을 누르면 그리기 색을 빨간색으로 변경
Button	User Interface	ButtonWhite	버튼을 누르면 그리기 색을 흰색으로 변경
Button	User Interface	ButtonThick	버튼을 누르면 펜의 두께를 얇게 변경
Button	User Interface	ButtonThin	버튼을 누르면 펜의 두께를 두껍게 변경
Canvas	Drawing and Animation	Canvas1	촬영한 사진을 표시하고, 그 위에 스케치를 할 수 있도록 함
Camera	Media	Camera1	사진 촬영 화면을 실행하고, 촬영된 사진의 경로를 생성
Notifier	User Interface	Notifier1	사용자에게 메시지를 임시적으로 표시

1) 먼저 2개의 HorizontalArrangement와 1개의 Canvas를 순서대로 배치한다.

2) 각 HorizontalArrangement의 속성에서 AlignHorizontal과 AlignVertical 속성을 모두 Center로 변경하여 중앙으로 정렬되도록 한다.

3) 상단의 HorizontalArrangement에 4개의 버튼("촬영", "그림 지우기", "모두 지우기", "저장하기")을 배치하고, 버튼 이름을 표 8-1을 참조하여 변경한다.

4) 하단의 HorizontalArrangement에는 7개의 버튼(Text속성이 공백(" ")인 버튼 5개와 "굵게", "얇게" 버튼)을 배치하고, 버튼 이름을 표 9-1과 같이 변경하자. Text가 공백인 5개의 버튼은 색상 선택 버튼으로 사용할 것이므로, 색을 알기 쉽게 각 버튼의 Background Color 속성을 "Default", "Blue", "Green", "Red", "White"로 변경한다.

5) 가장 하단의 Canvas는 사진을 표시하고 여기에 그림을 그리는 데에 사용할 것이므로 화면을 최대한 많이 차지하는 것이 바람직하다. 따라서 Height와 Width 속성을 모두 "Fill parent"로 변경하자.

6) Camera와 Notifier는 여태까지 사용했던 컴포넌트들과는 다르게 화면에 표시되는 컴포넌트가 아니다. 일부 컴포넌트들은 화면에 추가는 하지만, 그 기능상 눈에는 보이지 않는 것들이 있다. 이런 컴포넌트들은 Viewer 영역의 아무 곳에나 드래그 앤 드롭하면 된다. Camera와 Notifier 각각을 추가하면 하단의 Non-visible components에 표시된다.

이제 컴포넌트 디자인이 완료되었으므로, 블록 프로그래밍 단계를 시작한다.

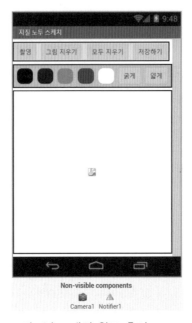

그림 8-2 컴포넌트 배치 완료 후의 Viewer 화면

4. 블록 프로그래밍

가. 카메라 촬영 기능 만들기

<지질 노두 스케치> 앱에서 사용자가 가장 먼저 하게 될 일은 촬영 버튼을 선택하여 사진을 촬영하는 것이므로 이 기능을 먼저 만들어보도록 하자. 앱 인벤터에서 사진을 촬영하는 기능은 기본적으로 내장되어 있으므로, 이 기능을 부르기만 하면 촬영 기능을 사용할 수 있다. 촬영 기능을 실행하면 화면이 사진 촬영 화면으로 바뀔 것이며, 촬영을 수행하는 동안에는 잠시 앱의 기능이 중지될 것이다.

1) 컴포넌트 디자인에서 '촬영' 버튼(ButtonCapture)을 만들었으므로, 해당 버튼이 클릭되면 촬영을 수행하면 된다. 따라서 Blocks > Screen1 > HorizontalArrangement1 > ButtonCapture > when ButtonCapture.Click 블록을 만든다.

2) 여기서는 촬영 기능을 실행하기만 하면 되는데, 이것은 Blocks > Screen1 > Camera1 > call Camera1.TakePicture 블록 하나만 입력하면 완성된다(그림 8-3).

그림 8-3 완성된 ButtonCapture.Click 블록

사용자가 사진을 촬영한 이후에는 다시 앱 화면으로 돌아오게 된다. 이때 촬영한 사진을 넘겨받아 사용할 수 있게 된다.

3) Blocks > Screen1 > Camera1 > when Camera1.AfterPicture 블록을 새로 입력하자. 촬영이 완료되어 다시 앱 화면으로 복귀하게 되면 이 블록이 자동으로 실행되며, 촬영된 사진의 경로는 image 인자로 받을 수 있다. 촬영된 사진은 Canvas1에 입력하여 사진 위에 그림을 그릴 수 있게 해야 하므로, Blocks > Screen1 > Canvas1 > set Canvas1.BackgroundImage 블록을 입력하고, 대상 사진을 image로 한다(그림 8-4).

그림 8-4 완성된 Camera1.AfterPicture 블록

새삼스럽지만, 이렇게 5개밖에 안 되는 블록을 사용하여 사진 촬영과 표시 기능을 모두 완성할 수 있는 것이 앱 인벤터의 강점이다. 앱을 실행하고 촬영 버튼을 선택하여 기능을 테스트해보자. 이제 사진이 준비되었으므로, 다음으로는 그리기 기능을 만들어볼 것이다.

나. 그리기 기능 만들기

그리기 기능은 Canvas의 DrawLine 블록을 사용하면 된다. Blocks > Screen1 > Canvas1 > call Canvas1.DrawLine 블록은 (x1, y1)부터 (x2, y2)까지 직선을 그어주는 기능이다. 이러한 기능이 있으므로, 사용자가 Canvas를 터치하여 이리저리 움직이고 있을 때(드래그 중일 때) 해당 지점이 어디인지 알 수 있다면, 약간 이전 지점과 현재 지점을 계속 DrawLine으로 이어주면 될 것이다. 다행히도 해당 기능은 약간 이전 지점이 어디인지 알려주는 기능까지 포함해서 Blocks > Screen1 > Canvas1 > when Canvas1.Dragged 블록으로 제공되고 있다. 이 기능들을 사용해서 그리기 기능을 만들어보자.

1) when Canvas1.Dragged 블록을 만들고, 해당 블록의 내부에 call Canvas1.DrawLine 블록을 위치시키자.
2) Canvas1.Dragged 블록에서 (startX, startY)는 '터치를 맨 처음에 시작한 지점'이고, (prevX, prevY)는 '약간 이전에 터치가 지나갔던 지점'이며, (currentX, currentY)가 현재 지점이다. 따라서 그림 8-5처럼 (prevX, prevY)와 (currentX, currentY)를 잇는 코드를 작성하면 선 그리기 기능이 완성된다.

그리고 우리는 컴포넌트 디자인을 할 때 선의 색깔이나 굵기를 조절할 수 있도록 버튼들을 배치하였으므로, 이 버튼들도 기능을 부여해야 그림을 자유자재로 그릴 수 있을 것이다.

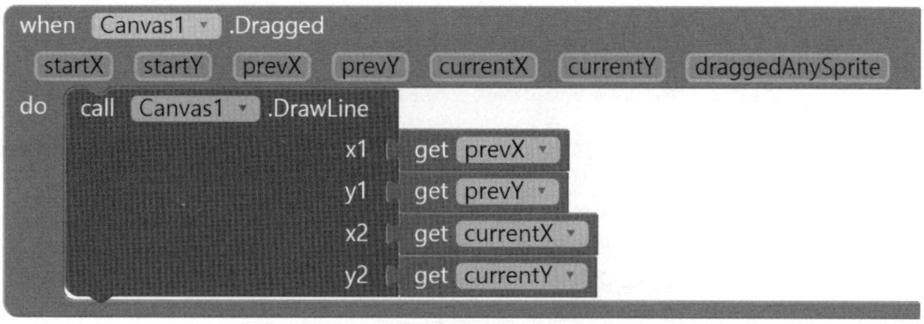

그림 8-5 완성된 Canvas1.Dragged 블록

3) 선의 색깔은 Blocks > Screen1 > Canvas1 > set Canvas1.PaintColor 블록으로 변경할 수 있다. 각 색깔별 버튼을 클릭했을 때 호출되는 when Butt⋯.Click 블록을 5개 만들고, set Canvas1.PaintColor 블록을 각각의 블록에 조립한다. 여기에서 필요한 색깔 블록은 Blocks > Built-in > Colors에서 해당 색을 입력하면 된다.

4) 선의 굵기는 Blocks > Screen1 > Canvas1 > set Canvas1.LineWidth 블록으로 변경할 수 있다. 3과 마찬가지로 각 굵기 버튼을 선택했을 때의 블록을 만들고, set Canvas1.LineWidth 블록을 조립한다. 굵기 값은 Blocks > Built-in > Math의 <0> 블록을 사용하여 숫자로 입력한다. 굵은 선은 5, 얇은 선은 1로 지정하면 된다.

해당 부분이 완성되면 그림 8-6처럼 된다. 앱을 실행하여 색이나 굵기를 변경하며 그림을 그려보자. 이제 그린 그림을 지우거나 저장하는 부분만 작성하면 프로그램이 완성된다.

다. 그림 지우기 및 저장 기능 만들기

삭제 버튼은 총 두 가지가 있는데, 하나는 스케치한 것만 지우는 버튼이며 다른 하나는 사진까지 모두 없애는 버튼이다. Blocks > Screen1 > Canvas1 > call Canvas1.Clear 블록을 사용하면 사용자가 그린 그림만 삭제된다. 반면에 set Canvas1.BackgroundImage 블록을 사용하여 해당 인자에 공백(" ") 문자열을 넣어주면, 사진이 없어지는 것과 함께 여기에 그렸던 그림도 같이 사라지는 효과가 있다. 이 기능은 만들기가 대단히 쉬우므로 그림을 참조하지 말고 일단 만들어보도록 하자. 잘 되지 않으면 그림 8-7을 참조한다.

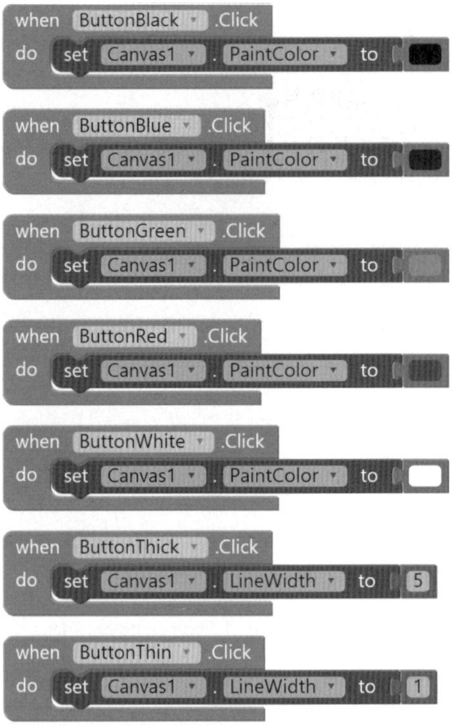

그림 8-6 선의 색과 굵기를 변경하는 블록들

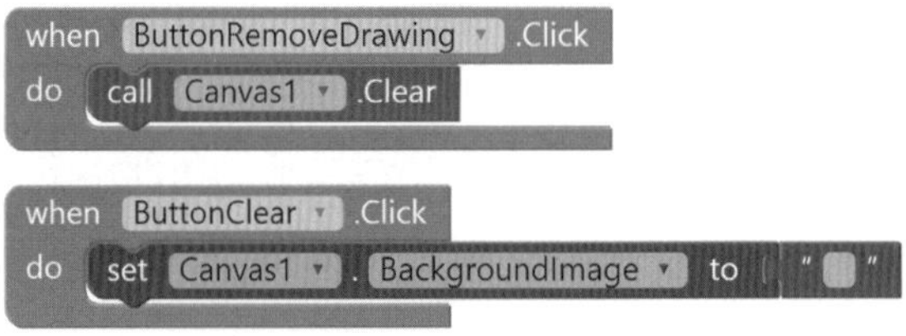

그림 8-7 그림 또는 사진을 삭제하는 블록들

마지막으로 저장 기능을 만든다. 저장 기능은 Canvas1.Save 블록을 사용하면 되는데, 이 블록은 스마트폰의 메모리 내에 Canvas의 그림을 그대로 저장한 뒤 해당 파일의 위치가 어딘지 돌려주므로, 이 위치를 받아서 사용할 수 있도록 블록이 어딘가에 끼울 수 있는 형태로 되어 있다. 따라서 저장 기능을 수행하되, 이 값을 지역 변수로 받아서 해당 위치를 사용자에게 알려주어야 할 것이다.

1) Blocks>Screen1>HorizontalArrangement2>ButtonSave.Click 블록을 생성한다.

2) 이 블록 내에 Blocks>Built-in>Variables>initialize local name to 블록을 하나 만든다.

3) 2의 블록(변수)가 갖는 초깃값에 Blocks>Screen1>Canvas1>call Canvas1.Save를 입력한다. 이렇게 하면 Canvas의 내용이 파일로 저장되면서 해당 파일의 위치가 변수로 입력된다.

여기까지만 만들어도 파일에 저장은 되지만, 인터페이스에서는 아무런 변화가 없기 때문에 저장이 어디에 되었는지 또는 성공적으로 저장이 된 것인지를 알 수가 없게 된다. 따라서 Notifier를 이용하여 저장 결과를 사용자에게 표시해주는 기능을 만들어보자. Notifier는 사용자에게 예/아니오 등을 선택하게 하거나 문자열을 입력받는 등 여러 기능을 수행할 수 있으나 기본적으로는 특정 문자열을 잠시 사용자에게 보여주는 용도로 사용된다.

4) 2)의 변수 블록 내에 Blocks>Screen1>Notifier1>call Notifier1.ShowMessageDialog 블록을 조립한다. 이 블록에 추가해야 하는 블록은 총 3개인 것을 알 수 있다.

5) message 인자는 사용자에게 표시할 메시지 본문이다. 여기서 우리는 파일이 성공적으로 알려주어야 한다. 따라서 Blocks>Built-in>Text>join 블록을 사용하여 "그림 파일이 저장되었습니다: " 텍스트와 Canvas1.Save로 얻은 파일의 경로(get name 블록)를 결합하여 표시하도록 하자.

6) title은 해당 메시지의 제목으로 표시된다. 지금처럼 딱히 제목을 입력할 필요가 없을 때에는 공백 문자열(" ")을 입력하면 제목이 표시되는 부분이 없어진다.

7) buttonText는 메시지 창을 닫는 버튼에 표시될 문자열이다. "확인"과 같이 적절한 문구를 입력하자.

해당 블록이 완성되면 그림 8-8과 같이 된다.

이제 모든 기능의 코드가 완성되었으므로 앱을 시험해보자. 촬영 버튼을 선택하여 사진을 촬영하고, 사진에 여러 색과 굵기로 그림을 그린 뒤 저장해보자. 저장된 파일의 경로가 Notifier로 표시되므로, 해당 사진을 스마트폰 내에서 찾아보자.

```
when  ButtonSave ▾ .Click
do    ⚙ initialize local  name  to   call  Canvas1 ▾ .Save
      in   call  Notifier1 ▾ .ShowMessageDialog
                              message    ⚙ join    " 그림 파일이 저장되었습니다; "
                                                    get  name ▾
                                 title   "  "
                            buttonText   " 확인 "
```

그림 8-8 완성된 ButtonSave 블록

5. 전체 앱 프로그램

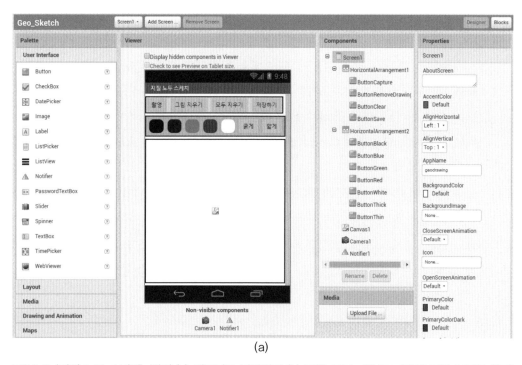

(a)

그림 8-9 〈지질 노두 스케치〉 앱의 (a) 컴포넌트 디자인과 (b) 전체 프로그램 코드(컬러 도판 385쪽 참조)

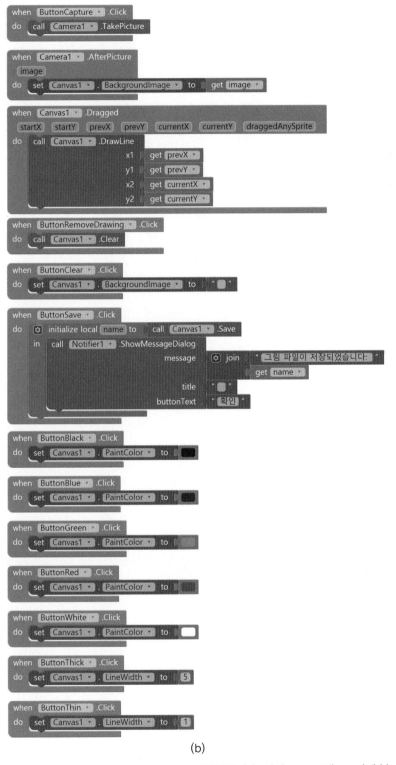

(b)

그림 8-9 〈지질 노두 스케치〉 앱의 (a) 컴포넌트 디자인과 (b) 전체 프로그램 코드(계속)
(컬러 도판 386쪽 참조)

6. 확장해보기

- 본 예제에서는 when ButtonSave.Click 블록에서 Canvas1.Save를 이용해 얻은 파일의 경로를 변수에 담아 사용하였다. 변수를 사용하지 않도록 더 짧게 줄일 수 있는가?
- 각 색깔을 지정하기 위해서 5개나 되는 버튼을 사용하였는데, 이 버튼들은 단순한 역할에 비해 공간을 너무 많이 차지한다. 색을 지정하는 버튼을 1개만 사용하고 그 버튼을 누를 때마다 현재 그려지는 색이 바뀌도록 만들어보자. 이 기능은 변수를 사용하지 않고도 만들 수 있지만, 사용하는 것이 편하다면 그렇게 해도 된다.
- Designer에서 '선', '원'이라고 적힌 두 개의 버튼을 추가하여, 버튼 선택에 따라 선 또는 원을 그릴 수 있는 기능을 만들어보자. 원을 그리는 블록은 Canvas의 DrawCircle 블록이며, 알맞게 그리기 위해서는 현재 그려야 되는 것이 선인지 원인지를 기억하는 변수가 필요할 것이다.

제9장

세계의
노천광산 투어

세계의 노천광산 투어

지질자원 분야는 그 특성상 전 세계에 걸친 많은 장소에 대한 지식과 정보가 필요하며, 이들을 이해하기 위해서는 그 장소들에 대한 여러 문헌들이 필요하다. 여기에 해당 장소와 주변 환경을 직접 살펴볼 수 있는 지도나 위성 영상 등이 제공된다면 가장 좋을 것이다.

그러나 세계에서도 그 규모가 손에 꼽히는 대규모 노천 광산들은 지질자원 분야 전공자들이라 하더라도 쉽지 않다. 이러한 광산들은 대부분 오지에 있거나 관계자들만이 접근 가능한 등 여러 제약이 있으므로 특히 학생의 경우에는 더욱 방문해보기가 어렵다.

이 장에서는 이러한 노천 광산들에 대한 정보와 지도를 제공하여 여러 곳의 유명 광산들을 간접 체험해볼 수 있는 자기만의 유명 광산 투어 앱을 만들어보도록 하자.

<세계 노천광산 투어> 앱은 여러 개의 유명 노천광산들의 목록을 표시하고, 사용자가 그중에서 원하는 광산을 선택하면 해당 광산의 세부 정보와 함께 광산 지역의 구글 지도를 볼 수 있는 버튼을 제공한다. 그림 9-1은 이 앱의 초기화면을 나타낸다. 하단의 목록(ListView)에서 광산 중 하나를 선택하면, 그 광산의 정보가 상단의 TextBox에 표시된다. 이때 "지도에서 보기" 버튼을 누르면 화면이 넘어가면서 지도 화면을 볼 수 있다.

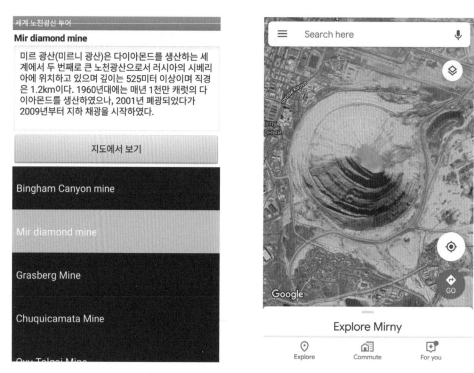

그림 9-1 〈세계의 노천광산 투어〉 앱(컬러 도판 387쪽 참조)

1. 학습 개요

이 장에서는 다음의 개념들을 새로 배운다.

- List를 목록 형태의 인터페이스로 사용자에게 제공하는 ListView 컴포넌트의 사용 방법
- ActivityStarter를 사용하여 앱 내에서 원하는 웹페이지를 여는 방법

2. 프로젝트 생성

프로젝트 이름을 "Mine_Tour"로 하여 새 프로젝트를 만들고, 첫 화면인 Designer에서 Screen1의 Title 속성을 "노천광산 투어"로 바꾼다.

3. 컴포넌트 디자인

<세계의 노천광산 투어> 앱을 만들기 위해서는 표 9-1과 같은 컴포넌트가 필요하다. 각 컴포넌트는 종류별로 1개씩 배치되어 각각의 용도가 명확하므로, 기본적으로 제공되는 이름을 그대로 사용하기로 한다. 인터페이스에는 표의 순서대로 컴포넌트들을 배치하면 된다.

1) 먼저 Label을 배치한다. 이때 Label의 속성 중 FontBold를 활성화하여 글씨가 굵게 표시되도록 한다.

2) TextBox를 Label1 밑에 배치하고, 속성에서 MultiLine을 활성화하여 TextBox에서 여러 줄을 표시할 수 있게 한다. 그리고 해당 컴포넌트의 Height 속성을 클릭한 뒤 마지막의 percent 칸에 "25"를 입력하면 화면 세로 길이의 25%를 차지하는 TextBox가 완성된다.

3) TextBox1 밑에는 Button을 배치한다. Width 속성을 Fill parent로 하여 화면의 가로 길이를 전부 차지하게 하면 사용자가 클릭하기에 더 편할 것이다. Button의 Text 속성을 "지도에서 보기"로 변경하여 버튼의 목적을 표시한다.

4) 맨 아래에는 ListView를 배치하고, Height 속성을 Fill parent로 하여 나머지 화면을 모두 채우도록 한다. 배치 후에는 검은 사각형 안에 아무것도 없는 상태가 되는데, 아직 내용물을 넣지 않았기 때문에 이 상태는 정상이다. 목록은 속성의 ElementsFromString에서 a, b, c, … 형태로 직접 입력할 수도 있지만, 우리는 코드를 통해 입력하기로 한다.

5) 마지막으로 ActivityStarter는 8장의 Camera처럼 화면에 보이는 컴포넌트가 아니다. Palette > Connectivity에 위치한 번개 모양 아이콘의 ActivityStarter를 찾고, 다른 컴포넌트처럼 드래그하여 화면에 놓으면 화면 하단의 Non-visible components 부분에 추가될 것이다. 이 컴포넌트의 용도와 사용 방법은 추후 설명한다.

위에 설명한 내용을 모두 배치하면 그림 9-2와 같은 화면이 된다. 이제 사용자 인터페이스가 완성되었으니 실행 코드를 만들어 이 인터페이스 요소들이 적절히 작동하도록 만들어보자. App Inventor 창의 우측 상단에 위치한 Blocks 버튼을 클릭하여 블록 편집 화면으로 이동한다.

표 9-1 〈세계의 노천광산 투어〉에 사용되는 컴포넌트들의 목록과 각각의 용도

컴포넌트	팔레트	이름	용도
Label	User Interface	Label1	사용자에게 조작 방법을 안내하기 위한 용도와 광산의 이름을 표기하기 위한 용도를 겸함
TextBox	User Interface	TextBox1	광산을 선택했을 때 세부 정보에 대해 사용자에게 표시
Button	User Interface	Button1	누르면 광산의 Google Maps 화면으로 이동
ListView	User Interface	ListView1	광산 목록을 보여주고 사용자의 선택을 받음
ActivityStarter	Connectivity	ActivityStarter1	앱 내에서 임시로 다른 앱을 열어 보여줌

그림 9-2 컴포넌트 배치가 완료된 Viewer 화면

4. 블록 프로그래밍

가. List 준비

우리는 이 장에서 (1) 여러 노천광산의 이름들을 화면에 보여주고, (2) 이름 중 하나를 선택

하면 그 설명을 보여줄 것이며, (3) '지도에서 보기' 버튼을 클릭하면 해당 위치의 Google Maps 화면을 표시할 것이다. 따라서 (a) 광산의 이름들, (b) 광산의 설명들, (c) 각 광산의 Google Maps 주소들을 담는 3개의 List가 필요하다. 이 중 (a)는 ListView에 연결하면 자동으로 출력되며, (b)는 목록 중 하나를 선택했을 때 이에 해당하는 요소를 골라서 보여줄 것이고, (c)는 화면에 직접 표시되지는 않지만 해당 주소를 웹 브라우저로 열어 보여주는 중요한 역할을 하게 된다.

1) 앞의 List들은 프로그램 전체에서 활용될 것이므로 맨 바깥에(전역, global) 만들어야 한다. 좌측의 Blocks 중 Built-in>Variables를 클릭하고, 맨 위에 위치한 initialize global "name" to 블록을 드래그하여 코드 화면에 배치한다.

이 변수들은 List를 위해 만든 것이므로 List 값을 입력해야 하는데, 비어 있는 List를 먼저 만들고 나중에 채우거나 처음부터 List에 들어갈 요소들을 넣어서 만들 수도 있다. 우리는 간단하게 후자의 방법으로 만들어보도록 한다.

2) Blocks>Built-in>Lists에서 두 번째에 위치한 make a list를 드래그하여 앞서 만든 변수에 조립한다.

List에 들어갈 수 있는 목록의 개수에는 제한이 없으나 여기서는 세계에서 가장 크다고 알려진 5개의 광산만 입력해보기로 한다. 따라서 각 List마다 5개의 요소 입력이 필요한데 새 목록에는 2칸밖에 없으므로, 3칸을 더 입력해야 한다.

3) 2)에서 만든 make a list의 설정 버튼을 클릭해서 왼쪽의 item을 3개 더 우측에 드래그하여 5개의 빈칸을 만든다.
4) 5개의 빈칸에는 빈 Text를 5개 만들어 미리 끼워두면 나중에 작성하기에 편리하다.
5) 이렇게 새 List 변수가 하나 완성되었는데, 필요한 List는 총 3개이므로 방금 만든 변수를 클릭하여(가장 왼쪽의 주황색 블록을 클릭하면 된다) 블록 전체를 복사한 뒤 두 번 붙여 넣는다.
6) 각 변수의 이름은 나중에 구분하여 사용하기 쉽도록 용도에 따라 "MineNames", "Mine

Descriptions", "MineURLs"로 수정한다.

List가 완성되면 그림 9-3과 같이 된다.

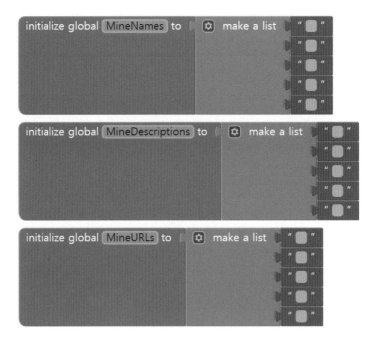

그림 9-3 List 변수 준비

7) 이제 각 List에 내용물을 순서에 맞게 채워 넣으면 된다. 다음의 표 9-2를 참조하여 먼저 광산의 이름(MineNames), 설명(MineDescription)을 각 List에 순서대로 작성하자.

표 9-2 각 광산의 이름 및 설명

광산 이름	설명
Bingham Canyon Mine	빙엄 광산은 미국 유타주에 위치한 세계 최대의 노천광산으로, 1906년부터 채광을 시작하였으며 깊이가 970 m에 달하고 폭은 4 km에 이른다. 광상은 반암동광상(porphyry copper deposit)이며 구리 외에도 금, 은, 몰리브덴 등이 생산된다.
Mir Diamond Mine	미르 광산(미르니 광산)은 다이아몬드를 생산하는 세계에서 두 번째로 큰 노천광산으로서 러시아의 시베리아에 위치하고 있으며 깊이는 525 m 이상이며 직경은 1.2 km이다. 1960년대에는 매년 1천만 캐럿의 다이아몬드를 생산하였으나 2001년 폐광되었다가 2009년부터 지하 채광을 시작하였다.

표 9-2 각 광산의 이름 및 설명(계속)

광산 이름	설명
Grasberg Mine	그래스버그 광산은 인도네시아에 위치한 세계에서 세 번째로 큰 구리 광산이다. 지하 광산도 함께 가동되어 매일 20만 톤 이상의 광석을 생산하고 있으며 금, 구리 등도 함께 산출된다. 4,000 m가 넘는 고도에 위치하여 광산 동쪽에서 소규모 빙하를 볼 수 있다.
Chuquicamata Mine	추키카마타는 칠레의 북쪽에 위치한 노천 구리광산이다. 약 2,850 m의 고도로부터 850 m의 깊이로 채광되어 있는데 이는 세계에서 두 번째로 깊은 것이다. 이곳의 지질은 반암동광상 복합체로 형성되어 있으며, 금과 몰리브덴 등이 함께 생산된다.
Oyu Tolgoi Mine	오유 톨고이 광산은 몽골의 고비 사막에 위치한 구리/금 광산으로서 노천과 지하 채광이 병행되고 있다. 2013년에 생산이 시작된 이 광산은 매년 45만 톤 이상의 구리가 생산되고 있으며, 매장량은 구리 약 270만 톤, 금 48톤 정도로 추정되고 은과 몰리브덴 또한 부존하고 있다.

MineURLs에는 각 광산에 해당하는 지도의 주소를 입력해야 한다. 여기서 지도는 전 세계의 위성 영상과 지도를 무료로 제공하는 Google Maps를 이용할 것이다. 일반적으로 Google Maps를 사용할 때에는 브라우저에 https://maps.google.com과 같이 주소(URL)를 입력하여 사용하였을 것이다. 브라우저 등으로 지도를 열면 현재 접속한 지점이 가장 처음에 표시되지만, 만약 이 주소를 Google Maps에서 지정하는 특정 문법에 따라 작성하면 원하는 지역의 지도를 열어보거나 목적지까지의 경로를 표시하거나 특정 위치의 Street View를 보여주는 등의 여러 내용을 즉시 실행할 수 있도록 되어 있다. 여기서는 원하는 지역의 지도를 여는 가장 간단한 방법에 대해서만 소개하며, 자세한 내용은 다음 주소를 참고한다('Maps URLs Developer Guide'라고 검색해도 된다).

https://developers.google.com/maps/documentation/urls/guide

우리가 사용할 Google Maps의 지도 표시 URL은 다음과 같이 구성된다. 대괄호([ ])는 구분을 쉽게 하기 위해 기입한 것이며, 실제로는 대괄호 없이 입력한다.

https://www.google.com/maps/@?api=1&map_action=map&center=[위도],[경도]&zoom=[확대수준]&basemap=[지도종류]

예를 들어 한라산 백록담의 위성 영상을 지도에서 바로 표시하는 URL을 만들고 싶다면, 먼저 브라우저에서 Google Maps에 접속하여 "백록담"을 검색해보자. 그러면 지도가 자동으로 백록담에 위치하게 되는데, 이때 백록담의 위치를 마우스로 클릭해보면 우리가 필요한 위도와 경도가 표시되므로(예를 들어 33.361136, 126.532911) 이것을 사용하면 된다.

[확대 수준]은 얼마나 지도를 확대하여 보여주고 싶은지를 입력하는 것인데 0에서 21까지의 숫자를 입력하면 된다. 숫자가 클수록 확대를 많이 하는 것이며, 일단 15 정도를 사용해서 열어본 뒤 값을 변경해보면서 조절하면 된다. [지도 종류]는 roadmap(일반 지도), satellite(위성 영상), terrain(지형도) 중 하나를 선택한다.

위 방법을 사용해서 백록담의 지형도를 바로 표시하는 URL을 구성해보면 다음과 같이 된다.

https://www.google.com/maps/@?api=1&map_action=map&center=33.361136,126.532911&zoom=15&basemap=terrain

위 URL을 인터넷 브라우저의 주소 표시줄에 입력해보자. 백록담 근처의 지형이 어떤 인자로 인해 표시되었는지 다시 한번 살펴보고, 4개의 인자들을 조금씩 변경해 가면서 입력에 따라 지도가 어떻게 열리는지 확인해보자.

위 방법을 이용해서 5개 광산의 URL을 다음 표 9-3을 참고하여 입력한다.

표 9-3 광산들의 지도 표시를 위한 위도, 경도, 확대 수준 및 지도 종류

광산명	위도	경도	확대 수준	지도 종류
Bingham Canyon mine	40.524786	-112.148996	15	
Mir diamond mine	62.526954	113.992347	14	
Grasberg Mine	-4.057641	137.113059	15	satellite
Chuquicamata Mine	-22.259753	-68.889816	13	
Oyu Tolgoi Mine	43.004911	106.862905	12	

세 개의 List 입력이 완성되면 그림 9-4와 같이 된다. 이 List들을 준비하는 것만으로도 우리는 벌써 코드의 절반을 완성한 것이다. 나머지는 이 List들을 이용하는 부분만 작성해주면 된다.

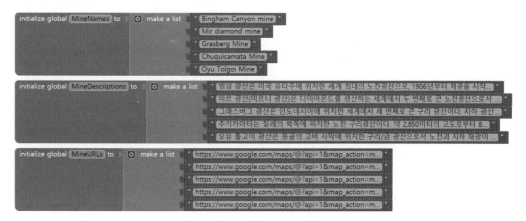

그림 9-4 완성된 3개의 List

나. ListView에 List 연결하기

앞서 만든 List는 인터페이스에 있는 ListView와 아직 아무 접점이 없으므로, 프로그램을 실행해도 목록에는 아무것도 등장하지 않는다. 따라서 광산 이름들을 ListView를 통해 보여주도록 해야 하는데, 이런 작업은 앱이 처음 시작되었을 때 자동으로 함께 실행되어 사용자가 이용할 수 있어야 할 것이다.

1) Blocks > Screen1을 클릭하여 when Screen1.Initialize 블록을 드래그하여 코드에 넣는다.
2) 여기서 필요한 것은 ListView1이 MineNames를 목록으로 사용하도록 하는 것이므로, Blocks > Screen1 > ListView1을 클릭하고, set ListView1.Elements to 블록을 do 부분에 조립한다.
3) 목록의 대상은 MineNames이므로, Variables 블록 중 get을 선택하여 뒷부분에 목록 중 global MineNames를 선택하면 이 블록이 완성된다(그림 9-5).

프로그램을 실행해보면, ListView에 5개의 이름이 차례대로 등장하는 것을 볼 수 있다.

그림 9-5 List의 내용을 ListView에서 보여주는 코드

다. ListView를 눌렀을 때 수행할 내용 지정하기

지금까지 만든 ListView는 광산 이름들만 보여줄 뿐, 이름들을 눌러보아도 아무 반응이 없다. 왜냐하면 눌렀을 때 어떤 작업을 해야 하는지에 대해서는 아무것도 지정해주지 않았기 때문이다. 광산 이름을 눌렀을 때 수행해야 하는 작업들을 생각해보면, 먼저 Label1을 광산의 이름으로 바꾸어 현재 어떤 광산을 클릭했는지를 보여주어야 하고, 다음으로는 TextBox1의 내용을 5.1에서 작성한 광산의 세부 이름으로 채워주어야 할 것이다.

1) ListView를 눌렀을 때 무슨 작업을 수행할 것인지를 지정하는 방법은 Button이 클릭되었을 때를 처리하는 것과 유사하다. 좌측의 Blocks > Built-in > ListView1을 클릭해보면 노란색으로 된 블록은 하나밖에 없는데, when ListView1.AfterPicking 블록은 ListView1의 어떤 요소를 선택했을 때마다 자동으로 실행되어 do 구문 안의 코드를 실행시켜준다. 이 블록을 드래그하여 생성하도록 하자.

이제 이 블록 안에서 Label과 TextBox의 내용물을 변경해야 하는데, 일단 이 컴포넌트들에 표시되는 문자열을 변경하기 위해서는 set ….Text to 블록을 사용하면 된다는 것을 이미 알고 있을 것이다. 그런데 여기서 문제는, 우리가 지금 지정해주어야 하는 내용물이 앞서 만들어둔 List 안에 있다는 것이다. 어떻게 해야 List 안의 N번째 내용물을 꺼내올 수 있는지를 알아야 하는 것이다. 그리고 이 앱의 사용자는 ListView의 목록 중에서 하나를 선택할 것인데, 그렇다면 5개 중에 무엇을 선택했는지도 알아야 한다.

먼저 List 안에 있는 특정 위치의 내용물은 좌측의 Blocks > Built-in > Lists > select list item으로 가져올 수 있다. 우측의 list 자리에는 내용물을 가져올 List를 지정하면 되고, index에는 몇 번째 것을 가져올 것인지 선택하면 된다(여기서는 ListView에서 받은 index를 그대로 사용할 것이므로 알 필요는 없지만, 앱 인벤터에서 모든 index는 1부터 시작한다). 따라서 ListView에서 index만 받아올 수 있다면 블록을 완성시킬 수 있다.

ListView1에서 몇 번째 목록이 선택되어 있는지는 Blocks > Screen1 > ListView1 > ListView1.SelectionIndex를 이용하면 된다. 이와 유사하게 생긴 ListView1.Selection은 '선택된 목록의 문자열'을 얻는 것인데 이것은 지금 필요가 없으므로 잘못 사용하지 않도록 주의한다.

위의 두 방법을 조합하면 이제 MineNames와 MineDescriptions에서 원하는 위치의 문자열을 가져올 수 있다.

2) 결과적으로 하고자 하는 것이 Label1의 Text를 변경하는 것이므로 Blocks>Screen1>Label1>set Label1.Text to를 처음에 배치한다.

3) 이 문자열은 List에서 가져와서 넣어야 하는 것이므로 Blocks>Built-in>Lists>select list item을 조립한다.

4) 마지막으로 그 대상이 되는 List(global MineNames)와 index(ListView1.SelectionIndex)를 지정해주면 된다.

5) TextBox1도 코드가 위와 똑같으며 단지 대상 List만 다르게 된다. 이 코드를 완성하면 그림 9-6과 같다.

프로그램을 실행한 뒤 ListView의 목록을 선택해보자. 의도대로 코드가 작동하는지 확인한다.

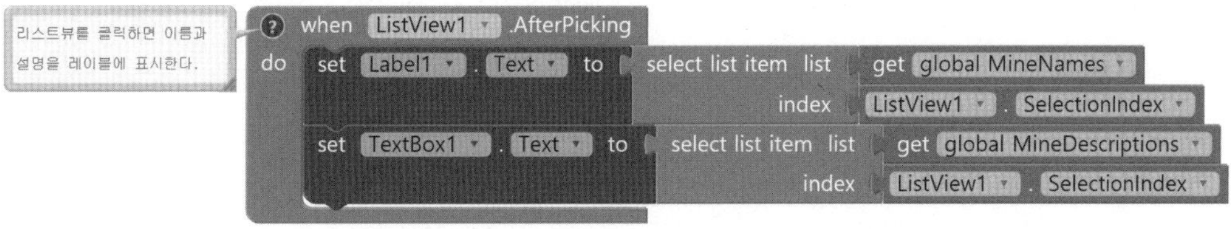

그림 9-6 완성된 ListView1.AfterPicking 블록

라. ActivityStarter를 이용한 지도 표시

이제 한 블록만 추가하면 모든 인터페이스가 작동하게 된다. 아직 '지도에서 보기' 버튼을 눌렀을 때의 처리를 하지 않았으므로, 이 부분을 작성해본다.

버튼을 눌렀을 때의 처리는 Button1.Click을 사용하면 된다는 것을 알고 있을 것이다. 이때 해당 주소를 웹 브라우저로 보여주어야 하는데, 여기에는 두 가지 방법이 있다. 첫 번째 방법은 WebViewer 컴포넌트를 사용하는 것이며 이것은 10장에서 다룬다. 두 번째 방법은 안드로이드에 기본적으로 탑재된 웹 브라우저를 빌려 쓰는 것이다.

안드로이드에서는 Intent라는 것을 통해 앱이 운영체제나 다른 앱들의 기능을 빌려 사용할 수 있도록 하고 있다. 잠시 Designer로 돌아가서 하단의 ActivityStarter1을 클릭해보자. 우측의 속성에 여러 가지가 있는데, 이 예제에서 우리가 사용할 것은 Action과 DataUri이다. 이 중

Action은 여러 기능 중에 어떤 종류의 기능이 필요한지를 지정한다. 이를테면 android.intent. action.VIEW를 지정하게 되면, '어떤 것'을 '보고' 싶다는 뜻이다. 여기서 '어떤 것'은 DataUri 속성에 입력하면 되는데, 그 종류는 여러 가지가 될 수 있으며 이에 따라 빌리는 기능도 자동으로 달라진다. 예를 들어 연락처를 형식에 맞게 입력하면 연락처를 보여주는 창을 안드로이드에서 빌려 사용하게 되며, 웹 페이지 주소를 형식에 맞게 입력하면 웹 브라우저 기능을 빌려 사용하게 되는 것이다. Intent의 사용법은 매우 다양하므로 잘 사용하면 여러 복잡한 기능을 수행하는 프로그램을 쉽게 만들 수 있다. 자세히 알아보고 싶다면 다음 페이지를 참조하자.

http://ai2.appinventor.mit.edu/reference/other/activitystarter.html

다시 Blocks 페이지로 돌아와서 코드를 마무리하도록 하자.

1) Button1이 클릭되었을 때의 작업을 지정해야 하므로 Blocks > Screen1 > Button1 > when Button1.Click 블록을 만든다.

2) 다음으로는 위에서 설명했듯이 ActivityStarter1의 Action과 DataUri 두 가지를 지정해야 하는데, 두 속성 모두 좌측의 블록 목록 중 Blocks > Screen1 > ActivityStarter1을 클릭하여 각각 set ActivityStarter1.Action to, set ActivityStarter1.DataUri to 블록으로 수정할 수 있다. 두 블록을 when Button1.Click 내에 위치시킨다.

3) Action에는 Blocks > Built-in > Text > 빈 Text 블록을 위치시킨 뒤 "android.intent.action.VIEW"를 입력한다(큰따옴표는 입력하지 않는다).

4) DataUri에는 브라우저에서 표시할 주소를 입력하면 되는데, 이것은 앞서 Label과 TextBox를 변경했던 것과 같이 MineURLs에서 현재 목록에서 선택된 index번째의 항목을 주면 된다.

여기까지는 ActivityStarter가 무엇을 수행해야 하는지만 지정한 것이고, 이것을 실행시키기 위해서는 마지막으로 하나의 명령이 더 필요하다.

5) Blocks > Screen1 > ActivityStarter1에서 call ActivityStarter1.StartActivity를 드래그하여 when

Button1.Click 블록의 마지막에 위치시킨다.

이제 버튼을 클릭하면 ActivityStarter에 적절히 작업을 지정하여 바로 실행시키게 될 것이다. 코드 블록은 그림 9-7처럼 된다.

마지막으로 프로그램을 실행해보자. 버튼을 클릭해서 지도가 원하는 대로 표시되는지를 본다. 지도의 위치나 확대 수준이 적절하지 않아 보인다면 직접 수정해보자.

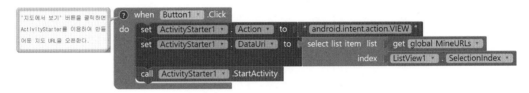

그림 9-7 완성된 Button1.Click 블록

5. 전체 앱 프로그램

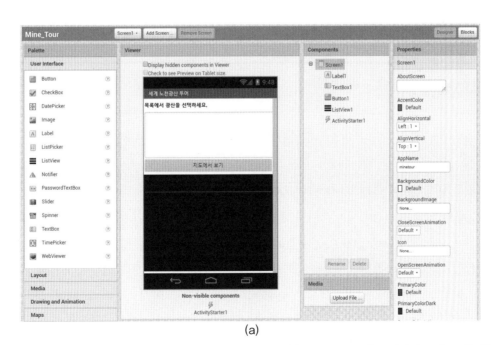

(a)

그림9-8 〈세계의 노천광산 투어〉 앱의 (a) 컴포넌트 디자인과 (b) 전체 프로그램 코드(컬러 도판 387쪽 참조)

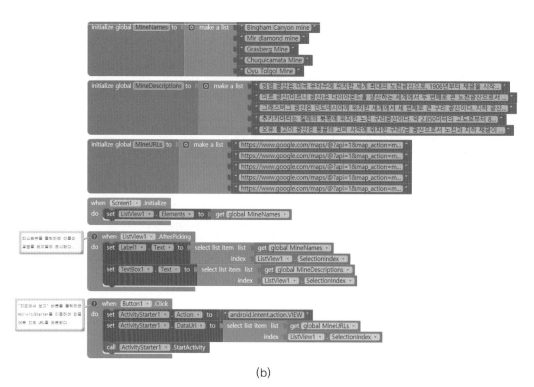

(b)

그림 9-8 〈세계의 노천광산 투어〉앱의 (a) 컴포넌트 디자인과 (b) 전체 프로그램 코드(계속)
(컬러 도판 388쪽 참조)

6. 확장해보기

- 평소에 관심이 있었거나 추가하고 싶은 지점을 선택하여 6번째 장소를 입력해보자. 어디를 수정해야 하는가?
- 직접 해보았듯이 Google Maps의 URL 기능은 사용자에는 매우 간편한 기능이지만, 해당 URL을 만드는 입장에서는 아니다. 위치를 추가하거나 수정하기 위해서는 복잡한 URL을 다루어야 하기 때문이다. 이것을 Procedure 기능을 사용해서 편리하게 만들어보자. URL에는 위도, 경도, 확대 수준, 지도 종류만 있으면 되므로, 이 4개의 인자를 받아서 Text의 join 블록을 사용하는 URL 생성 Procedure를 만들어보자. 이 경우 MineURLs에는 비어 있는 리스트(create empty list) 블록을 주어야 할 것이다. 더 확장하면, 광산 이름과 내용을 함께 받아 List에 추가하는 것까지를 Procedure로 만들어볼 수 있다.

제10장

지질자원
유튜브

지질자원 유튜브

인터넷 환경의 발달과 영상매체의 대중화로 인해 학생들이 공부하는 법도 점차 바뀌어가고 있다. 유튜브는 현재 가장 영향력이 큰 영상매체 중 하나로서, 활용 방법에 따라 학습에도 얼마든지 사용될 수 있다. 유튜브의 가장 큰 단점은 인터넷이 가능해야 한다는 것이지만, 스마트폰의 가장 큰 장점 중 하나가 바로 네트워크에 항상 연결되어 있다는 점이다. 이 장에서는 스마트폰 내에 아무런 데이터도 저장하지 않은 상태에서 온라인 데이터베이스와 유튜브를 활용하여 교육 비디오를 시청할 수 있는 앱을 만들어본다.

그림 10-1 〈지질자원 유튜브〉앱

<지질자원 유튜브> 앱은 실행 즉시 인터넷의 데이터베이스(DB)에 접속하여 본인이나 다른 사용자들이 사전에 저장해둔 영상 목록을 다운로드하고, 이것을 ListView에 표시한다. 사용자가 목록 중 하나를 선택하면 해당 동영상을 상단의 WebViewer를 통해 보여주게 될 것이다.

1. 학습 개요

이 장에서는 다음의 개념들을 새로 배운다.

- TinyWebDB를 사용하여 온라인 데이터베이스에 자료를 저장하거나 불러오는 방법
- WebViewer를 사용하여 웹 페이지를 화면 내에서 보여주는 방법
- for each item in list 블록을 사용하여 List 안에 있는 요소를 하나씩 자동으로 대입하면서 코드를 반복시키는 방법

2. 프로젝트 생성

프로젝트 이름을 "GeoTube"로 하여 새 프로젝트를 만들고, 첫 화면인 Designer에서 Screen1의 Title 속성을 "지질자원 유튜브"로 바꾼다.

3. 컴포넌트 디자인

<지질자원 유튜브> 앱의 인터페이스는 아주 간단하게 구성된다. 이 앱은 (1) TinyWebDB를 이용하여 온라인 데이터베이스에서 동영상의 제목과 주소 목록을 불러오고, (2) 해당 자료의 제목들을 ListView에 표시하고, (3) 목록 중 하나가 선택되었다면 WebViewer로 그 내용을 표시해주면 된다. 그리고 (4) 재생 목록을 추가하는 기능을 만들어 사용자가 원하는 동영상의 제목과 주소를 직접 입력하도록 만들 것이다.

위의 기능을 각각 수행하려면 먼저 TinyWebDB 컴포넌트가 필요한데, 이것은 9장의 Activity

Starter처럼 화면에 보이는 요소가 아니므로 배치할 경우 화면 밑에 표시된다. 화면에 보이는 컴포넌트는 데이터베이스에서 불러온 목록을 보여줄 ListView와 유튜브 영상을 재생할 WebViewer 두 가지만 사용한다. 사용자가 조작해야 하는 컴포넌트의 숫자는 가급적 적은 것이 인터페이스 구성이나 직관성 측면에서 좋으므로, 본 예제에서는 재생 목록에 추가하는 기능을 별도의 Button이 아닌 ListView를 이용하여 만들어볼 것이다. 이때 사용자로부터 제목과 주소 입력을 받기 위해서 8장에서 메시지 표시를 위해 사용한 적이 있는 Notifier를 사용할 것이다.

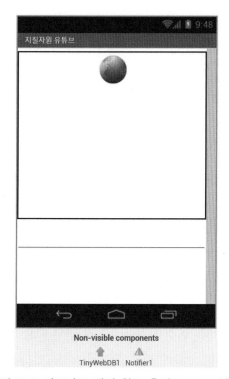

그림 10-2 컴포넌트 배치 완료 후의 Viewer 화면

표 10-1의 컴포넌트는 자유롭게 배치하되, 영상을 재생하기 위해서는 일정 높이가 필요하므로 일단 WebViewer와 ListView를 위쪽부터 순서대로 배치한 뒤 WebViewer의 Height 속성을 35%로 지정해두자. 나중에 실행하였을 때 크기를 조절하기 위해서는 해당 속성만 수정해주면 될 것이다.

표 10-1 〈지질자원 유튜브〉에 사용되는 컴포넌트들의 목록과 각각의 용도

컴포넌트	팔레트	이름	용도
WebViewer	User Interface	WebViewer1	동영상 링크를 화면상에서 재생
ListView	User Interface	ListView1	동영상의 제목과 '추가하기' 기능을 겸함
Notifier	User Interface	Notifier1	동영상을 목록에 추가하기 위해 사용자로부터 문자열 입력을 받음
TinyWebDB	Storage	TinyWebDB1	동영상 목록을 인터넷 DB에 저장하거나 불러옴

이것으로 인터페이스는 준비가 완료되었다. 우측 상단의 Blocks 버튼을 눌러 블록 프로그래밍을 시작한다.

4. 블록 프로그래밍

가. TinyWebDB

데이터를 다루는 앱을 만들기 위해서는 파일뿐 아니라 여러 종류의 데이터베이스를 사용하게 된다. 특히 온라인 데이터베이스는 불특정 다수의 스마트폰을 통해 원격으로 접속이 가능해야 하므로 별도의 서버 하드웨어와 소프트웨어가 필요하며, 사용법도 까다로운 경우가 많아 초심자가 접근하기는 상당히 어렵다. 반면 앱 인벤터에서는 TinyWebDB라는 일종의 단순형 데이터베이스를 지원한다. TinyWebDB는 저장하고자 하는 특정 데이터를 'Tag'라고 불리는 일종의 이름을 붙여 서버에 저장해둘 수 있으며, 불러오고자 할 때에는 동일한 Tag를 서버에 요청하면 된다. 여기에는 단순 문자나 숫자뿐 아니라 복잡한 List도 저장할 수 있으므로, 여러 디바이스에서 공유할 필요가 있는 데이터를 활용하는 앱에서 유용하게 사용될 수 있다.

한편 TinyWebDB는 데이터베이스의 한 종류와 같은 것이며, 어느 서버로 접속할 것인지는 별도의 문제이다. 데이터는 서버에 저장되는 것이므로, 접속하는 서버가 달라지면 같은 Tiny WebDB라 하더라도 다른 데이터를 사용하게 되는 것이다. 컴포넌트 디자인에서 추가한 TinyWebDB1(화면 하단의 Non-visible components에 있다)을 클릭해보면, 우측의 Properties에 서비스 주소를 기재하도록 되어 있다. 해당 항목에 기본적으로 기재된 주소는 앱 인벤터에서 제공하는 개발용 서버의 주소이다. 이 서버는 총 저장 데이터가 1,000개로 제한되어 있으며,

제한 개수 이상의 기록이 발생할 경우 가장 처음 기록된 것부터 삭제된다. 해당 서버는 전 세계에서 공통적으로 사용되고 있는 것이므로 거의 매일같이 1,000개 이상의 자료가 입력되어 모든 자료가 갱신되기 때문에, TinyWebDB를 활용하여 실제로 활용될 앱을 개발하고자 한다면 기본으로 제공되는 서버는 개발 용도로만 사용하고, 실제 활용 시에는 별도의 서버를 구축해서 사용하는 것이 바람직하다.

우리는 간단한 예제만을 만들어 시험해볼 것이므로 앱 인벤터에서 기본적으로 제공되는 서버를 활용할 것이다. 만약 자신이 직접 서버를 구축하여 사용하고 싶다면 다음의 주소를 참고해보자.

http://appinventor.mit.edu/explore/content/custom-tinywebdb-service.html

또한 웹 브라우저를 통해 앱 인벤터에서 기본적으로 제공하는 데이터베이스에 값을 저장하거나 저장한 값을 불러오는 것을 시험해볼 수 있는 페이지가 마련되어 있다. 앱에서 저장한 값을 브라우저를 통해 조회하거나 브라우저를 통해 저장한 값을 앱에서 사용할 수도 있다. 시험 삼아 각 페이지에서 값을 저장하고 불러오는 연습을 해보자. Tag가 무엇을 뜻하는지 바로 알 수 있을 것이다.

저장하기: http://tinywebdb.appinventor.mit.edu/storeavalue
불러오기: http://tinywebdb.appinventor.mit.edu/getvalue

일반적인 숫자나 문자열이 아닌 List를 저장하고 싶다면, 대괄호([ ])를 이용하면 된다. 예를 들어 숫자 1, 2, 3이 들어 있는 List를 표현하면 다음과 같이 된다.

[1, 2, 3]

저장되는 데이터가 문자열이라면, 각 요소를 따옴표로 묶는다.

["1", "2", "3"]

List 안에 또 다른 List가 들어 있는 형태라면, 대괄호 안에 다른 대괄호가 들어가는 형식으로 작성하면 된다. 다음의 예제 이외에도 여러 가지 형식의 데이터를 저장하거나 불러오기해보자.

[[1,2,3], [4,5,6], [7,8,9]]
[[1, "홍길동"], [2, "길동홍"], [3, "동홍길"]]

나. 변수 준비

<지질자원 유튜브> 앱은 시작과 동시에 웹상의 DB에 접속하여 동영상의 목록을 다운로드한다. 다운로드가 완료되면 데이터를 적절히 가공하여 영상의 제목들을 ListView에 표시해주어야 하며, 목록 중 특정 영상을 선택하였을 경우에는 WebViewer에서 해당 영상을 보여주어야 한다. 또한 영상의 목록을 사용자가 추가할 수 있어야 할 것이다.

이렇듯 데이터를 다루는 앱을 만들 때에는 전체적인 흐름을 먼저 구상하고, 이를 위한 자료 구조의 설계를 미리 해둘 필요가 있다. 우리가 만들 앱에서 사용할 데이터는 '동영상 제목들의 목록'과 '주소들의 목록'이다. 제목 목록은 ListView에 입력하여 사용자에게 가시화할 필요가 있으므로, 제목과 주소를 하나의 List에 모두 담을 수는 없다. 한편 TinyWebDB에는 하나의 Tag에 하나의 Value만을 저장할 수 있다. 이때 두 개의 Tag를 사용하여 각각 List를 저장할 수도 있지만, 데이터 관리와 전송의 관점에서 한 종류의 데이터를 저장하거나 불러오기 위해 두 번을 접속하는 것은 그다지 효율적인 방법이 아닐 것이다.

이 문제를 해결하는 데에는 여러 방법이 있을 수 있다. 첫 번째 방법은 앱 내에서 사용되는 List를 저장되는 List와 동일하게 사용하되, 여기서 제목만을 담는 List를 새로 만들어 별도로 사용하는 것이다. 이를 알기 쉽게 표현하면 다음과 같다.

저장되는 자료의 구조:
[[제목1, 주소1], [제목2, 주소2], …, [제목n, 주소n]]

사용되는 자료의 구조:
데이터 List: [[제목1, 주소1], [제목2, 주소2], …, [제목n, 주소n]]
제목 List: [제목1, 제목2, …, 제목n]

또 다른 방법은 저장되는 데이터의 구조와 실제로 앱 내에서 사용되는 데이터의 구조를 다르게 사용하는 것이다. 저장은 하나의 List를 사용하되, 이것을 불러올 때에는 2개의 List에 나누어 담으면 1개의 List는 그대로 ListView에 필요한 목록으로 사용할 수 있다. 이것을 다시 저장할 때에는 다시 하나의 List로 합쳐서 저장하면 된다.

저장되는 자료의 구조:
[[제목1, 주소1], [제목2, 주소2], …, [제목n, 주소n]]

사용되는 자료의 구조:
제목 List: [제목1, 제목2, …, 제목n]
주소 List: [주소1, 주소2, …, 주소n]

이 외에도 여러 가지 방법이 있을 수 있지만, 본 예제에서는 자료의 중복이 없는 두 번째 방법을 사용해보기로 한다. 이제 자료 설계가 완료되었으므로 본격적으로 블록 프로그래밍을 시작해본다.

1) 위에서 설계한 바와 같이 우리는 두 개의 List를 앱 내에서 사용해야 하므로, 앞서 배운 바와 같이 create empty list 블록을 사용하여 두 개의 전역 List를 만든다. 하나는 제목을 담아야 하므로 이름을 'youtubeTitles'로 변경하고, 다른 하나는 유튜브 페이지의 주소를 담아야 하므로 'youtubeURLs'로 변경한다.

다음으로는 TinyWebDB에서 사용될 Tag를 미리 준비해두어야 한다. Tag는 자료를 온라인에 저장할 때와 불러올 때 각각 사용될 것인데, 이렇게 여러 번 사용되는 특정 이름은 미리 변수로 만들어두는 것이 편리하다. Tag는 문자열(텍스트)로 이루어져야 한다.

2) DBTag라는 이름의 문자열 전역 변수를 하나 만든 뒤 적당한 Tag를 붙인다.

우리가 여기서 사용하는 TinyWebDB 서버는 전 세계인들이 동시에 사용하고 있기 때문에, 사용하고자 하는 Tag가 중복되기 쉬운 이름이면 데이터가 유실되거나 변조될 가능성이 매우 높다. 본 예제에서는 "geoscience_youtube_list"를 사용하였는데, 이를 변형하거나 하여 각자 적당한 이름을 사용하도록 한다.

변수 부분이 완성되면 다음의 그림 10-3과 같이 된다.

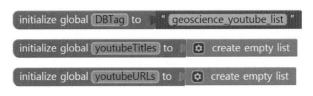

그림 10-3 〈지질자원 유튜브〉 앱의 변수 선언부

다. 앱 시작부 프로그래밍

〈지질자원 유튜브〉 앱은 앞선 예제와는 달리 데이터베이스를 사용한다. 데이터베이스에는 특정 구조로 자료가 저장되어 있을 것이며, 따라서 이러한 사전 약속을 토대로 자료를 불러오거나 저장하게 된다. 우리는 앞선 절에서 저장되는 자료의 구조를 이미 설계해두었으므로, 해당 구조로 자료가 저장되어 있거나 저장될 것이라고 가정하고 모든 프로그래밍을 수행할 것이다.

앱이 시작되면 가장 먼저 수행할 것은 기존에 온라인에 저장해둔 데이터를 가져오는 것이다. TinyWebDB를 통해 자료를 저장하거나 불러오는 것은 모두 TinyWebDB 컴포넌트를 통해 이루어지는데, 자료를 저장할 때에는 StoreValue 블록을 사용하고, 불러올 때에는 GetValue를 사용한다.

1) Blocks의 Screen1을 클릭하여 when Screen1.Initialize 블록을 만든다.
2) 여기에 TinyWebDB1을 클릭했을 때 나오는 call TinyWebDB1.GetValue 블록을 입력한다.
3) 자료를 가져오려면 해당 자료를 구분할 Tag를 입력해주어야 하는데, 우리는 앞선 절에서 이것을 전역 변수로 만들어두었다. 따라서 Blocks > Variables > get 블록을 만든 뒤 'global DBTag'을 선택하여 GetValue 블록의 tag에 연결한다(그림 10-4).

그림 10-4 앱이 시작할 때 TinyWebDB에 값 요청하기

이제 자료를 온라인 데이터베이스에 요청하는 코드를 작성하였으므로, 이 코드가 실행되면 데이터가 서버에서 전송되어올 것이다. 여기서 한 가지 특이한 점은, 서버에서 불러온 자료의 처리 부분이 자료의 요청 부분에 연결되어 작성되는 것이 아니라 따로 작성되어야 한다는 것이다. 우리는 TinyWebDB를 사용하고 있으며 이것은 온라인 데이터베이스이다. 온라인 데이터베이스의 특징 중 하나는 자료를 요청하고 수신하는 데에 어느 정도의 시간이 걸릴 것인지 정확히 예측하기가 어렵다는 것이다. 항상 자료를 요청하는 즉시 수신이 되면 좋겠지만, 통신 상태가 불량하거나 서버에 많은 부하가 걸려 있을 경우 자료를 수신하는 데에 오랜 시간이 걸릴 수 있고, 이것을 앱에서 무작정 기다리게 되면 그동안 프로그램은 멈춰버릴 것이다. 따라서 TinyWebDB에서는 GetValue를 통해 자료를 요청하는 부분과 해당 자료가 서버로부터 수신되었을 때의 처리 부분이 별도로 분리되어 있다. 자료가 수신되면 TinyWebDB의 GotValue 이벤트가 발생하므로 이 부분을 처리하는 코드를 작성하자.

4) Blocks > TinyWebDB1 > GotValue 블록을 새로 생성한다.

이 블록에는 두 개의 인자가 있는데, tagFromWebDB는 앞서 자료를 요청했을 때 지정한 Tag를 의미하고, valueFromWebDB는 해당 Tag를 통해 저장해둔 데이터를 뜻한다. 굳이 tagFromWebDB가 마련되어 있는 것은 여러 개의 자료를 여러 개의 Tag로 동시에 요청했을 때 해당 자료들을 구분하기 위함이다. 또한 앞서 설명한 이유로 인해 무엇이 먼저 도착할 것인지 100% 확실하지가 않기 때문이다. 그러나 우리는 하나의 Tag만을 이용하므로 이 값은 명확하여 사용할 필요가 없고, valueFromWebDB만 가공하여 사용하면 된다.

valueFromWebDB에는 앞서 지정해둔 Tag를 통해 요청받은 값이 들어 있다. 이때 만약 앱이 한 번도 사용된 적이 없다면 데이터베이스에는 저장된 데이터가 하나도 없을 것이다. 이렇게 사전에 저장되지 않은 Tag를 요청했을 경우 TinyWebDB 서버에서는 아무것도 없는 문자열("")을 반환하도록 되어 있다. 아무 데이터도 없는 상태에서는 자료를 처리할 필요가 없으므로 일단 if-else 블록을 이용해 값이 비어 있는지 확인해주어야 한다.

5) Blocks>Built-in>Control에서 가장 상단에 위치한 if-then 블록을 GotValue 블록의 처음에 위치시킨다.

6) valueFromWebDB가 비어 있지 않은지 확인해야 하므로, Blocks>Built-in>Text의 isEmpty 블록과 Blocks>Built-in>Logic의 not 블록을 사용하여 not-is empty-get valueFrom WebDB의 형태로 조립한다.

7) 이를 if 블록에 조립하게 되면, valueFromWebDB가 공백이 아닐 때에만 if-then 블록 내부의 코드가 실행될 것이다(그림 10-5).

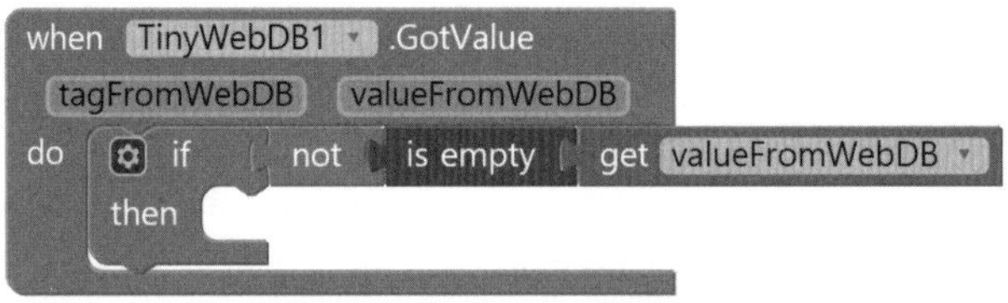

그림 10-5 TinyWebDB1.GotValue의 공백 점검 부분 만들기

이제 valueFromWebDB 값을 처리해주기만 하면 된다. 시작하기 전에 앞서 약속한 자료 구조의 형태를 다시 확인해본다. 저장되는 자료는 [[제목1, 주소1], [제목2, 주소2], …, [제목n, 주소n]] 의 형태를 갖는다. 즉 제목과 주소가 들어 있는 List가 큰 List 안에 나열되어 있는 형태이다. 따라서 valueFromWebDB는 하나의 큰 List일 것이며, 이 안에 [제목, 주소] 형태의 List가 여러 개 들어 있는 것이다.

8) 이것을 가장 쉽게 처리하기 위해 Blocks>Built-in>Control>for each item in list를 사용하자. 이 블록은 대상 List에 들어 있는 값들을 처음부터 하나씩 'item'에 대입하면서 코드를 반복 실행한다.

9) 대상 List는 당연히 valueFromWebDB가 될 것이므로 get 블록으로 조립한다.

10) 이때 각 item은 [제목, 주소] 형태의 List가 되므로, 제목과 주소를 각각 youtubeTitles와 youtubeURLS에 입력해주면 된다. Built-in>Lists>add items to list 블록을 사용하여 각 List에 item의 1번째, 2번째 값을 넣어주자.

11) for each item in list 블록의 반복이 종료되면 youtubeTitles에는 각 동영상의 제목들이 들어 있을 것이므로, 마지막에는 이것을 ListView1.Elements에 넣어주면 된다.

완성된 블록은 그림 10-6과 같이 된다.

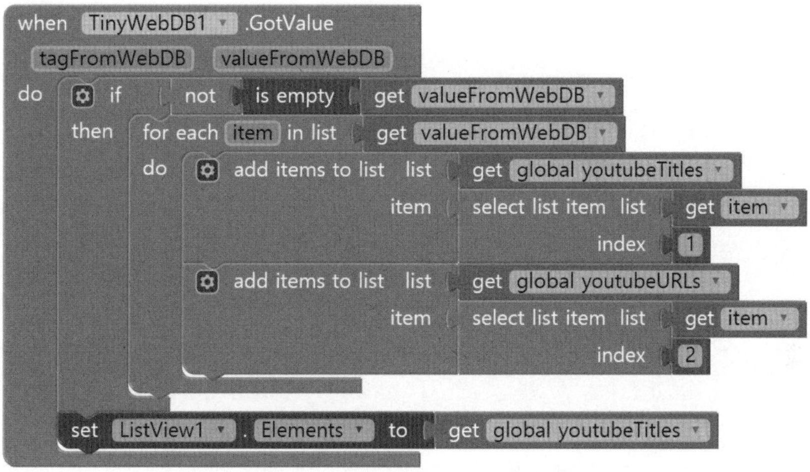

그림 10-6 TinyWebDB1.GotValue로 받은 값 처리하기

라. 데이터 입력받기

앞선 예제들에서는 사용자로부터 데이터를 입력받는 데에 TextBox와 같은 컴포넌트들을 사용하였다. 이번 예제는 동영상을 재생하는 앱의 특성상 '동영상'과 '목록' 이외의 불필요한 컴포넌트들을 최대한 줄여서 사용자 친화적인 앱이 되도록 ListView의 내용에 추가하기 버튼의 기능을 탑재해본다.

ListView의 기본적인 사용법은 9장 <세계의 노천광산 투어> 앱에서 다룬 바와 거의 동일하다. 다른 점은 표시되는 목록의 맨 끝에 '추가하기'라는 이름의 요소를 하나 더 넣어 필요할 때에만 입력 인터페이스를 등장하도록 한다는 점이다.

이러한 기능을 추가하기 위해서는 먼저 앞선 절에서 만든 when TinyWebDB1.GotValue 블록에서 youtubeTitles에 "< 추가하기 >"라는 이름의 요소를 하나 더 포함하도록 추가적인 코드를 입력해야 한다. 해당 블록에서는 TinyWebDB로부터 받은 데이터를 가공하여 동영상 제목들을 먼저 youtubeTitles에 입력하도록 되어 있으므로, 해당 기능을 수행하는 if-then 블록의 바로 다음에 추가하면 된다.

1) Built-in > Lists > add items to list 블록을 해당 부분에 추가하고, youtubeTitles에 "< 추가하기 >"라는 이름의 Text를 추가하도록 한다. 추가한 이후의 블록은 다음 그림 10-7과 같다.

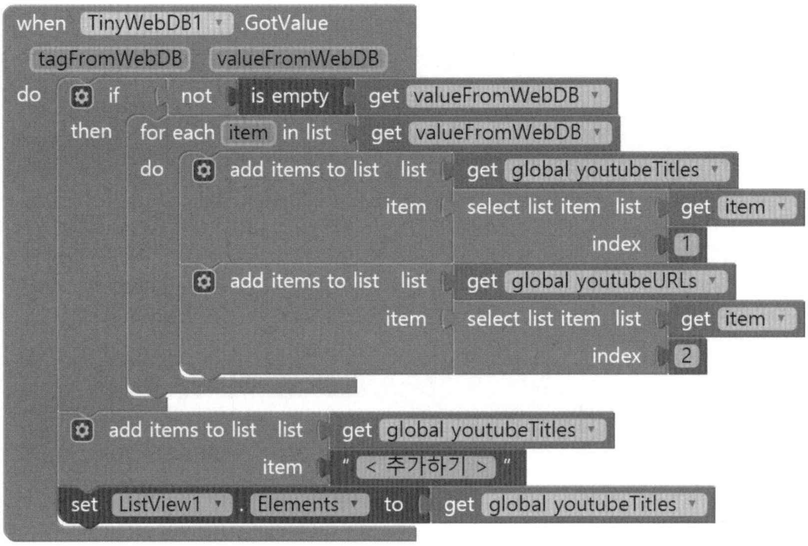

그림 10-7 완성된 TinyWebDB1.GotValue 블록

앱을 실행시켜보면 하단의 ListView에 "< 추가하기 >"만이 포함되어 있을 것이다. 이제 해당 요소를 선택하였을 때 입력을 받도록 해야 하는데, 이 기능은 ListView1에서 요소를 선택했을 때에 등장해야 한다.

2) Blocks > Screen1 > ListView1 > when ListView1.AfterPicking 블록을 생성한다.

"< 추가하기 >" 요소는 동영상 제목들이 모두 입력된 뒤 마지막에 입력되도록 하였으므로, 해당 요소를 선택했을 때의 SelectionIndex는 항상 youtubeTitles에 들어 있는 값의 개수와 같게 된다(앱 인벤터에서 Index는 1부터 시작한다는 점을 기억하자). 따라서 사용자가 어떤 요소를 선택하였을 때 SelectionIndex가 youtubeTitles의 목록 개수와 같다면, 사용자는 새 목록을 추가하려는 것이 된다. 만약 SelectionIndex가 목록의 개수가 아닌 경우에는 동영상을 재생하면 되는 것이고, 이것은 다음 절에서 처리한다.

3) Blocks > Built-in > Control > if-then 블록을 ListView1.AfterPicking 블록 안에 생성하고, 해당 블록의 설정 버튼을 클릭하여 else를 추가한다(이것은 Blocks > Built-in > Control > if-then-else와는 다른 것임에 주의한다. if-then-else 블록은 변수 등을 입력할 때 경우에 따라 다른 값을 주고 싶을 때 사용하는 블록이다).

4) 여기서는 앞서 설명한 바와 같이 ListView1.SelectionIndex가 youtubeTitles의 목록 개수와 같은지 비교하도록 한다.

만약 같다면 새 목록을 추가하는 인터페이스를 등장시켜야 하는데, 여기에는 컴포넌트 디자인에서 생성해둔 Notifier를 사용한다.

Notifier는 단순히 메시지를 보여주는 기능과 더불어 사용자로부터 값을 입력받는 기능도 가지고 있다. 이때 값은 하나만 입력받을 수 있는데, 입력받아야 하는 값은 '동영상 제목'과 '주소' 두 개여야 하므로 쉼표(,)로 값을 분리해서 입력하도록 하자.

5) Blocks > Screen1 > Notifier1 > call Notifier1.ShowTextDialog 블록을 then 부분에 추가하고, message에는 "영상 제목과 유튜브 주소를 콤마(,)로 분리해서 입력해주세요."라고 입력한다.

6) title 항목 공백 Text(" ")만 입력해도 되는데, 필요하다면 "추가하기" 등으로 적절하게 입력한다.

7) 마지막의 cancelable 항목은 입력을 취소할 수 있는지를 설정하는 부분이다. 추가 버튼을 누르긴 했는데 갑자기 값을 추가하고 싶지 않을 수도 있으니 이 항목은 true로 설정한다(사용자가 조작할 수 있는 모든 경우의 수를 고려하는 것은 앱 개발에서 매우 중요한 작업이다). 만약 앱을 실행 후 "추가하기"를 선택하여 Notifier가 등장했을 때 사용자가 취소 버튼을 선택한다면, 이제부터 작성할 입력 관련 코드는 자동으로 동작하지 않게 되므로 편리하다.

해당 부분까지 작성된 ListView1.AfterPicking 블록은 그림 10-8과 같다. else 부분은 동영상을 재생할 부분으로서 나중에 작성할 것이므로 일단 비워두자. 앱을 실행하여 "추가하기"를 선택하면 입력창이 등장하는 것을 볼 수 있다. 다음 절에서는 여기서 입력받은 값을 처리하는 코드를 작성한다.

그림 10-8 ListView1.AfterPicking에서 Notifier를 이용하여 값 입력받기

마. Notifier로 입력받은 값 처리하기

Notifier에서 ShowTextDialog 기능을 사용하여 값을 입력받게 되면 AfterTextInput 이벤트가 발생하므로 이것을 통해 입력받은 값을 처리하면 된다.

1) Blocks > Screen1 > Notifier1 > when Notifier1.AfterTextInput 블록을 생성한다. 여기서 response 인자가 사용자가 입력한 문자열이다.

2) 앞선 절에서 입력을 쉼표로 구분하여 받은 것을 기억하자. 이 값을 분리하여 사용하려면 먼저 쉼표를 기준으로 값을 분리하여 사용해야 한다. Blocks > Built-in > Variables > initialize local name to 블록을 추가하고, name을 쉽게 구분 가능하도록 "Input"으로 변경한다.

3) 이 변수는 response를 쉼표로 구분하여 List로 만든 것이어야 하므로, to 부분에는 Blocks > Built-in > Text > split text-at을 입력한다. 여기서 text는 response가 되고, at은 쉼표(,)가 된다.

4) 이제 Input 변수의 1번째 요소는 사용자가 입력한 동영상 제목이 되고, 2번째는 그 동영상의 주소가 되었다. 각각을 youtubeTitles와 youtubeURLs에 추가하되 Blocks > Built-in > Lists > insert list item 블록을 사용하여 index를 1로 지정함으로써 가장 나중에 입력한 동영상이 목록의 맨 처음에 추가되도록 한다.

5) 동영상 목록이 추가되었으므로 마지막에는 ListView1.Elements를 다시 지정하여 동영상의 제목 List를 갱신해주어야 한다.

블록이 완성되면 그림 10-9와 같이 된다.

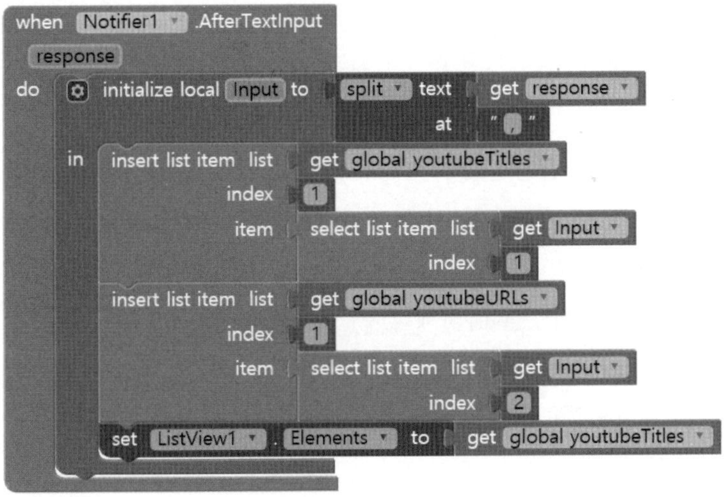

그림 10-9 Notifier1.AfterTextInput에서 사용자가 입력받은 값 처리하기

이제 앱을 실행하여 추가하기 기능을 시험해보면 쉼표로 분리된 목록이 성공적으로 추가되는 것을 볼 수 있을 것이다. 그러나 변경된 목록을 TinyWebDB에 저장하지는 않았기 때문에 앱을 종료한 뒤 다시 실행하면 아무 동영상 목록도 나오지 않게 된다.

앱이 값을 계속 기억하도록 하기 위해서는 값을 입력받았을 때에 TinyWebDB의 데이터도 함께 갱신을 해주어야 한다. 이때 데이터베이스에 저장되는 값의 구조는 [제목, 주소] 형태의 List가 나열된 형태여야 하므로, 앱 내부에서 사용되는 두 개의 List를 결합하는 부분이 먼저 수행되어야 한다.

이 부분은 when Notifier1.AfterTextInput의 마지막 부분에 이어서 작성한다.

6) 결합된 List를 저장할 새 local 변수를 생성하고 이름을 newList로 지정한다.
7) 초깃값은 Blocks > Built-in > Lists > create empty list여야 한다.

이제 youtubeTitles와 youtubeURLs의 각 요소를 결합한 뒤 newList에 추가하면서 반복을 수행해야 하는데, 이때 youtubeTitles에는 "추가하기" 요소가 하나 더 포함되어 있음을 기억하자. 이 요소는 데이터가 아니므로 저장할 데이터에 포함되면 안 될 것이다.

8) Blocks > Built-in > Control > for each number from-to-by 블록을 조립한다.

9) from과 by는 기본값인 1을 사용하고, to는 youtubeURLs의 길이를 사용해야 한다. "추가하기" 요소는 youtubeTitles의 맨 마지막에 위치해 있기 때문에, 반복할 횟수를 youtube URLs의 길이로 사용하면 해당 요소는 자동적으로 배제된다.

10) for 블록 내부에서는 [제목, 주소] 형태의 새 List를 만들어(Blocks > Built-in > Lists > make a list) newList에 추가하면 된다. 이때 각 요소는 Blocks > Built-in > Lists > select list item을 사용하여 첫 번째 요소는 youtubeTitles의 number번째 값을 입력하고, 두 번째 요소는 youtubeURLs의 number번째 값을 입력한다.

반복문이 완료되면 완성된 newList를 TinyWebDB를 통해 입력해주면 된다.

11) Blocks > Screen1 > TinyWebDB1 > call TinyWebDB1.StoreValue를 입력하고, valueToStore 에는 newList를 지정한다.

StoreValue 또한 온라인 데이터베이스에 데이터를 입력하는 명령이므로, 데이터가 제대로 입력되었을 때에 when TinyWebDB1.ValueStored 이벤트가 자동적으로 발생하지만 본 예제에서는 저장 성공 여부를 별도로 판단하는 부분은 생략한다.

다음 그림 10-10의 완성된 예제 코드에서는 혹시 사용자가 쉼표를 입력하지 않거나 잘못 입력했을 경우를 대비해서 Input의 요소 개수가 2개인지 검사하는 코드가 추가되어 있다.

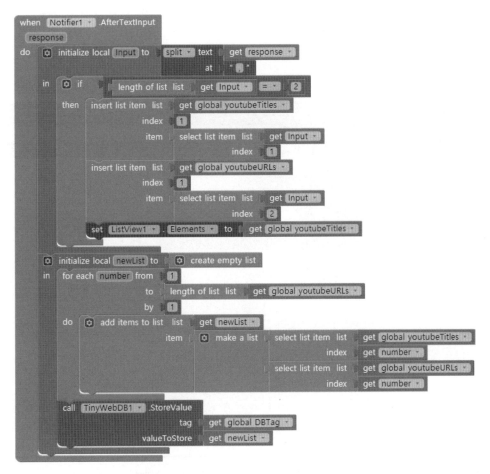

그림 10-10 완성된 Notifier1.AfterTextInput 블록

바. 동영상 재생하기

이제 데이터베이스 관련 코드가 모두 완성되었으므로 동영상 재생 페이지를 WebViewer에 표시하는 내용만 추가하면 모든 코드가 완성된다. 유튜브는 페이지를 여는 즉시 동영상이 재생되기 때문에 WebViewer에 URL을 주어 표시하기만 하면 된다. 앞서 작성한 ListView1.AfterPicking 블록의 else 부분이 아직 비어 있으므로 여기에 해당 내용을 작성하자. WebViewer에 특정 인터넷 주소를 주어 웹 페이지를 표시하는 방법은 대단히 간단하다.

1) Blocks > Screen1 > WebViewer1 > call WebViewer1.GoToURL을 생성한다.
2) url 부분에 주소를 입력하면 WebViewer는 해당 URL을 화면에 표시하게 된다. 주소는

youtubeURLs에서 ListView1.SelectionIndex번째의 요소를 가져와서 입력하면 된다(그림 10-11).

그림 10-11 완성된 ListView1.AfterPicking 블록

5. 전체 앱 프로그램

코드가 길기 때문에 전체 코드를 두 부분으로 분할하였다. 위치를 찾기 쉽도록 그림이 잘 리는 부분에 일부 블록이 중복되어 있으므로 주의하자.

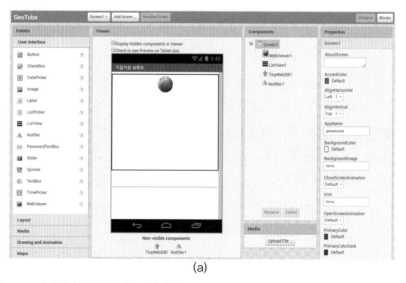

(a)

그림 10-12 〈지질자원 유튜브〉 앱의 (a) 컴포넌트 디자인과 (b, c) 전체 프로그램 코드

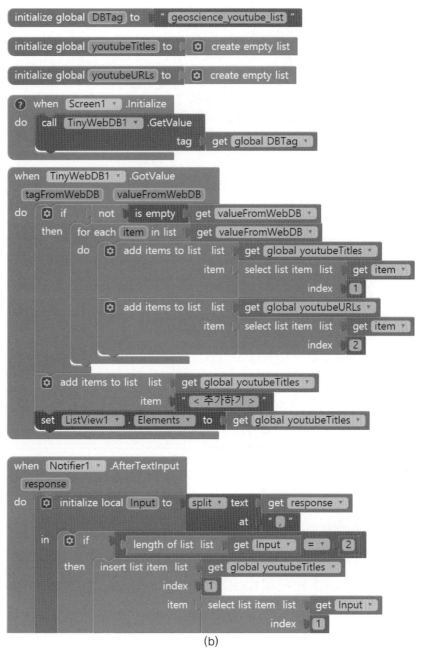

(b)

그림 10-12 〈지질자원 유튜브〉 앱의 (a) 컴포넌트 디자인과 (b, c) 전체 프로그램 코드(계속)
(컬러 도판 389쪽 참조)

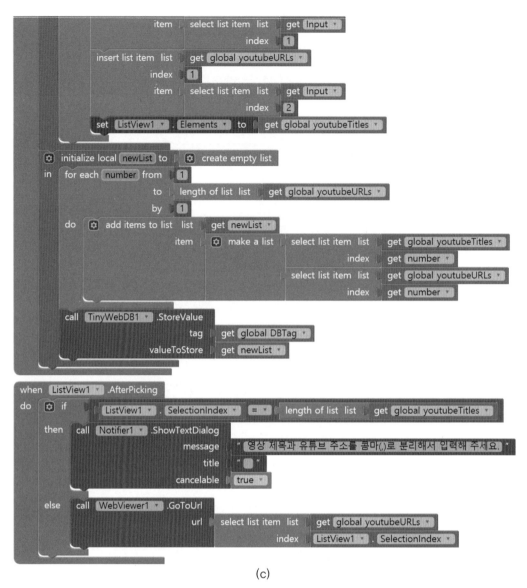

(c)

그림 10-12 〈지질자원 유튜브〉 앱의 (a) 컴포넌트 디자인과 (b, c) 전체 프로그램 코드(계속)
(컬러 도판 390쪽 참조)

6. 확장해보기

－TinyWebDB는 StoreValue를 통해 서버에 값을 저장할 수 있는데, 저장이 완료되면 Tiny

WebDB.ValueStored 블록을 통해 저장이 성공적으로 되었음을 알 수 있다. 이 블록을 이용하여 사용자가 값을 입력하였을 경우 '성공적으로 저장되었습니다'라는 메시지를 Notifier로 출력하도록 해보자.

- 본 예제에서는 편의상 쉼표를 이용하여 동영상의 제목과 URL을 한 번에 받도록 프로그램을 구성하였다. 그러나 제목에 쉼표가 들어가는 경우에는 제대로 주소가 입력되지 않게 되므로 이러한 방식은 사실 좋지 않은 방법이다. 쉼표를 사용하지 않고 값을 2개 받을 수 있는 방법에는 여러 가지가 있으므로, 여러 아이디어를 구상해보고 입력을 정확히 받도록 프로그램의 완성도를 높여보자.

제11장

지오 컴퍼스

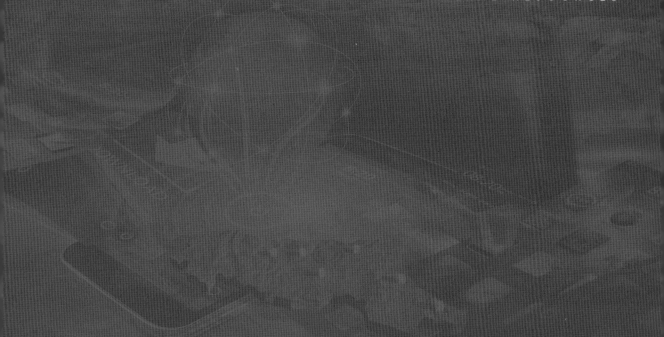

지오 컴퍼스

지오 컴퍼스(geologic compass)는 나침반과 각도기 부분 등으로 구성되어 측정하고자 하는 지질 구조의 경사각(침강각)이나 경사 방향(또는 주향) 등을 측정하는 데에 사용되며, 지질학과 자원공학, 지질공학 등 관련 분야에서 폭넓게 사용되는 기본적인 지질 구조 측정 도구이다. 이번 장에서는 스마트폰 내에 기본적으로 포함되어 있는 가속도 센서와 자기장 센서를 사용하여 전자적으로 값을 취득해볼 수 있는 애플리케이션을 제작해본다.

스마트폰을 대상 지질구조에 밀착시키게 되면, 해당 지질구조와 스마트폰의 경사각 및 경사 방향이 동일하다고 할 수 있을 것이다. 이때 스마트폰에 내장된 센서를 적절히 이용하면 지질 구조의 자세를 빠르고 쉽게 취득할 수 있다. 지질과학에서의 측정 대상은 면구조와 선구조 등 여러 종류가 있으나 본 예제에서는 면구조의 측정만을 대상으로 한다.

본 장에서는 대부분의 스마트폰에 내장되어 있는 가속도 센서와 자기장 센서를 활용하여 지질 구조의 자세를 측정하고, 해당 측정값을 ListView에 보여주는 프로그램을 만들어볼 것이다. 나아가 자기장의 왜곡으로 인해 측정이 불가능한 경우에 측정이 가능한 수준으로 간단하게 보정을 수행하는 방법에 대하여 알아본다.

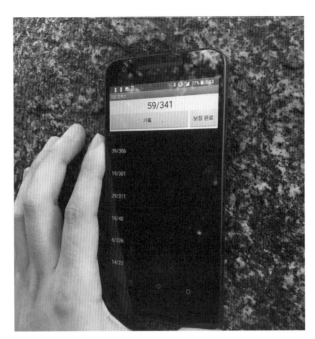

그림 11-1 〈지오 컴퍼스〉 앱

1. 학습 개요

이 장에서는 다음의 개념들을 새로 배운다.

• 주향과 경사각의 개념을 논리적으로 알고리즘화하여 계산하는 방법
• AccelerometerSensor를 사용하여 가속도 센서값을 취득하는 방법
• 여러 개의 센서로부터 취득된 데이터를 활용하여 계산을 수행하는 방법
• 앱 인벤터에 기본적으로 포함되어 있지 않은 기능을 외부에서 가져와서 사용하는 방법

2. 프로젝트 생성

프로젝트 이름을 "Geo_Compass"로 하여 새 프로젝트를 만들고, Designer에서 Screen1의

Title 속성을 "지오 컴퍼스"로 바꾼다.

3. 컴포넌트 디자인

지오 컴퍼스는 대상 지질 구조의 경사각과 경사 방향을 측정하여 기록하기 위한 도구이다. 따라서 경사각과 경사 방향을 알려주는 것이 첫째 목표가 될 것이며, 부차적으로는 기록을 쉽게 할 수 있도록 기록한 내용을 목록으로 표시해주면 편리할 것이다.

따라서 본 예제에서는 표 11-1과 같은 컴포넌트들을 사용할 것이다. 대부분의 컴포넌트들은 이미 사용한 적이 있는 것들이지만, 가속도 센서와 자기장 센서 기능은 새로 사용하는 것으로서 두 컴포넌트 모두 인터페이스에서는 보이지 않는 것들이다.

표 11-1 〈지오 컴퍼스〉에 사용되는 컴포넌트들의 목록과 각각의 용도

컴포넌트	팔레트	이름	용도
Label	User Interface	Label1	계산된 경사각과 경사 방향을 사용자에게 표시
HorizontalArrangement	Layout	HorizontalArrangement1	버튼 두 개를 수평으로 정렬
Button	User Interface	ButtonRecord	클릭 시 현재 측정값을 목록에 기록
Button	User Interface	ButtonCalibration	클릭 시 자기장 센서를 보정하거나 그만둠
ListView	User Interface	ListView1	기록된 경사각과 경사 방향을 목록으로 제공
Accelerometer	Sensors	AccelerometerSensor1	가속도 센서값을 제공
TaifunMagnetic	Extension	TaifunMagnetic1	자기장 센서값을 제공

특히 자기장 측정값을 얻는 기능은 본래 앱 인벤터의 기본 컴포넌트에 없는 기능인데, 앱 인벤터에서는 기능의 확장을 위해 외부에서 제작된 컴포넌트를 추가하여 사용할 수 있도록 되어 있다. 스마트폰으로 방향을 알기 위해서는 지자기장의 측정이 필수적이므로, 여기서는 자기장 센서값을 취득할 수 있는 Magnetic Sensor Extension(TaifunMagnetic) 확장 기능을 다운로드하여 사용하도록 한다. 이 확장 기능은 독일의 개인 개발자가 제작한 것이며 다음의 주소에서 무료로 다운로드할 수 있다.

모든 확장 기능은 확장자가 aix인 파일로 되어 있으며, 해당 파일을 다운로드한 뒤 앱 인벤터의 Designer 화면에서 좌측 Palette의 맨 아래에 위치한 Extension을 클릭한다. Import extension을 클릭하면 파일을 불러올 수 있는 인터페이스가 나타나며, 다운로드한 파일을 선택한 뒤 Import를 클릭하면 Extension에 해당 확장 기능이 추가된다. 이렇게 추가된 확장 기능은 일반 컴포넌트와 같은 방법으로 사용할 수 있다. 위 주소에서 다운로드한 확장 기능은 TaifunMagnetic이라는 이름으로 Designer의 Extension 분류에 추가될 것이다.

이제 간단한 인터페이스 구성에는 익숙해졌을 것이므로 본 예제에서는 Designer에서의 상세한 설명을 생략한다. 다음의 표 11-1과 완성된 인터페이스 화면(그림 11-2)을 참고하여 적절히 컴포넌트를 추가하자. 이번에는 상황에 따라 버튼이 두 개 필요할 수 있으므로, 일단 버튼을 하나만 추가하되 이름을 ButtonRecord로 변경하고 Text 속성을 '기록'으로 수정한다. 나머

그림 11-2 컴포넌트 배치 완료 후의 Viewer 화면

지 하나의 버튼(ButtonCalibration)은 보정 기능에 사용하게 되며, 나중에 필요에 따라 추가한다.

4. 블록 프로그래밍

가. 경사각과 경사 방향의 계산 방법

지질과학 분야에서 모든 지질 요소의 방향이나 자세는 경사각이나 경사 방향으로 나타낼수 있다. 경사각은 해당 요소의 수평면에 대한 최대 각도를 나타내는 값이며, 경사 방향은 침강하고 있는 방향을 뜻한다. 이중 경사각은 방향과 관계없이 수평면을 기준으로 정의되므로 수평면의 법선벡터, 즉 중력가속도의 방향만 알면 계산할 수 있다. 반면 경사 방향은 본래 나침반을 이용하여 측정하는 것이므로 자기장의 방향까지 고려해야 계산이 가능하다.

이러한 계산을 위해서는 스마트폰에 탑재된 3축 센서 중 두 가지를 사용해야 한다. 중력가속도의 측정은 가속도 센서(accelerometer)를 사용하여 측정하며, 지자기장의 방향을 얻는 데에는 자기장 센서(magnetic sensor)를 사용한다. 이 두 가지 센서는 화면의 방향 전환이나 지도 앱 등의 여러 편의 기능을 제공하기 위해 거의 모든 스마트폰과 태블릿에 공통적으로 탑재되어 있으므로, 아주 특수한 모델을 사용하고 있지 않다면 탑재 여부를 별도로 확인할 필요는 없다.

가장 먼저 고려할 것은 센서들이 얻는 가속도와 자기장의 방향이 실세계의 좌표계를 기준으로 한 것이 아니라 스마트폰의 자체 좌표계를 기준으로 취득된다는 점이다. 이를테면 중력 가속도의 방향은 3차원 벡터 (x, y, z)로 표현하였을 때 (0, 0, -1)을 생각하기 쉽지만, 스마트폰의 좌표계에서 이 방향은 스마트폰의 앞쪽 화면으로부터 뒷면을 향하는 방향이다. 스마트폰의 좌표계는 그림 11-3과 같이 설정되어 있으며, 이 좌표계는 OS나 제조사 등의 차이와 무관하게 모든 스마트폰이 동일하게 사용한다.

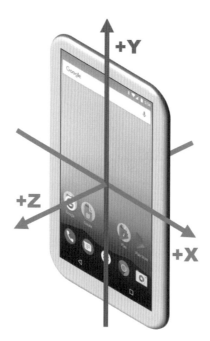

그림 11-3 스마트폰의 좌표계

이를 토대로 중력가속도를 이용한 경사각의 계산 방법을 생각해보자. 경사각은 측정하고자 하는 사면(또는 이에 밀착된 스마트폰 면)과 수평면 사이의 각도와 같다. 이 각도를 두 법선 사이의 각도를 이용하여 계산하기 위해 각 면의 법선 벡터를 만들어보면, 먼저 수평면의 지표면 방향 법선은 중력가속도 벡터와 같으며, 이것을 $G = (G_x, G_y, G_z)$로 표현하자. 스마트폰이 움직이지 않는 경우에는 스마트폰에 가해지는 가속도가 중력가속도밖에 없으므로, 측정하고자 하는 구조에 밀착시켰을 경우에 얻는 가속도가 곧 G가 된다. 다음으로는 스마트폰을 이용하여 지질 구조를 측정하고자 하는 경우 당연히 화면이 위로 가도록 스마트폰을 밀착시키게 될 것인데, 이때 스마트폰 면의 아래쪽 방향 법선은 $Z = (0, 0, -1)$과 같다. 경사각 dip은 이 두 벡터의 사잇각과 같으므로 다음의 식 (11-1)과 같이 계산할 수 있다. 이때 분자의 $|G_z|$는 본래 $-G_z$여야 하나, 경사각은 항상 양수이므로 편의를 위해 절댓값 처리한다.

$$dip = \text{acos}\left(\frac{G \cdot Z}{|G||Z|}\right) = \text{acos}\left(\frac{|G_z|}{|G|}\right) \tag{11-1}$$

경사 방향은 상대적으로 계산이 복잡하다. 경사 방향은 수평면과 평행한 자북 방향 벡터와 역시 수평면에 평행한 지질구조의 침강 방향 벡터를 모두 알아야 계산할 수 있다. 그런데 자북 방향을 알 수 있는 지자기장의 방향은 일반적으로 수직 방향 성분을 담고 있기 때문에 수평면과 평행하지 않다(이것을 복각, magnetic dip 또는 magnetic inclination이라고 한다). 또한 지질구조의 침강 방향 벡터를 수평면상에 투영하기 위해서는 실세계 좌표축에서 측정한 침강 방향의 벡터가 필요한데, 스마트폰은 자체적인 좌표계로만 값을 얻을 수 있으므로 이것도 얻기 어렵다. 따라서 스마트폰에 탑재된 센서 정보만으로 경사 방향을 구하기 위해서는 센서를 통해 획득할 수 있는 두 개의 3차원 벡터 중에서 실세계 좌표축과 평행한 중력가속도를 통해 수평면과 평행한 벡터들을 얻는 계산 방법이 필요하다.

센서를 통해 취득되는 두 벡터를 각각 중력가속도 벡터 $G = (G_x, G_y, G_z)$와 지자기장 벡터 $M = (M_x, M_y, M_z)$이라고 하자. 이때 G와 M의 벡터곱(cross product, $G \times M$)을 계산하게 되면, 실세계 좌표계를 기준으로 하였을 때 G는 수평면과 수직인 벡터이고, M의 수평 방향 성분은 자북 방향을 가리키게 되므로 두 벡터에 모두 수직인 $G \times M$은 수평면과 평행하면서 90° 방향(동쪽)을 가리키는 벡터가 된다. 이 벡터를 E라고 하면, E는 다음 식 (11-2)와 같다.

$$E = (E_x, E_y, E_z) = G \times M = (G_y M_z - G_z M_y, G_z M_x - G_x M_z, G_x M_y - G_y M_x) \text{ (11-2)}$$

수평면상에서의 방향 기준을 얻었으므로, 이제 수평면 상에서 경사면의 방향을 나타내는 어떤 벡터만 하나 더 얻을 수 있다면 계산이 가능할 것이다. 스마트폰의 면을 경사면이라고 할 때, 경사각을 계산할 때에 사용한 $Z = (0, 0, -1)$를 다시 사용하여 $G \times Z$를 계산하면 이것은 해당 경사면과 수평면에 모두 평행한 벡터, 즉 해당 사면의 주향을 나타내는 벡터가 된다. 경사면의 두 주향 중에서도 이 벡터는 사면을 바라보았을 때 오른쪽 방향의 주향이 되며, 이 주향 S를 계산하면 다음 식 (11-3)과 같다.

$$S = (S_x, S_y, S_z) = G \times Z = (-G_y, G_x, 0) \tag{11-3}$$

다음으로 S와 E의 사잇각을 구하면, 이 각도 a는 동쪽 방향을 기준으로 하여 사면의 주향이 갖는 각도가 된다(식 (11-4)).

$$a = \mathrm{acos}\left(\frac{S \cdot E}{|S||E|}\right) = \mathrm{acos}\left(\frac{G_x E_y - G_y E_x}{|S||E|}\right) \tag{11-4}$$

S는 사면을 바라보았을 때 오른쪽 방향의 주향(경사 방향을 $direction$이라고 할 때 $direction - 90°$; 앱 인벤터에서 acos은 라디안이 아닌 각도 단위로 계산되어 나온다)을 나타 내는 벡터이며 E는 동쪽(90°)을 가리키는 벡터이므로, 이들의 사잇각인 a는 $direction$이 180° 일 때에 0°가 되며, 이보다 경사 방향이 k°만큼 커지거나 작아졌을 때 k°가 된다. $direction$이 180°보다 큰 경우를 스마트폰의 좌표계를 기준으로 표현하면 $E_z < 0$과 같으므로, 경사 방향 $direction$은 최종적으로 식 (11-5)와 같다.

$$direction = \begin{cases} 180° + a \ (E_z < 0) \\ 180° - a \ (E_z \geq 0) \end{cases} \tag{11-5}$$

여기까지 계산한 경사각과 경사 방향은 스마트폰의 화면이 항상 하늘 쪽을 바라보는 형태 로 측정되는 것을 가정한 것이며, 상반(hanging wall) 등 여러 경우의 수를 고려하면 더욱 복잡 하지만 본 예제에서는 이 내용만을 대상으로 구현하도록 한다.

또한 위의 결과는 이해를 돕기 위하여 중력가속도의 방향이 물체가 떨어지는 방향이라고 간주하여 계산한 것인데, 안드로이드에서 제공하는 가속도는 '가속도를 받는 대상이 느끼는 힘'을 기준으로 한 것이어서 부호가 위와 정반대이다. 따라서 실제로 구현할 때에는 위의 수 식에 기재된 G_x, G_y, G_z에 모두 음의 부호를 붙여야 함에 유의한다.

나. 경사각 측정 구현

앞서 계산한 바와 같이 경사각의 측정은 가속도 센서만을 사용한다. 따라서 Designer에서 추가한 AccelerometerSensor1을 사용하여 가속도 센서로부터 값을 취득하고, 해당 값을 이용하 여 경사각을 계산한 다음 Label1에 결과를 표시해주면 될 것이다. 또한 기록 버튼을 터치하였 을 경우에는 Label1의 결과를 그대로 ListView1에 추가하도록 한다.

먼저 프로그램 전체에서 사용할 변수를 생성한다. 가속도 센서 취득값은 바로 계산에 사용 할 것이므로 변수에 담아둘 필요가 없고, 현재에는 ListView에 담아둘 계산 결과를 저장하기 위한 리스트만 필요하다.

1) resultList라는 이름으로 빈 리스트(Blocks＞Built-in＞Lists＞create empty list)를 생성한다.

다음은 계산부를 작성한다. 디지털 센서들은 1초에 수십 회 이상의 매우 빠른 속도로 값을 측정하게 되는데, 매번 측정되는 가속도값을 그대로 계산에 활용하여 Label1에 계산 결과를 출력할 것이다. Designer에서 추가한 센서 컴포넌트들은 별도의 조작 없이도 항상 센서 측정 값을 프로그램에 전달해주는데, 이 값은 when Accelerometer1.AccelerationChanged 블록을 사용 하여 받을 수 있다(참고로 여기서 받은 3축 가속도값의 단위는 m/s^{2}인데, 본 예제에서는 중력 가속도의 방향만이 필요하기 때문에 가속도의 단위는 관계가 없다).

2) Blocks＞Screen1＞AccelerometerSensor1＞when Accelerometer1.AccelerationChanged 블록 을 생성하고, 앞 절에서 계산한 경사각 d의 공식을 구현한다.

AccelerationChanged 블록 내부의 코드는 새 가속도값이 측정될 때마다 실행될 것이며, 그때 마다의 3축 가속도값은 xAccel, yAccel 및 zAccel 인자들로 전달된다.

여기서 주의할 점은 각 지역(local) 변수를 다른 블록에서 사용하기 위해서는 해당 변수 블 록 내부에 코드가 여러 번 중첩되는 형태로 작성해야 한다는 것이다. 때문에 앞선 예제와 달 리 수식 블록들을 복잡하게 사용해야 한다. 경사각의 계산을 위해 필요한 지역 변수는 2개 ($|G|$, dip)이다.

그리고 이 계산에서는 삼각함수 블록 acos을 사용해야 되는데, Blocks＞Built-in＞Math 분류 안에는 기본적으로 acos이 들어 있지 않다. 먼저 해당 분류에 있는 cos 블록을 만들고(sin이나 tan를 만들어도 상관없다), 해당 블록 내의 아래 방향 화살표를 누르면 다른 삼각함수 목록을 선택할 수 있으므로 여기에서 acos 블록을 선택하여 사용하자.

3) 계산이 완료되면 경사각을 Label1.Text에 표시하는 코드를 작성한다.
4) Blocks＞Screen1＞ButtonRecord＞when ButtonRecord.Click 블록을 작성하여, 버튼이 터치 되면 Label1.Text를 위에서 생성한 resultList에 그대로 추가하고, ListView1.Elements를 resultList로 지정하도록 한다.

여기까지의 코드는 대부분 앞 장에서 배운 바 있는 코드이므로 자세한 설명을 생략한다.

자유롭게 작성한 후, 그림 11-4와 비교하여 자신의 코드가 논리적으로 맞는지 확인한다. 프로그램을 실행해보고, 스마트폰을 기울여 경사각이 제대로 측정되는지 확인해보자.

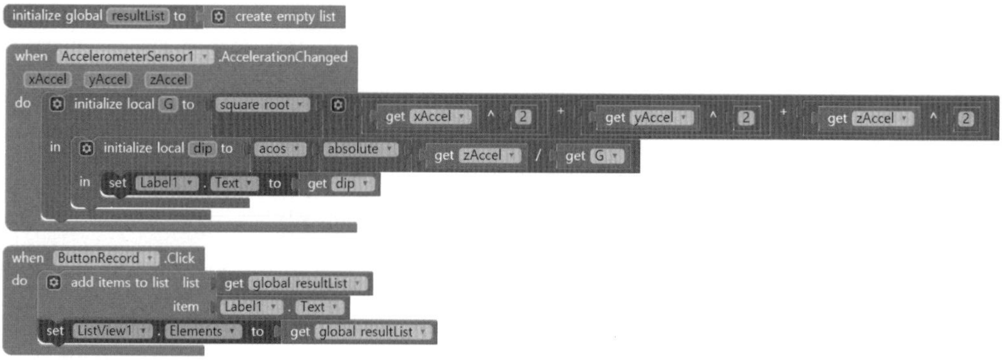

그림 11-4 경사각 계산 및 기록 코드

다. 경사 방향 측정 구현

경사 방향의 측정은 두 개의 센서 자료가 필요하며, 구현의 난이도면에서 보면 경사각의 계산에 비해 크게 어렵지는 않다. 한 가지 고려할 점은, 경사각의 계산에 필요한 자기장 센서의 측정값이 가속도 센서처럼 별도의 블록을 통해 전달된다는 점이다. 경사 방향을 계산할 때에는 경사각을 계산할 때에 사용했던 값들이 여러 개 필요하므로, 경사 방향의 계산식을 AccelerometerSensor1.AccelerationChanged에 이어서 작성하는 것이 편리하다. 따라서 자기장 센서값이 취득될 때마다 전역 변수에 저장하여 그 값을 간접적으로 사용할 필요가 있다.

1) 각각 mx, my, mz라는 이름으로 3개의 전역 변수를 생성하고, 초깃값을 0으로 지정한다.
2) Blocks > Screen1 > TaifunMagnetic1 > when TaifunMagnetic1.MagneticChanged 블록을 생성한다. 이 블록 역시 AccelerationChanged와 마찬가지로 자기장 값이 센서로부터 전달될 때마다 자동으로 실행된다.
3) magneticX, magneticY, magneticZ값을 그대로 mx, my, mz에 저장한다.

본격적인 계산은 경사각의 계산 블록(initialize local dip to) 내부에 이어서 작성한다. 이번에는 총 6개의 변수를 더 생성하여 계산해야 하는데(E_x, E_y, E_z, E, a, $direction$) 필요에 따라

변수를 더 쓰거나 덜 써도 무방하다. 그리고 $direction$은 E_z에 따라 값이 변해야 하므로 if-then(+else)문이 하나 필요하며, 마지막에서 Label1.Text는 표준적인 경사각과 경사 방향의 표기 방법에 따라 "경사각/경사 방향"의 형식으로 표기하자. 또한 경사각과 경사 방향은 정수로 표기하는 것이 일반적이므로 Blocks > Built-in > Math > round를 사용하여 반올림한 값을 사용하자.

이번에는 코드 작성이 비교적 복잡하므로, 서두르지 말고 수식을 잘 확인하면서 한 단계씩 차근차근 진행하여야 한다. 잘 되지 않는다면 그림 11-5를 참고해본다.

코딩이 완료되었으면 앱을 실행하여 제대로 경사 방향이 측정되는지 살펴보자. 경사 방향에 어느 정도의 오차가 발생하는 것은 자기 센서의 정확도에 의한 문제로서 코딩 결과는 정상으로 볼 수 있다. 만약 코딩에 문제가 없는데도 불구하고 경사 방향 각도가 별로 변하지 않는 등 측정이 거의 되지 않는다면 자기장 센서의 출력값이 심하게 왜곡되어 있는 것이다. 다음 절에서는 이러한 문제가 왜 일어나는지 살펴보고 가장 단순한 해결 방법을 제시한다. 만일 큰 문제가 없다고 생각된다면 다음 절은 참고하지 않아도 무방하다.

그림 11-5 경사 방향 계산 코드(컬러 도판 391쪽 참조)

라. 자기장 센서 보정기능 추가

스마트폰 내부에는 계산을 수행하는 프로세서를 비롯하여 여러 가지 전자부품들이 촘촘하게 들어차 있으며, 이러한 부품들 중에서는 기본적으로 자성을 띠는 것도 있고 회로의 전류에 의해 자기장이 유도되기도 한다. 문제는 자기장을 측정하는 스마트폰 내부의 센서가 지자기장뿐 아니라 이러한 내부 자기장까지 함께 측정할 수밖에 없다는 것이다. 심한 경우에는 내부 자기장이 지자기장보다 훨씬 강하여 위에서 구현한 측정 기능이 거의 불가능한 수준까지 이르기도 하는데, 이러한 내부 간섭의 강도는 센서가 어느 부분에 위치하는지 등의 하드웨어 설계와 관련된 부분이므로 스마트폰 모델에 따라 다소 차이가 있다.

이 문제를 해결하기 위해서는 자체적인 보정 기능을 탑재하여야 하는데, 실제로 모든 스마트폰 운영체제는 이러한 보정 기능을 탑재하고 있으나 앱 인벤터에서는 사용이 불가능하다. 운영체제에서 사용되는 보정 기능은 매우 복잡하여 이 책의 학습 범위를 넘어서므로, 여기서는 단순한 선형 보정을 통해 측정이 가능한 수준으로 보정을 수행하는 것을 목표로 한다.

만약 내부 자기장이 없다면, 스마트폰을 여러 방향으로 기울였을 때 각 축에서 감지되는 지자기장의 최댓값은 축별로 모두 동일하여야 한다. 그러나 간섭으로 인해 본래 구형으로 측정되어야 할 자기장의 분포가 왜곡되는데, 예를 들어 특정 축의 값이 음의 숫자만 출력될 수도 있다. 이것은 특정 축을 향해서 내부 자기장 이 심하게 발생하고 있기 때문이며, 때문에 아무리 스마트폰을 다른 방향으로 기울여도 경사 방향이 특정 수치 근처에서만 맴돌게 되는 것이다. 이때 측정을 수행하기 전에 미리 스마트폰을 여러 방향으로 움직여서 각 축에서 감지되는 자기장의 최댓값과 최솟값을 미리 파악해둔다면, 이를 이상적인 분포에 맞도록 다시 계산함으로써 원래 출력되는 값에 가깝게 만들 수 있을 것이다.

이 보정 방법을 구현하려면 각 자기장 측정값(3축)의 최댓값과 최솟값, 그리고 최댓값과 최솟값의 차이를 저장해둘 9개의 전역 변수가 필요하고, 앱이 보정 중인지 아닌지를 저장할 변수 하나(onCalibration)가 더 필요하다. 이때 최댓값을 저장할 변수는 초깃값을 매우 작은 값(예를 들어 -999999)으로 하고, 최솟값을 저장할 변수는 초깃값을 매우 큰 값(예를 들어 999999)으로 지정해두면 나중에 어떠한 값이 들어와도 일단 해당 값이 최솟값 또는 최댓값이 될 것이다.

보정은 앱이 시작되는 즉시 시작되는 것으로 하고, 보정이 끝나야 앱이 사용될 수 있도록 만들어야 한다. 따라서 위해 버튼 하나를 새로 추가하고(ButtonCalibration), 해당 버튼의 Text

속성을 '보정 중'으로 지정한다. 해당 버튼을 클릭하였을 때의 블록에서는 현재의 onCalibration 값에 따라 보정 단계와 측정 단계를 오갈 수 있도록 한다(그림 11-6, 그림 11-7). 보정 중이 아니었는데 다시 보정이 시작되는 경우라면 초깃값을 다시 지정해주는 과정이 있어야 하며, 보정 중에 버튼이 눌린 것이라면 보정을 완료하려는 것이므로 각 축의 최댓값과 최솟값의 차이를 계산해서 저장해두어야 한다.

다음으로는 TaifunMagnetic1.MagneticChanged 블록을 대폭 수정하여야 한다. 만약 보정 중이라면(onCalibration = true), 현재 취득된 3축의 자기장 값을 minMx, maxMx 등과 모두 비교하여 최댓값과 최솟값을 갱신한다. 예를 들어 새로 들어온 x축 자기장 값이 minMx보다 더 작다면, minMx를 새 값으로 교체하여야 한다. 이 갱신 과정은 사용자가 '보정 중' 버튼을 탭하여 보정을 중지시키기 전까지 계속될 것이다.

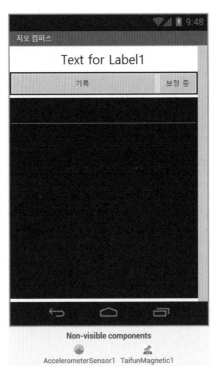

그림 11-6 보정을 위한 버튼이 추가된 새 인터페이스

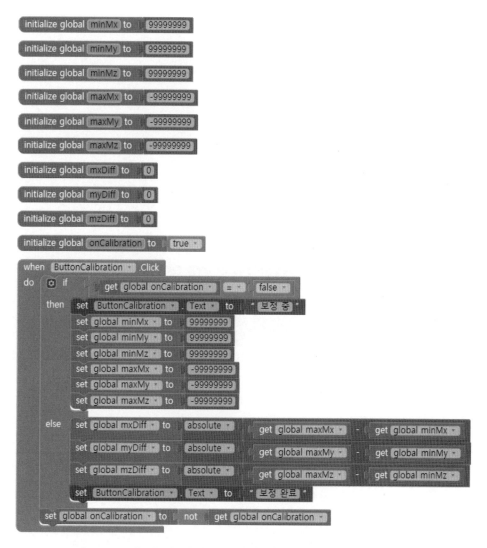

그림 11-7 보정 기능을 추가하기 위한 새 변수와 버튼 클릭 처리 블록

보정 중이 아니라면, 원래 코드에서 mx, my, mz를 그대로 전달하는 코드를 수정하여 보정된 값을 전달하면 된다. 보정이 완전하다면 각 축은 0을 기준으로 하였을 때 최댓값과 최솟값의 절댓값이 동일하여야 한다. 따라서 보정된 값은 -1부터 1까지의 단위벡터가 될 수 있도록 선형으로 보정하여 전달한다(그림 11-8).

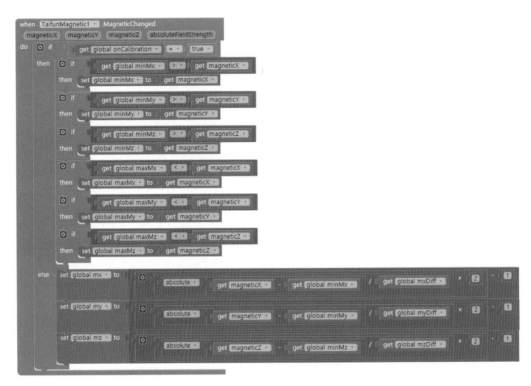

그림 11-8 자기장 센서값을 보정하여 전달하는 수정된 TaifunMagnetic1.MagneticChanged 블록

수정이 모두 완료되었으면 앱을 실행하고 스마트폰을 여러 자세로 먼저 기울여 보정을 수행한다(손목의 스냅을 이용하여 스마트폰을 8자로 회전하는 일반적 보정 방법을 사용하자). 최댓값과 최솟값을 어느 정도 잘 취득하였다고 생각되면 '보정 중' 버튼을 탭하여 보정을 종료하고 측정을 수행해보자. 이와 같은 보정 방법은 완전하지는 않지만, 어느 정도 사용 가능한 정도의 간단한 보정 기능을 제공할 수 있다.

5. 전체 앱 프로그램

그림 11-9의 코드는 보정 기능이 포함되지 않은 코드이다. 보정 기능이 필요하다면 앞 절을 참고하자.

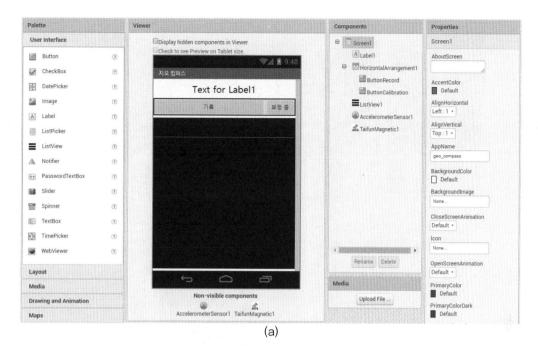

(a)

그림 11-9 〈지오 컴퍼스〉 앱의 (a) 컴포넌트 디자인과 (b) 전체 프로그램 코드

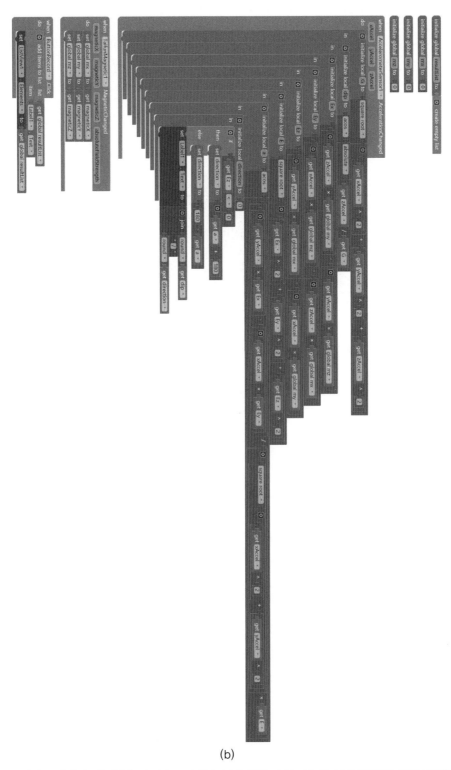

(b)

그림 11-9 〈지오 컴퍼스〉 앱의 (a) 컴포넌트 디자인과 (b) 전체 프로그램 코드(계속)(컬러 도판 392쪽 참조)

6. 확장해보기

자기장 센서는 자기장의 방향만이 아니라 세기도 측정할 수 있으므로, 이를 응용해서 만든 간이 금속 감지기들을 앱 스토어 등에서 쉽게 찾아볼 수 있다. 이러한 앱은 본 예제에 비하면 상당히 만들기 쉬운 축에 속하므로 초보자라도 도전해볼 수 있다. 3축 자기장 벡터의 크기를 계산하고, 이 크기가 일정 값을 넘어서면 금속이 감지된 것으로 간주하는 앱을 만들어보자.

제12장

야외지질조사

야외지질조사

야외지질조사는 현장의 노두와 토양, 식생 및 지질 구조 등을 확인하고, 이것을 조사 지점의 좌표와 함께 글이나 사진 등으로 기록해야 하는 종합적인 조사 활동이다. 따라서 지오해머나 각종 계측장비를 제외하고도 GPS 수신기, 메모장, 카메라 등의 여러 도구가 필요하므로, 조사에 필요한 보조 도구의 숫자를 줄일 수 있는 방법이 있다면 매우 편리할 것이다.

그림 12-1 〈야외지질조사〉 앱

본 장에서는 이처럼 다양한 작업을 수행하야 하는 야외 조사에서 필수가 되는 현재 위치의 기록, 관찰 결과의 기록 기능과 카메라 촬영 등 다양한 기능을 탑재한 지질 조사 앱을 직접 만들어본다. 이러한 기록 앱은 보통 화면이 여러 개로 구성되어 오가는 형태로 만들어지는데, 본 예제를 통해 화면이 두 개 이상인 비교적 복잡한 앱을 만들기 위해서는 어떠한 방법을 사용해야 하는지도 알아보자.

1. 학습 개요

이 장에서는 다음의 개념들을 새로 배운다.

- 여러 개의 Screen을 사용하는 앱을 구성하는 방법
- TinyDB를 사용하여 데이터베이스를 스마트폰 내에 저장하는 방법
- LocationSensor를 사용하여 현재 위치의 경도와 위도를 취득하는 방법
- Procedure가 인자를 입력받도록 하여 호출하는 방법
- 특정 코드 묶음을 Procedure로 만들어 호출하는 방법
- open another screen 블록을 사용하여 다른 Screen을 호출하여 사용하는 방법
- when OtherScreenClosed 블록을 사용하여 다른 Screen의 결과값을 받아 사용하는 방법
- Clock 컴포넌트를 사용하여 현재의 시간을 원하는 형식의 문자열로 출력하는 방법

2. 프로젝트 생성

프로젝트 이름을 "Field_Survey"로 하여 새 프로젝트를 만들고, Designer에서 Screen1의 Title 속성을 "야외지질조사"로 바꾼다. 또한 Screen1 버튼 오른쪽의 "Add Screen" 버튼을 눌러 Screen2를 생성하고, 해당 버튼 왼쪽의 Screen1 버튼을 누르면 Screen들의 목록이 표시되므로 Screen2로 이동할 수 있다. Screen2로 이동하여 Title 속성을 공백 상태로 수정한 뒤 다시 Screen1으로 복귀하자.

이번 장에서 우리는 비교적 복잡한 구조의 앱을 만들게 된다. 이를 위해 여러 가지 고급

기법들을 활용할 것이며, 이러한 기법들은 복잡한 앱을 만들더라도 그 코드를 간결하고 알아보기 쉽게 해줄 것이다.

3. 컴포넌트 디자인

이번 장에서 우리는 두 개의 Screen을 사용하는 앱을 만들어볼 것이다. 첫 번째 화면 (Screen1)은 주 화면으로서, 현재 사용자의 위치와 함께 현재까지 기록한 목록을 ListView로 보여준다. 이 화면에서 "새 기록 추가" 버튼을 클릭하거나 기존의 기록 중 하나를 선택하면 두 번째 화면(Screen2)으로 이동하게 되며, 각각의 목적에 따라 하나의 Screen을 변형하여 사용할 것이다. 새 기록을 추가하려는 경우 Screen2에는 비어 있는 TextBox와 함께 기록 완료 버튼이 나타나게 되며, 기존의 기록을 조회할 때에는 예전에 기록한 내용과 사진을 보여주게 되고 화면을 닫는 버튼만 존재하게 된다.

다소 복잡해 보이지만 화면에 보이는 컴포넌트 중에서는 새로운 것이 없으므로 한 화면씩 차근차근 작성한다. Screen1에는 상단부터 HorizontalArrangement, 버튼 및 ListView가 순서대로 위치한다. 상단의 HorizontalArrangement 내부에는 하나의 VerticalArrangement가 위치하여 두 개의 Label을 포함하며, 여기에는 현재의 경도와 위도를 표시할 것이다. VerticalArrangement 오른편에는 하나의 Label을 배치하여 현재까지의 기록 수를 표시하기로 한다. 중간의 버튼은 새 기록을 추가하기 위한 버튼이며, 하단의 ListView는 현재까지의 기록을 목록으로 보여주는 기능을 한다. Label과 Button의 Text 속성은 용도에 따라 적절하게 작성하되, Label의 경우에는 어차피 나중에 프로그램 내에서 변경할 것이므로 지금 꼭 변경할 필요는 없다. ListView에는 사용자의 기록 내용과 시간 등 여러 가지가 표시되어야 하므로, TextSize 속성을 25 정도로 작게 조절하고, 나중에 필요에 따라 조절하여 사용하면 된다.

두 번째 Screen인 Screen2에는 상단부터 HorizontalArrangement, TextBox 및 또 다른 Horizontal Arrangement로 구성된다. 상단의 HorizontalArrangement에는 기록 ID와 경도 및 위도를 담는 3개의 Label이 배치되며, 하단의 HorizontalArrangement는 사진 기록과 버튼들을 위한 것으로서 기존에 촬영된 사진을 보여주기 위한 Image 컴포넌트를 배치하고, 그 우측에는 Vertical Arrangement를 배치하여 내부에 3개의 버튼을 둔다. 각 버튼은 사진 촬영, 취소(기록을 하고 싶지 않을 때 닫는 버튼), 완료(기록을 완료하거나 조회 시 창을 닫는 용도) 기능을 수행할 것이다.

Screen1의 보이지 않는 컴포넌트는 각각 경위도 좌표 취득을 위한 LocationSensor와 데이터 베이스 활용을 위한 TinyDB를 추가해야 하며, Screen2에는 사진 촬영을 위한 Camera와 현재 시간을 기록하기 위한 Clock이 필요하다.

이와 같은 내용으로 표 12-1과 그림 12-2를 참고하여 컴포넌트를 배치하자. 그림 12-2의 Screen2 화면은 이해를 돕기 위해 Image1이 선택된 상태이다. 그리고 Screen1과 Screen2는 완전히 별개의 개체여서 각 Screen에 포함되는 컴포넌트들은 서로 같은 종류라 하더라도 각각 1부터 명명되며, 같은 이름을 갖고 있다고 하더라도 서로 다른 것이다. 블록 프로그래밍에서는 다른 Screen에 있는 컴포넌트를 사용할 수 없기 때문에 혼동할 일이 적지만, 한 Screen에서 중복되는 컴포넌트의 경우 이름을 표 12-1대로 변경해두어야 나중에 어떤 버튼에 무슨 코드를 작성할 것인지를 빠르게 알 수 있다.

표 12-1 〈야외지질조사〉 앱에 사용되는 컴포넌트들의 목록과 각각의 용도

Screen	컴포넌트	팔레트	이름	용도
Screen1	HorizontalArrangement	Layout	HorizontalArrangement1	VerticalArrangement1과 LabelRecordNum을 정렬하여 포함
	VerticalArrangement	Layout	Verticalrrangement1	LabelLong과 LabelLat을 정렬하여 포함
	Label	User Interface	LabelLong	현재 지점의 경도를 표시
	Label	User Interface	LabelLat	현재 지점의 위도를 표시
	Label	User Interface	LabelRecordNum	현재 기록의 숫자를 표시
	Button	User Interface	Button1	클릭하면 새 기록을 추가하는 화면을 엶
	ListView	User Interface	ListView1	기존의 기록 내용을 목록으로 표시
	LocationSensor	Sensors	LocationSensor1	스마트폰의 GNSS 기능을 활용하여 경위도 좌표를 가져옴
	TinyDB	Storage	TinyDB1	데이터를 기록하거나 불러옴
Screen2	HorizontalArrangement	Layout	HorizontalArrangement1	LabelID, LabelLong, LabelLat을 정렬하여 포함
	HorizontalArrangement	Layout	HorizontalArrangement2	Image1 컴포넌트와 VerticalArrangement1 컴포넌트를 정렬하여 포함
	VerticalArrangement	Layout	VerticalArrangement1	ButtonPicture, ButtonCancel, ButtonDone 컴포넌트를 정렬하여 포함
	Label	User Interface	LabelID	현재 또는 기록된 기록의 ID를 표시
	Label	User Interface	LabelLong	현재 또는 기록된 경도를 표시
	Label	User Interface	LabelLat	현재 또는 기록된 위도를 표시

표 12-1 〈야외지질조사〉 앱에 사용되는 컴포넌트들의 목록과 각각의 용도(계속)

Screen	컴포넌트	팔레트	이름	용도
Screen2	TextBox	User Interface	TextContents	조사 내용을 기록하거나 기존의 기록 내용을 표시
	Image	User Interface	Image1	촬영된 사진을 표시
	Button	User Interface	ButtonPicture	클릭하면 사진 촬영 기능을 시작
	Button	User Interface	ButtonCancel	클릭하면 입력을 취소하고 Screen1으로 복귀
	Button	User Interface	ButtonDone	클릭하면 입력을 완료하고 Screen1으로 복귀
	Camera	Media	Camera1	카메라 화면을 열어 촬영을 수행
	Clock	Sensors	Clock1	현재 시간을 문자열로 출력

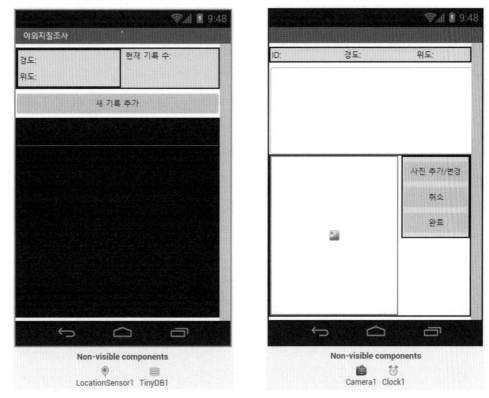

그림 12-2 컴포넌트 배치 완료 후의 Screen별 Viewer 화면

4. 블록 프로그래밍

본 예제는 TinyDB 데이터베이스를 사용하여 여러 종류의 데이터를 묶어 사용해야 하고, 2개의 Screen을 오가면서 Screen간에 데이터를 주고받는 코드를 작성해야 하며, 위경도 좌표를 수신하여 저장하는 등 여러 가지를 처리하는 코드를 작성해야 한다. 상당히 복잡해 보이지만 코드의 길이는 생각보다 짧을 것이다. 한 단계씩 진행하면 누구나 작성이 가능하다.

가. 변수 준비

<야외지질조사> 앱은 기존의 예제와는 다르게 하나의 기록에 대해 많은 종류의 데이터가 포함된다. 각 기록마다 기록의 ID, 기록 당시의 경도와 위도, 시간, 기록 내용, 촬영된 사진의 경로가 포함되어야 하며, 이 기록들은 TinyDB 컴포넌트를 이용하여 데이터베이스에 기록할 것이다. TinyDB에 대한 자세한 내용은 다음 절에서 설명한다.

10장 <지질자원 유튜브>의 예제에서와 같이 이 앱도 데이터베이스를 사용하기 때문에 미리 자료의 구조를 설계해둘 필요가 있다. 10장에서 동영상의 제목과 주소를 하나의 List에 묶은 뒤 다시 큰 List에 나열하였던 것을 기억하자. 본 예제에서는 이것과 완전히 동일한 방법을 사용할 것인데, 이번에는 하나의 기록에 포함되는 자료의 개수가 많으므로 편의를 위해 내부에 저장되는 데이터의 구조와 실제로 사용되는 데이터의 구조를 똑같이 사용할 것이며, List View에 표시될 내용은 별도의 List에 담아 사용할 것이다.

앞서 설명한 바와 같이 하나의 기록에는 총 6개의 자료가 포함되므로, 전체 데이터의 구조는 다음과 같이 된다. 이번에도 List 안에 다른 List들이 나열되어 있는 형태를 사용하며, 내부의 List 안에는 6개의 데이터가 순서대로 나열되어 있어야 한다.

[[ID, 경도, 위도, 시간, 설명, 사진 경로], [ID, 경도, 위도, 시간, 설명, 사진 경로], …]

본 예제에서는 위처럼 데이터가 6개나 되기 때문에, 데이터베이스에서 값을 읽어오거나 특정 값을 사용하고자 할 경우에 그 순서를 잘 지정하는 것이 대단히 중요하다. 예를 들어 어떤 기록에서 설명을 가져오고 싶다면 5번째 요소를 정확히 선택해야 하는 것이다. 모든 기록을 records라는 List에 저장해두었다면, 특정 기록에서 '설명' 데이터를 가져오는 코드는 그림 12-3과 같이 될 것이다.

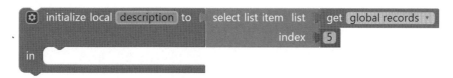

그림 12-3 특정 기록에서 '설명' 데이터를 가져오는 예시

그림 12-3의 예시에 틀린 점은 없으나 만약 앞선 설명이 없었다면 코드를 처음 보는 사람은 왜 index가 5여야 하는지 모를 수가 있다. 이처럼 어떤 특정한 의미를 갖는 고정된 숫자나 문자열들은 따로 이름을 붙여 변수로 사용하는 것이 바람직하다(이런 것을 상수, constant라고 한다). 상수를 사용하면 코드가 보기 편해진다는 장점 이외에도 나중에 설정값을 바꾸고자 할 때에 코드를 전부 뒤져가며 찾지 않아도 되는 등 여러 장점이 있다. 그림 12-3의 예시를 상수를 사용하여 수정하면 다음의 그림 12-4와 같이 된다.

그림 12-4 2번째 기록에서 '설명' 데이터를 가져오는 방법의 올바른 예

이처럼 특정한 의미를 갖는 숫자에 적절한 이름을 붙여 사용하면 코드를 처음 보더라도 의미를 파악하기 쉬워지며, 코드를 작성할 때에도 데이터가 저장되는 순서와 같은 세부적인 것을 기억할 필요가 없어지기 때문에 상수의 개수가 많아질수록 그 효과는 커진다. 본 예제에 서는 상수의 사용법을 익히기 위해 모든 고정된 값을 별도의 변수로 만들어서 사용해볼 것이 다. 앱이 완성된 다음에 상수를 사용하지 않았을 때의 코드와 비교해보는 것도 좋다.

본 예제에서 필요한 상수는 6개 데이터의 순서 이외에도 여러 개가 더 필요하며, 지금까지 의 예제처럼 일반적으로 데이터를 담을 변수도 필요하다.

1) 표 12-2와 그림 12-5를 참조하여 모든 전역 변수를 만들어두자. 초깃값의 숫자는 Blocks > Built-in > Math의 숫자를 사용하고, 따옴표로 표시된 것은 문자열이므로 Blocks > Built-in > Text의 문자열 블록을 사용한다. 빈 List는 Blocks > Built-in > Lists > create empty list를 사 용한다.

표 12-2 〈야외지질조사〉 앱의 Screen1에 사용되는 변수들의 목록

변수 이름	초깃값	용도
REC_COUNT	6	어떤 기록이 새로 입력되는 경우, 하나의 기록에 필요한 데이터(6개)가 모두 들어 있는지 판단할 때 사용
INDEX_ID	1	기록을 담는 List에서 ID가 위치한 순서를 의미
INDEX_LONG	2	경도 데이터의 순서
INDEX_LAT	3	위도 데이터의 순서
INDEX_TIME	4	시간 데이터의 순서
INDEX_DESCRIPTION	5	설명 데이터의 순서
INDEX_IMAGEPATH	6	촬영한 사진의 경로 데이터의 순서
REC_TAG	"records"	TinyDB로 값을 저장할 때의 Tag
TXT_LABEL_LONG	"현재 경도: "	LabelLong에 경도를 표시할 때, 경도 숫자 앞에 붙일 문자열
TXT_LABEL_LAT	"현재 위도: "	LabelLat에 위도를 표시할 때, 위도 숫자 앞에 붙일 문자열
TXT_LABEL_COUNT	"현재 기록 수: "	LabelRecordNum에 기록의 개수를 표시할 때, 해당 숫자 앞에 붙일 문자열
SCREEN2_NAME	"Screen2"	Screen2를 호출하여 표시할 때에 필요
records	빈 List	모든 기록을 담을 List
contentsList	빈 List	ListView에 표시할 데이터만 담는 List
myLong	0	현재 경도를 저장
myLat	0	현재 위도를 저장

그림 12-5 Screen1의 변수 블록

또한 본 예제에서는 상수를 일반 변수를 구분하기 위해 일반적으로 사용되는 방법인 대문자 표기를 사용한다. 변수가 아주 많을 때에는 어떤 것이 상수인지조차 혼동되는 경우가 있으므로, 이 방법은 일반 프로그래밍에서도 널리 사용되는 유용한 방법이다.

나. 앱 실행 초기 부분 코드 작성

앞서 TinyWebDB를 사용한 10장의 예제에서는 앱이 실행되는 즉시 데이터베이스로부터 기존의 데이터를 불러들이는 코드를 작성하였다. 이때 우리는 데이터베이스에 저장된 내용이 특정 규칙에 따라 저장되어 있음을 가정하고 모든 프로그래밍을 진행하였다. TinyDB를 사용하는 본 예제에서도 앞선 예제와 마찬가지로 모든 데이터가 사전에 약속한 규칙에 따라 저장되어 있다고 생각하고 코드를 작성하여야 한다.

본 예제에서도 앱이 실행되자마자 기존에 저장된 데이터를 불러들여 변수에 미리 저장해 두어야 한다. 10장과의 차이점은 TinyWebDB가 TinyDB로 바뀐 것인데, TinyDB는 스마트폰 내부의 저장소에 데이터를 저장하기 때문에 TinyWebDB보다 조금 더 간단하다. TinyDB도 TinyWebDB와 마찬가지로 Tag를 붙여 데이터를 저장하며, 저장과 불러오기 블록의 이름도 동일하다(GetValue, StoreValue). 가장 큰 차이점은, TinyWebDB의 경우 자료를 요청하는 코드와 값을 받아오는 코드 블록을 완전히 별개로 작성하여야 했지만, TinyDB는 그럴 필요가 없다는 점이다. 데이터를 서버로부터 기다릴 필요가 없으므로 데이터는 요청 즉시 받을 수가 있으며, 따라서 데이터를 요청하는 블록이 변수와 바로 연결된다.

저장되는 데이터의 구조와 앱에서 사용되는 자료의 구조를 동일하게 사용하기로 하였으므로, 여기서는 간단히 데이터베이스에 자료를 요청하여 records 변수에 넣기만 하면 된다. 자료의 요청 방법은 TinyWebDB와 똑같으며, 요청한 것을 바로 변수로 받는다.

1) Blocks > Screen1 > TinyDB1 > call TinyDB1.GetValue 블록을 생성한다.
2) 이때 tag는 미리 상수로 지정해둔 REC_TAG를 조립한다.
3) GetValue 블록의 valueIfTagNotThere 인자는 요청 tag가 없을 때에 어떤 값을 넣을 것인지 미리 정하는 것인데, 이를테면 한 번도 앱을 사용한 적이 없다면 데이터베이스는 비어 있을 것이므로 이때에는 단순히 비어 있는 List가 필요할 것이다. 따라서 valueIfTag NotThere 인자에는 Blocks > Built-in > Lists > create empty list를 입력한다.

값을 저장한 이후에는 ListView에 표시될 내용을 별도로 작성하여 contentsList에 저장하여야 한다. records에는 자료가 복잡하게 들어가 있으므로 이것을 바로 ListView에 표시할 수가 없기 때문이다. ListView에는 6개의 데이터를 모두 표시하는 대신에 ID, 기록 시간, 설명, 사진의 경로만을 표시할 것이다. 이를 위해서는 records에 들어 있는 모든 List에 대해 반복을 수행해야 한다.

4) Blocks > Built-in > Control > for each item in list 블록을 추가한다.
5) 대상 list는 records로 입력한다.

여기까지 완성하였으면 when Screen1.Initialize 블록은 그림 12-6과 같은 모습이 된다.

그림 12-6 작성 중인 Screen1.Initialize 블록

여기서 한 가지 고려해야 할 것이 있는데, ListView의 내용을 담는 contentsList는 여기서만 사용되는 것이 아니라는 점이다. 만약 나중에 새로운 기록을 추가한다면 그 새로운 기록에 대한 ListView 내용도 따로 작성하여 contentsList에 입력해야 한다. 그렇다면 여기에 작성한 코드를 나중에 한번 더 작성해야 한다는 것인데, 여기에 작성할 코드는 'List에서 4개의 데이터를 빼내어 하나의 문자열로 합친 뒤 contentsList에 입력'하는 비교적 긴 코드이므로 이것을 필요할 때마다 다시 작성한다는 것은 비효율적이다. 복사하여 붙여넣는 수가 있지만, 똑같은 긴 코드가 두 번씩이나 프로그램에 위치하게 되면 코드가 불필요하게 비대해지므로 좋지 않은 방법이다. 따라서 우리는 예전에 사용했던 Procedure를 좀 더 복잡하게 사용할 것이다. 우리는 여태까지 Procedure를 매우 단순하게 사용하였지만, 실제로는 다양한 방법으로 사용할 수 있다. Procedure에 대해 좀 더 자세히 알아보자.

Procedure는 반복 사용할 코드를 따로 떼어둔 뒤 필요할 때마다 불러 사용하는 '코드 묶음'이다(일반 프로그래밍에서는 보통 이것을 함수 또는 메서드라고 부른다). Blocks > Built-in에서 Procedure 범주를 클릭해보자. 해당 범주에 있는 두 개의 블록 중 왼쪽에 do라고 표시된 것은 단순히 어떤 코드를 수행하기만 하는 것이며, result라고 표시된 블록은 어떤 작업을 수행한 뒤에 그 결과를 되돌려줄 수 있는 블록이다.

지금 우리가 만들고자 하는 블록은 1개의 기록을 받아서 ListView에 들어갈 만한 문자열로 구성한 뒤 그것을 contentsList에 넣어주는 것으로서 결과값이 따로 없다. 그러므로 to Procedure-do 블록을 새로 생성한다.

6) Blocks > Built-in > Procedure > to Procedure-do 블록을 생성한다.

해당 블록의 procedure 부분은 해당 Procedure의 이름이다. 이 Procedure는 ListView에 필요한 문자열을 만들어 contentList에 추가할 것이므로, 나중에 사용할 때에 이름을 알아보기 쉽도록 고쳐둘 필요가 있다.

7) 6에서 만든 Procedure의 이름을 addListViewItem이라고 고친다.

그리고 이 블록은 데이터를 받아와서 작업을 해야 하기 때문에 외부 인자를 받도록 해야 한다.

8) 블록 좌측의 설정 버튼을 클릭하여 좌측의 input 블록을 우측의 inputs 블록에 끼워 1개의 인자를 받는 Procedure로 만든다.

새 input을 끼우게 되면 Procedure 블록 우측에 x라는 인자가 새로 추가되었을 것이다. 이 x가 해당 Procedure를 불러 사용할 때에 입력할 인자이다. 인자의 이름도 알기 쉽게 변경할 필요가 있다.

9) x를 클릭하여 이름을 Records라고 변경하자.

여기까지 완성했음에도 아직 잘 이해가 되지 않는다면, 좌측의 Blocks > Built-in > Procedures
를 다시 클릭해보자. 개수가 3개로 늘어난 것을 확인할 수 있는데, 이것을 사용하려면 Records
에 인자를 입력해주도록 되어 있다. 방금 전에 Procedure의 뼈대를 그렇게 만들었기 때문이다.

10) call addListViewItem-Record 블록을 생성하고, 작성 중인 when Screen1.Initialize의 for 블
록 안에 입력하자.
11) Record 인자에 item을 입력한다.

이렇게 하면 이제 for문이 반복할 때마다 item을 인자로 하는 addListViewItem 코드가 실행
되는 것이다. 여기까지 작성한 코드는 그림 12-7과 같다.

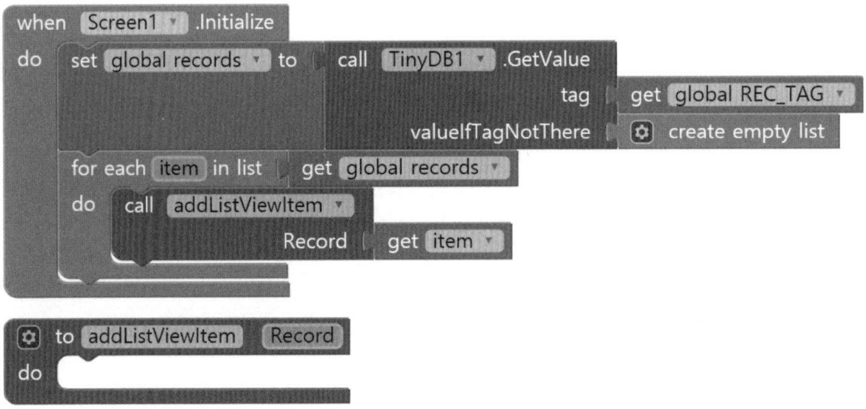

그림 12-7 새로 작성한 addListViewItem Procedure와 그것을 호출하는 코드

이제 addListViewItem을 마저 작성하자. Record인자는 6개의 데이터가 담긴 1개의 기록이
며, 이 중에서 ID, 시간, 설명, 사진의 경로를 하나의 Text로 결합(join)하여 contentsList에 추가
하면 된다.

12) contentsList에 값을 추가하는 부분을 작성한다.

이때 각각의 데이터를 가져올 때에는 Blocks > Built-in > Lists > select list item 블록을 사용하
되, index는 숫자를 일일이 기억할 필요 없이 사전에 만들어둔 INDEX_ID와 같은 변수를 사용

하면 된다. 또한 join 블록으로 각 데이터를 합칠 때에는 중간에 문자열 "\n" 블록을 추가하도록 하자. 역 슬래시(\)는 한국어 키보드의 '₩' 글자와 같으므로 "₩n"으로 적으면 된다. "\n"이라는 문자열은 특수문자로서, 다음 줄에 이어서 작성하라는 뜻의 개행 기호이므로 이것을 적절히 사용하면 보기 좋은 문자열을 구성할 수 있다(컴포넌트에 따라 해당 문자열을 인식하지 못하는 경우도 있으므로 주의한다). 사진 경로는 촬영을 하지 않은 경우 없을 수도 있는데, 이 경우에는 공백이 표시될 것이므로 만약 문자열이 공백인 경우(is empty)에는 "사진 없음"을 대신 입력하도록 한다.

완성된 addListViewItem 블록은 그림 12-8과 같다.

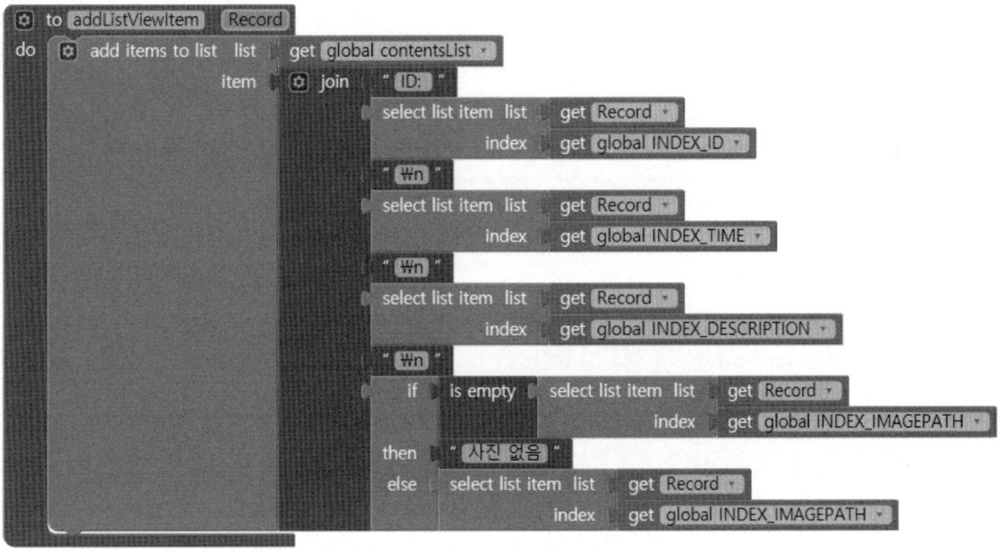

그림 12-8 완성된 addListViewItem 블록

이제 Procedure가 완성되었으므로 Screen1.Initialize 블록을 마저 작성한다. for 문의 반복이 완료되면 contentsList에 모든 내용물이 준비되었을 것이므로, 이것을 ListView1.Elements에 넘겨주기면 하면 된다.

13) Blocks > Screen1 > ListView1 > set ListView1.Elements 블록에 contentsList를 조립한다.

마지막으로 현재 저장된 기록의 숫자 등을 표시하는 Label의 내용만 갱신해주면 된다. 그런데 이것도 마찬가지로 이곳에서만 사용되는 것이 아니라, 새 기록이 추가되거나 할 때마다 호출해야 하므로 Procedure로 만들 수 있다.

14) updateLabelRecordNum이라는 이름의 새 Procedure(do)를 만든다. 이번에는 받아들일 인자가 필요 없다.

15) Procedure 내에는 LabelRecordNum을 갱신하는 코드를 작성한다. records의 개수를 TXT_LABEL_COUNT와 결합(join)하여 표시하기만 하면 된다.

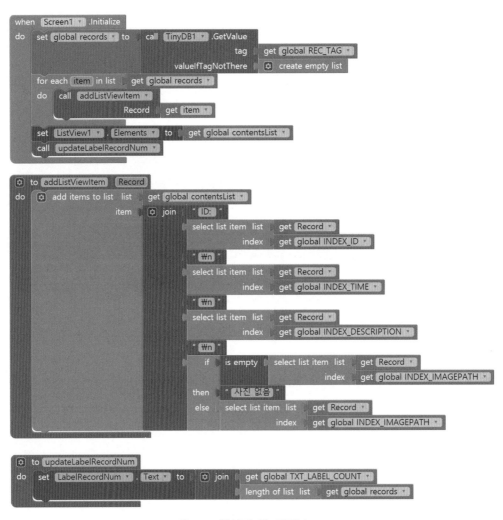

그림 12-9 완성된 앱 시작부 코드

이것으로 프로그램 시작 부분의 코드가 완성되었다. 다소 길었지만, Procedure를 사용하면 처음 작성하는 데에 고생한 만큼 나중의 코드 작성이 간단해진다. 완성된 코드는 그림 12-9와 같다.

다. LocationSensor를 사용하여 위치 값 수신하기

이번 장은 간단하게 현재 스마트폰의 위치를 수신하여 저장하는 부분을 작성한다. 이것은 Designer에서 추가한 LocationSensor를 사용하면 되는데, 이 센서는 다른 센서 컴포넌트와 마찬가지로 별도의 설정 없이도 알아서 위치를 수신하여 전달해준다.

1) Blocks > Screen1 > LocationSensor1 > when LocationSensor1.LocationChanged 블록을 생성한다.

이 블록은 스마트폰이 GPS 등의 GNSS 위성 신호를 수신하여 좌표가 갱신될 때마다 자동으로 실행될 것이다. 이 블록을 이용하면 4개의 인자를 얻을 수 있는데, 각각 위도(latitude), 경도(longitude), 고도(altitude), 속도(speed)로 구성된다. 여기서는 경도와 위도만을 전역변수인 myLong과 myLat에 각각 저장하도록 한다. 이렇게 변수에 저장된 값들은 나중에 기록할 때에 이용할 것이다.

2) LocationSensor1.LocationChanged 블록의 longitude와 latitude를 myLong과 myLat에 각각 저장하는 블록을 작성한다.

값을 저장하였으면 현재 위치를 나타내는 Label도 갱신해주어야 한다.

3) LabelLong과 LabelLat에 경도와 위도 값을 표시하되, 각각 TXT_LABEL_LONG과 TXT_LABEL_LAT을 결합(join)하여 표시한다.

완성된 위치 수신 및 저장 코드는 그림 12-10과 같다.

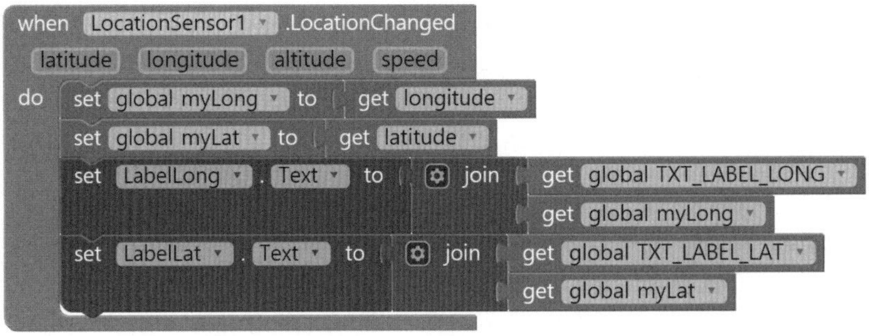

그림 12-10 완성된 위치 수신 및 저장 코드

라. 다른 Screen 열기

여기까지의 코딩은 기존에 기록된 데이터를 불러오거나 현재 위치를 갱신하는 것으로서, 데이터를 기록하는 것 이외의 모든 코드가 완성된 상태이다. 이제 데이터를 기록하는 코드를 작성하려면 Screen2를 표시하여 사용하여야 하는데, 그러기 위해서는 먼저 Screen 간에 이동하는 방법을 알아야 한다. 본 예제에서는 '새 기록 추가' 버튼을 눌렀을 때 Screen2로 이동해야 하므로 다음과 같이 작성한다.

1) Blocks > Screen1 > Button1 > when Button1.Click 블록을 생성한다.

이 안에 Screen2를 호출하는 코드를 작성하여야 하는데, 해당 코드는 Blocks > Built-in > Control > open another screen screenName 블록과 … with start value 블록이다. 우리가 실제로 사용할 것은 후자이지만, 먼저 시험을 해보기 위해 인자가 하나인 첫 번째 블록을 입력해보자. screenName에는 이동하고자 하는 Screen의 이름을 문자열로 입력해야 하는데, 전역변수 SCREEN2_NAME에 이것을 저장해두었으므로 그대로 사용한다(그림 12-11).

그림 12-11 Screen2로 이동하기 위한 연습 코드

Screen에서 다른 Screen을 불러오는 코드가 있는 것처럼, 원래의 Screen으로 돌아가는 코드

도 있다. 이 코드가 없으면 화면이 이동된 채로 다시 돌아가지 못할 것이므로 꼭 작성해야 한다.

만약 Screen1에서 open another screen 블록을 이용하여 Screen2로 이동하였다면, 그때부터 Screen1의 코드는 작동하지 않으며 Screen2의 코드만 작동하게 되므로, 이동한 이후의 코드는 모두 Screen2에서 작성한다. 상단에 위치한 Screen1 버튼을 클릭하여 Screen2로 이동하면, 여태까지 작성한 코드가 모드 사라질 것이다. 이것은 Screen1과 Screen2가 별개로 작동하는 것이기 때문이며, Screen1으로 돌아가면 다시 작성하던 코드가 나타나게 된다.

Screen2에는 취소 버튼인 ButtonCancel이 있는데, 이것은 내용을 작성 중이든 아니든 간에 모두 취소하고 원래 화면으로 돌아가기 위해 만든 버튼이다. 따라서 해당 코드를 미리 작성해 두자.

2) Blocks > Screen2 > HorizontalArrangement2 > VerticalArrangement1 > ButtonCancel > when ButtonCancel.Click 블록을 생성한다.

3) Blocks > Built-in > Control > close screen을 입력한다. close screen 블록은 실행 즉시 해당 화면을 닫는 기능을 한다(그림 12-12).

그림 12-12 Screen1로 돌아가기 위한 코드

앱을 실행하여 '새 기록 추가' 버튼을 눌러보자. Screen2로 바로 이동할 것이다. Screen2에서 취소 버튼을 누르면 다시 원래 화면으로 돌아가는 것을 확인한다. 이제 Screen 간 이동 방법을 알았으므로, 이것을 이용하여 기록 기능을 작성해본다.

마. 새 기록 추가 기능 만들기

앞에서 시험해본 다른 Screen을 불러오는 방법은 단순히 새로운 Screen을 열기만 하는 것이므로 인자를 전달하는 것이 불가능하다. 그러나 본 예제에서는 새 화면을 열 때에 (1) 새로운 기록의 ID, (2) 현재 경도, (3) 현재 위도를 전달하여 해당 화면에 표시할 필요가 있다. 이를 위해서는 기존의 블록을 삭제하고, open another screen with start value 블록을 사용하여야 한다.

1) 앞 절에서 Blocks＞Screen1＞Button1＞when Button1.Click 내에 화면을 여는 예제를 작성하였다면, 이를 삭제한다.

2) Blocks＞Built-in＞Control＞open another screen with start value 블록을 조립한다.

이 블록의 startValue 인자에 어떤 데이터를 넣어 호출하게 되면, 새로 열리는 Screen에서는 그 값을 받아서 사용할 수 있게 된다. 우리는 위의 3개 데이터를 전달해야 하므로 이것을 List에 묶어서 전달하기로 하자.

3) screenName 인자는 SCREEN2_NAME을 사용한다.

4) startValue는 Blocks＞Built-in＞Lists＞make as list를 사용하여 (1) records의 길이+1, (2) myLong, (3) myLat을 순서대로 담도록 한다. 여기서 (1)은 새 ID가 될 것이며, 이 순서는 데이터베이스에 기록하는 6개의 인자 중 처음 3개의 순서와 똑같은 것인데 이렇게 전달하는 이유는 후술한다.

호출하는 코드는 이것이 전부이다(그림 12-13). 나머지는 위의 인자를 Screen2에서 받아 처리하게 될 것이며, 기록이 완료되면 다시 Screen1에서 Screen2의 결과값을 넘겨받아 처리하게 될 것이다.

그림 12-13 Screen2로 이동하기 위한 코드

바. Screen2의 변수 작성

앞서 설명하였듯이 Screen1과 Screen2는 완전히 별개의 것이므로, 변수를 포함한 모든 것들이 별도로 마련되어야 한다. 따라서 새 앱을 구성하는 것처럼 변수 블록들부터 하나씩 만들 것이다.

본 예제에서 Screen2의 역할은 두 가지를 수행하도록 설정하였다. 첫 번째는 현재 작성해야 하는 새 기록의 추가 역할이며, 두 번째는 기존에 기록된 자료를 조회하는 기능이다. 앞서 Screen1에서 Screen2를 호출할 때에 우리는 3개의 값이 담긴 List를 startValue에 담도록 하였다. 따라서 화면을 시작할 때에 startValue에 3개의 값이 담겨 있다면, 현재 사용자가 새 기록을 추가하려는 것으로 간주할 수 있다. 한편 기존에 기록된 자료를 조회할 것이라면, 기존에 기록되었던 6개의 값이 전달되어야 할 것이다. 이 부분은 나중에 작성한다.

Screen1과 마찬가지로 특수한 의미의 값은 모두 변수로 선언한다. 이 중에서 INDEX_ID를 포함한 5개의 값이 Screen1과 중복되는데, Screen1에서 블록을 복사하여 Screen2로 붙여넣는 기능은 지원되지 않으며 오히려 오류만 발생하게 되므로 시도하지 않도록 한다.

1) 표 12-3과 그림 12-14를 참조하여 변수 블록들을 작성하자.

표 12-3 〈야외지질조사〉 앱의 Screen2에 사용되는 변수들의 목록

변수 이름	초깃값	용도
REC_COUNT_NEW	3	새 기록이 입력되는 경우에는 3개의 값이 List에 담겨 오도록 하였는데, 이를 파악하기 위함
INDEX_ID	1	기록을 담는 List에서 ID가 위치한 순서를 의미
INDEX_LONG	2	경도 데이터의 순서
INDEX_LAT	3	위도 데이터의 순서
INDEX_DESCRIPTION	5	설명 데이터의 순서
INDEX_IMAGEPATH	6	촬영한 사진의 경로 데이터의 순서
myID	0	Screen1에서 보낸 ID를 저장
myLong	0	Screen1에서 보낸 경도를 저장
myLat	0	Screen1에서 보낸 위도를 저장
myImage	" "(빈 Text)	사진 촬영 후 경로를 저장

그림 12-14 Screen2의 변수 블록

사. Screen2의 시작 부분 작성

Screen2에서 담당할 것은 사용자가 기록한 모든 것을 하나의 List에 담아 다시 Screen1에 되돌려주는 것이다. 기록은 6개의 값으로 구성되는데, ID와 경위도는 Screen1에서 전달받게 되므로 나머지 3개를 입력받는 것이 주요 기능이 된다. 이때 설명 부분은 TextBox로 입력받게 되며, 기록 시간과 사진 파일의 경로는 각각 이전 예제들에서 사용한 바 있는 Clock과 Camera 컴포넌트를 사용할 것이다.

Screen이 새로 호출하여 열리게 되면, 마치 앱이 새로 실행되는 것처럼 Initialize 코드가 가장 먼저 실행된다.

1) Blocks > Screen2 > when Screen2.Initialize 블록을 새로 생성한다.

다만 Screen2는 새 앱은 아니며, Screen1에서 인자(startValue)를 받아 시작하는 것이므로 처음 시작할 때 어떠한 값을 받은 채 실행된다. 먼저 이 값을 변수로 저장해두도록 하자.

2) startValues라는 이름의 새 지역 변수를 Initialize 블록에 추가한다.
3) 초깃값을 Blocks > Built-in > Control > get start value로 지정한다. 이렇게 하면 Screen1에서 보낸 인자를 startValues 변수에 저장하는 것이 된다.

지난 절에서 작성한 것처럼, 새로 기록을 추가하려는 경우 startValues는 3개의 값을 담은 List가 된다. 그러므로 먼저 startValue 안에 몇 개의 값이 있는지 확인하고, 이에 따라 특정 컴포넌트를 보이거나 숨겨야 한다. 기존의 기록을 조회하려는 경우에는 사진 촬영 버튼과 완료 버튼이 필요 없을 것이고, 설명을 작성하는 TextBox도 수정이 불가능하도록 변경해주어야 한다. 새로운 기록을 하는 경우라면 이와 반대일 것이다.

4) Blocks > Built-in > Control > if-then 블록을 생성하여 설정 버튼을 클릭하고 else 부분까지 포함하도록 한다.
5) if문의 판단 기준은 startValue의 크기(length of list)가 REC_COUNT_NEW(=3)와 같은지를 판단하는 것으로 작성한다.

6) 만약 startValue에 3개의 값이 들어 있다면(then), 새로운 기록을 추가하는 것이므로 Screen2의 Title속성을 "새 기록"으로 변경해야 하며, ButtonPicture와 ButtonDone의 Visible 속성을 true로 하여 화면에 보이도록 해야 하고, TextContents의 Enabled 속성을 true로 하여 편집이 가능하도록 한다.

7) 이와 반대일 경우(else), 즉 기존의 기록을 조회하는 경우라면 Screen2의 Title 속성을 "기존 기록 조회"로 변경하고, ButtonPicture와 ButtonDone의 Visible 속성을 false로 지정하며, Textcontents의 Enabled속성을 false로 지정하자.

8) if문 블록 다음에 startValues의 값들을 myID, myLong, myLat에 각각 저장하는 코드를 작성한다.

9) 이들을 각 Label에 적절히 표시해준다. 표시 방법은 Screen1과 동일하게 작성하도록 한다. 이 블록은 if 블록 내부가 아니라 그 다음 부분에 작성해야 하는데, 이유는 마지막 부분에서 알 수 있다.

여기까지 완성된 Screen2.Initialize의 코드는 그림 12-15와 같다.

아. 카메라 촬영 코드 작성

카메라의 촬영은 이전 예제에서 실습한 바와 동일하며, ButtonPicture를 클릭하면 실행된 뒤에 촬영이 종료되면 해당 파일의 경로를 각각 Image1과 myImage 변수에 지정해주면 된다.

1) Blocks > Screen2 > HorizontalArrangement2 > VerticalArrangement1 > ButtonPicture > whenn ButtonPicture.Click 블록을 생성한다.

2) Blocks > Screen2 > Camera1 > call Camera1.TakePicture 블록을 조립하여 촬영을 수행하도록 한다.

3) 촬영 이후의 작업을 처리하기 위해 Blocks > Screen2 > Camera1 > when Camera1.AfterPicture 블록을 생성한다.

4) image인자를 Image1.Picture와 global myImage 변수에 각각 입력하도록 한다(그림 12-16).

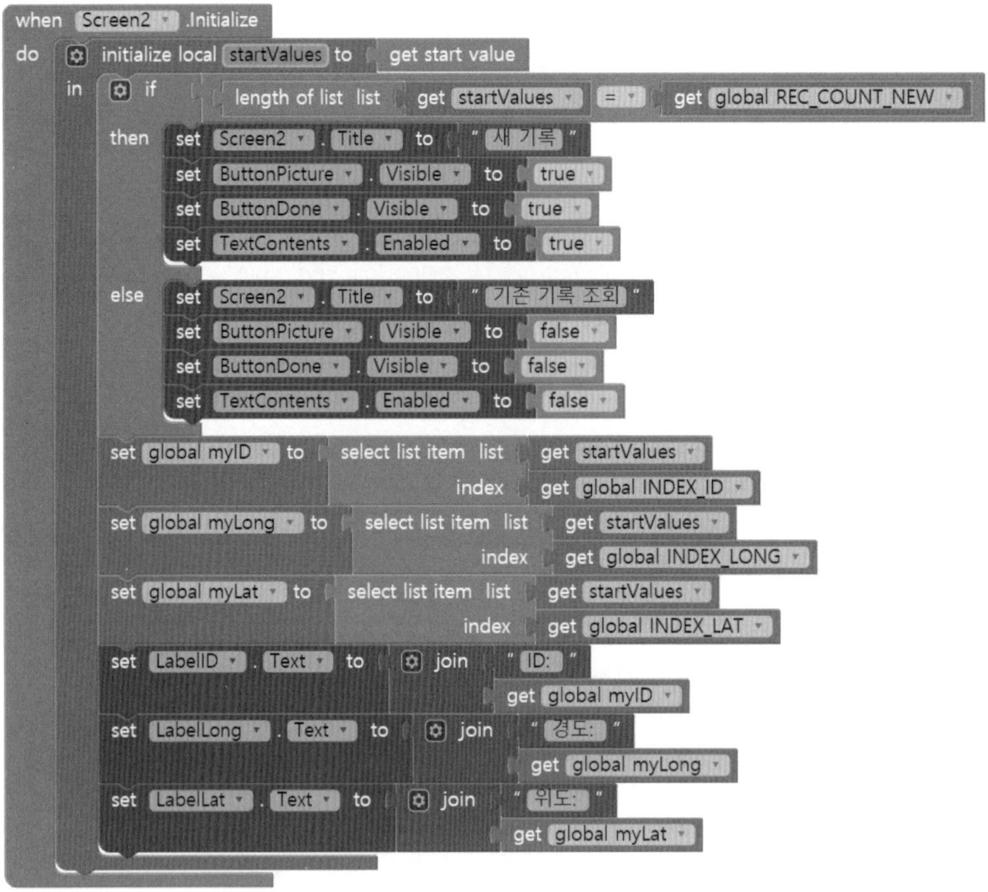

그림 12-15 완성된 Screen2의 시작 부분 코드

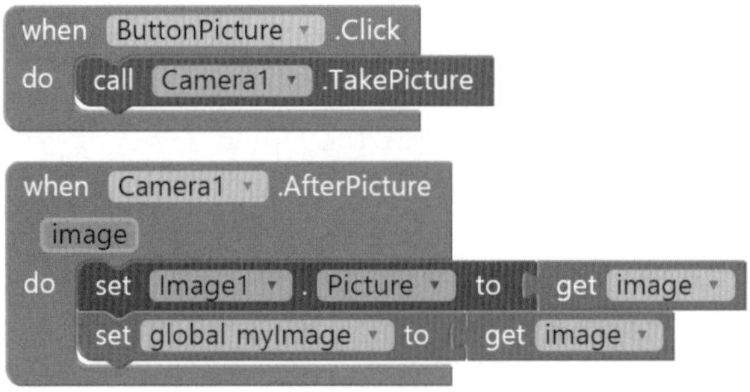

그림 12-16 Screen2의 카메라 촬영 코드

자. Screen2의 기록 완료 코드 작성

새 기록이 완료되면 사용자는 ButtonDone을 이용하여 원래의 화면으로 돌아가고자 할 것이다. 따라서 ButtonDone.Click 블록을 생성하고, 화면을 닫을 때에 사용자의 기록에 포함되어야 하는 6개의 데이터를 하나의 List에 담아 결과물로 전해주면 된다.

먼저, 화면을 닫을 때에는 ButtonCancel에서 사용한 close screen이 아닌 close screen with value 블록을 사용해야 한다. 이 블록은 다른 Screen을 열 때와 마찬가지로, 닫을 때에도 어떠한 인자를 포함해서 원래의 Screen이 받을 수 있도록 해준다.

1) Blocks > Screen2 > HorizontalArrangement2 > VerticalArrangement1 > ButtonDone > when ButtonDone.Click 블록을 생성한다.
2) Blocks > Built-in > Control > close screen with value 블록을 조립한다.
3) 전달하고자 하는 인자에 Blocks > Built-in > Lists > make a list 블록을 입력한다.
4) 해당 List에는 6개의 인자가 담길 수 있도록 한다. 각 인자는 순서대로 myID, myLong, myLat, <현재 시간>, TextContents.Text, myImage가 되어야 한다.
5) 여기서 <현재 시간>을 나타내는 문자열을 얻기 위해서는 Clock 컴포넌트를 사용해야 한다. Blocks > Screen1 > Clock1 > call Clock1.FormatDateTime 블록은 instant에 입력된 시간 데이터를 pattern에 입력한 형식대로 변환하여 문자열로 출력해주는 기능을 수행한다. instant에는 Blocks > Screen1 > Clock1 > call Clock1.Now를 입력하면 현재 시간을 입력하는 것이 되며, pattern 인자는 시간을 어떠한 형식으로 출력할 것인지를 결정하는 것으로서 기본값 그대로를 사용하면 된다.

ButtonDone.Click 코드가 완성되면 그림 12-17과 같이 된다.

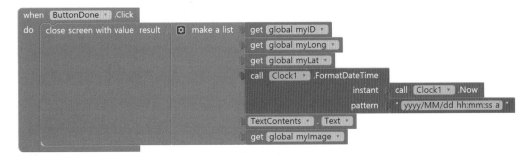

그림 12-17 Screen2의 기록 작성 완료 코드

차. 새 기록 처리 부분 작성

다시 Screen1으로 돌아가서 코드를 계속 작성하자. Screen2의 화면을 닫을 때에 인자를 전달하였으므로, 이것을 받아서 사용하는 코드도 당연히 존재하게 되는데 그것이 when Screen1.OtherScreenClosed 블록이다.

1) Blocks > Screen1 > when Screen1.OtherScreenClosed 블록을 생성한다.

이 블록에는 두 개의 인자가 있는데, 이중 otherScreenName은 이름 그대로 닫은 Screen의 이름을 뜻하며, result 인자가 바로 Screen2를 닫을 때 전달하는 인자가 된다.

2) 이 블록에서는 먼저 otherScreenName이 SCREEN2_NAME과 같은지 확인하여 Screen2가 닫힌 것인지 점검해야 하며,
3) 만약 그렇다면 result의 길이가 REC_COUNT와 같은지 다시 점검해야 한다. OtherScreen Closed 블록은 Screen2에서 '취소' 버튼을 눌러 닫았을 때에도 실행될 것이기 때문이다.
4) result에 데이터가 담겨 있는 것까지 확인되었다면, records에 result를 그대로 추가하고,
5) ListView에 표시될 목록에도 추가해주어야 하며(addListViewItem),
6) TinyDB에 저장된 데이터를 갱신하여(TinyDB1.StoreValue) 나중에 다시 열었을 때에도 해당 데이터가 보존되도록 해야 한다.
7) 마지막으로 ListView1.Elements를 다시 갱신하고,
8) 총 기록의 개수 Label까지 업데이트한다(updateLabelRecordNum).

5)와 8)의 작업들이 미리 만들어둔 Procedure로 간단히 해결되는 것에 주목하자. 이 기능들은 구현하기에 어렵지 않고, 기존에 해왔던 내용과 크게 다르지 않으므로 자세한 설명은 생략한다. 잘 되지 않으면 그림 12-18을 참고해보자.

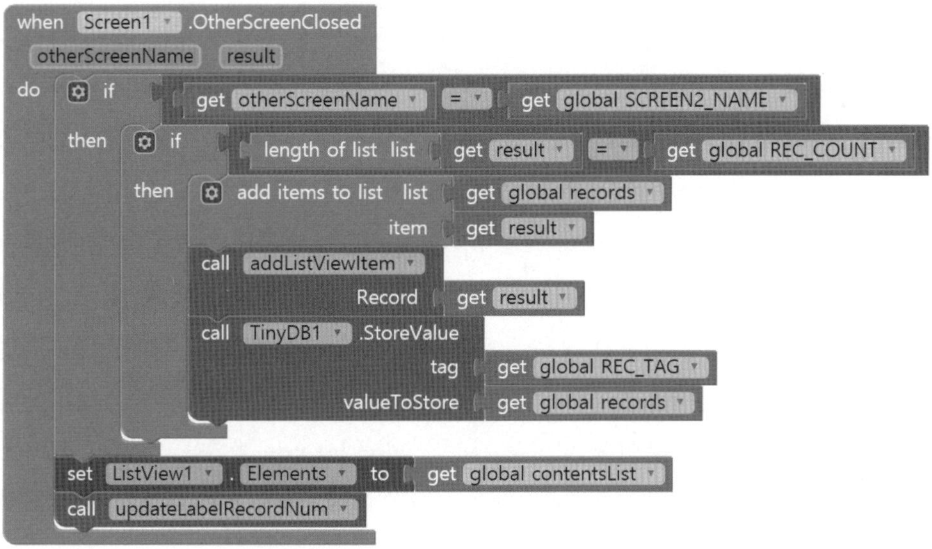

그림 12-18 Screen2가 닫혔을 때의 처리 코드

카. 기존의 기록 조회하기

이제 마지막으로 기존의 기록을 조회하는 기능만 완성하면 모든 프로그램이 완성된다. Screen1의 ListView1에서 특정 목록을 선택하면, 해당 목록에 해당되는 데이터를 인자로 하여 Screen2를 열어야 한다. 이때 Screen2에서의 처리 코드는 아직 완성되지 않았으므로, 먼저 Screen1 부분의 코드를 완성한 뒤 Screen2로 이동하여 작성을 마무리하도록 한다.

1) Screen1에서 Blocks > Screen1 > ListView1 > when ListView1.AfterPicking 블록을 생성한다.
2) Blocks > Built-in > Control > open another screen with start value 블록을 조립한다.
3) startValue에는 Blocks > Built-in > Lists > select list item 블록을 사용하여 records List의 ListView1.SelectionIndex에 해당하는 데이터를 보내도록 작성한다(그림 12-19).

그림 12-19 기존의 자료를 조회하기 위하여 Screen2를 불러오는 코드

 이제 Screen1의 코드는 완성되었으므로 Screen2로 이동한다. when Screen2.Initialize 블록에는 Screen1으로부터 전달받은 startValues를 사용하여 내용을 표시하는 코드가 작성되어 있을 것이다. 이때 myID, myLong, myLat은 startValues의 첫 번째부터 세 번째까지의 값을 받도록 되어 있는데, 이것은 본래 새로 자료를 입력하기 위해 전달한 인자였으나 기존의 자료를 조회할 때에도 같은 순서로 인자가 전달되므로 똑같은 코드가 그대로 사용될 수 있다. 따라서 if 블록의 else 부분만 수정을 해주면 모든 코드는 정상적으로 실행된다.

 해당 부분에 입력해야 하는 것은 TextContents.Text에 입력될 설명 부분과 Image1.Picture에 입력할 사진 파일의 경로 부분이다. 따라서 각각을 select list item 블록을 사용하여 입력하되, 대상 List는 startValues로 지정하고 index를 각각 INDEX_DESCRIPTION과 INDEX_IMAGEPATH로 지정한다(그림 12-20).

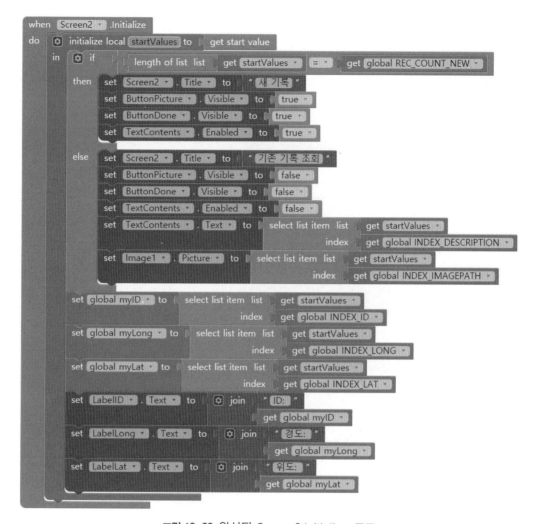

그림 12-20 완성된 Screen2.Initialize 코드

이제 모든 코드가 완성되었으므로, 앱을 실행하여 각 기능을 시험해보자. 이번 예제는 비교적 복잡하므로, 어떤 부분에서의 하나의 실수 때문에 앱이 비정상적으로 동작할 수 있다. 코드가 길지 않으므로, 각 블록을 잘 확인해보도록 하자.

5. 전체 앱 프로그램

가. Screen1

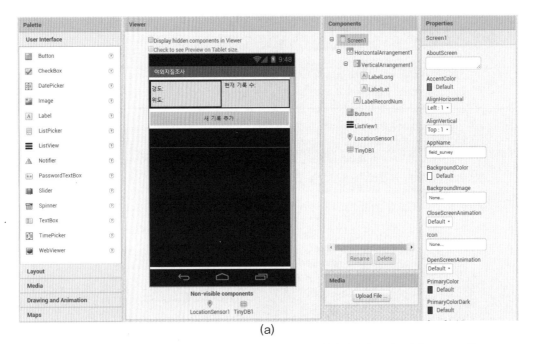

(a)

그림 12-21 〈야외지질조사〉 앱의 Screen1 (a) 컴포넌트 디자인과 (b, c) 전체 프로그램 코드

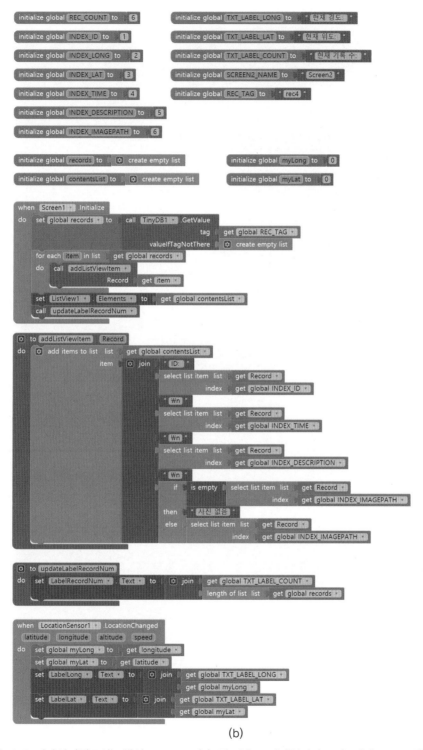

(b)

그림 12-21 〈야외지질조사〉 앱의 Screen1 (a) 컴포넌트 디자인과 (b, c) 전체 프로그램 코드(계속)
(컬러 도판 393쪽 참조)

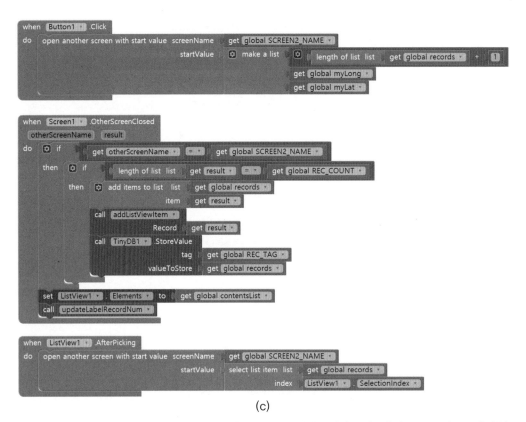

(c)

그림 12-21 〈야외지질조사〉 앱의 Screen1 (a) 컴포넌트 디자인과 (b, c) 전체 프로그램 코드(계속)
(컬러 도판 394쪽 참조)

나. Screen2

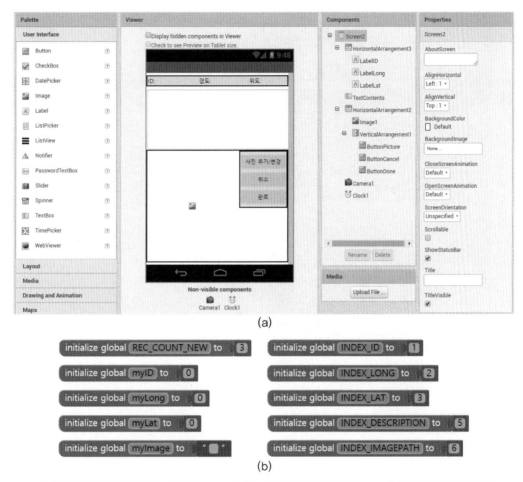

(a)

(b)

그림 12-22 〈야외지질조사〉 앱의 Screen2 (a) 컴포넌트 디자인과 (b, c) 전체 프로그램 코드

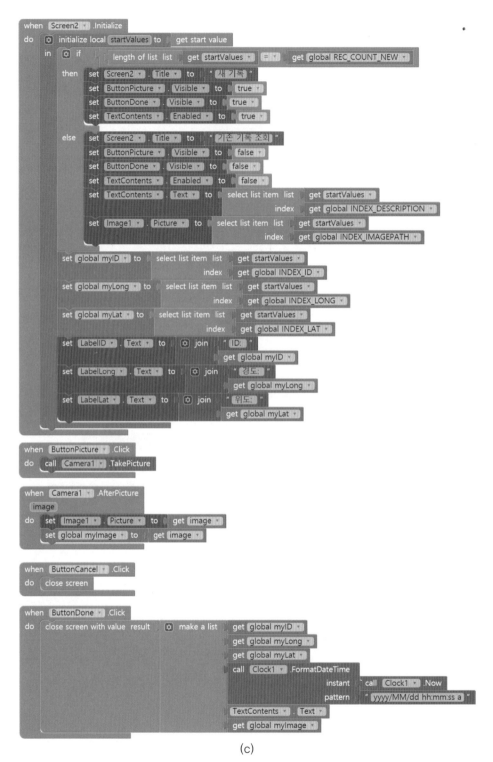

(c)

그림 12-22 ⟨야외지질조사⟩ 앱의 Screen2 (a) 컴포넌트 디자인과 (b, c) 전체 프로그램 코드(계속)
(컬러 도판 395쪽 참조)

제13장

지진 감지

지진 감지

본 장에서는 11장 <지오 컴퍼스>에서 활용한 가속도 센서를 다른 방법으로 사용해볼 것이다. 11장에서는 가속도 센서가 제공하는 중력가속도의 방향만을 사용하였지만, 실제로 스마트폰에 탑재된 가속도 센서는 스마트폰에 가해지는 총 가속도를 측정 가능하므로, 이것을 잘 활용하면 넘어지는 사람을 인지하거나 스마트폰의 낙하를 알 수 있는 등 여러 가지로 실생활에 활용 가능한 기능들을 만들 수 있다.

그림 13-1 〈지진 감지〉 앱

또한 가속도 센서는 매우 민감하기 때문에 작은 충격도 감지가 가능하며, 측정 속도도 매우 빠르므로 실제 지진 탐지에 활용되는 지진계만큼은 아니더라도 사람이 느낄 수 있는 정도의 진동은 충분히 감지할 수 있다.

본 예제에서는 이러한 특징을 갖는 가속도 센서를 사용하여 지진계와 유사한 앱을 만들어볼 것이다. 스마트폰에 가해지는 진동을 실시간으로 수집하여 이것을 그래프로 그려주는 코드를 만들어볼 것이며, 해당 그래프의 그림과 데이터를 스마트폰 내에 파일로 저장할 수 있는 간이 지진 감지 앱을 만들어본다.

1. 학습 개요

이 장에서는 다음의 개념들을 새로 배운다.

- Canvas를 사용하여 간단한 그래프를 그리는 방법
- Clock 컴포넌트를 사용하여 일정 시간마다 특정 코드를 실행시키는 방법
- 원하는 그림이나 List 등의 데이터를 파일로 저장하는 방법

2. 프로젝트 생성

프로젝트 이름을 "Earthquake_Detector"로 하여 새 프로젝트를 만들고, Designer에서 Screen1의 Title 속성을 "지진 감지"로 바꾼다.

3. 컴포넌트 디자인

<지진 감지> 앱에서는 표 13-1과 같은 컴포넌트를 사용한다. 여기서 가장 중요한 것은 그림이 그려질 Canvas이므로, 하단에 넓은 영역을 차지하도록 한다. 상단에는 HorizontalArrangement 안에 두 개의 VerticalArrangement를 배치하고, 각 VerticalArrangement는 넓이를 절반씩 차지하도

록 Width 속성을 50%로 변경한다. 나머지 컴포넌트들은 그림 13-2를 참조하여 적절히 배치한다.

이번 장에서는 화면에 보이지 않는 컴포넌트를 4개 사용하는데, 이 중 File은 데이터를 파일로 저장하기 위해 사용한다. Clock은 12장에서 사용한 시간 출력기능 이외에도, 일정 시간마다 특정 코드를 실행하는 기능을 수행할 것이다. File은 사용하는 이유를 직관적으로 알 수 있겠지만, Clock은 아닐 것이다. Clock 컴포넌트를 사용하는 이유는 실시간 연산량을 조절하기 위함이다. 11장에서 실습해본 바와 같이, 가속도 센서는 1초에 100여 회가량의 빠른 속도로 가속도값을 받을 수 있다. 이에 반해 Canvas에 그림을 그리는 것은 스마트폰 내부적으로 대단히 많은 계산을 수행해야 하는 작업으로서, 단순히 Label에 가속도값을 표시하는 작업보다 훨씬 하드웨어를 느리게 만든다. 이때 센서에서 값을 받을 때마다 그림을 그리도록 명령하면 스마트폰의 처리 능력을 상회하는 작업을 명령하는 것이 되어 앱이 멈추거나 느리게 작동하는 등 정상적으로 작동하지 않게 된다. 따라서 본 예제에서는 빠른 속도로 가속도 데이터를 수집하되, Clock을 사용하여 그림을 그리는 코드를 별도의 주기마다(1초에 10회가량) 실행시킬 것이다.

표 13-1 〈지진 감지〉에 사용되는 컴포넌트들의 목록과 각각의 용도

컴포넌트	팔레트	이름	용도
HorizontalArrangement	Layout	HorizontalArrangement1	VerticalArrangement 두 개를 가로로 정렬
VerticalArrangement	Layout	VerticalArrangement1	X, Y, Z 3축의 가속도를 표시하는 Label을 세로로 정렬
VerticalArrangement	Layout	VerticalArrangement2	총 가속도의 크기를 표시하는 Label과 저장 버튼을 정렬
Label	User Interface	LabelX	X축 가속도값을 표시
Label	User Interface	LabelY	Y축 가속도값을 표시
Label	User Interface	LabelZ	Z축 가속도값을 표시
Label	User Interface	LabelTotal	총 가속도의 크기를 표시
Button	User Interface	Button1	클릭하면 '저장하기' 기능을 수행
Canvas	Drawing and Animation	Canvas1	실시간 진동 그래프를 그림
Clock	Sensors	Clock1	현재 시간을 문자열로 출력하고, 일정 시간마다 그림 그리기 코드를 실행
AccelerometerSensor	Sensors	AccelerometerSensor1	스마트폰에 탑재된 가속도 센서값을 받아옴
Notifier	User Interface	Notifier1	저장 완료 메시지를 사용자에게 표시
File	Storage	File1	그림과 데이터 등을 파일로 저장

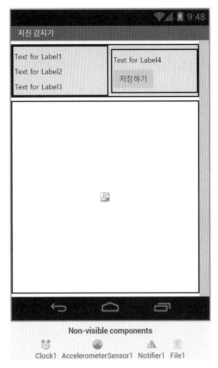

그림 13-2 컴포넌트 배치 완료 후의 Viewer 화면

본 예제에서 적당한 그림 갱신 주기는 0.1초, 즉 1초에 10회 정도이다. 따라서 Clock 컴포넌트를 클릭한 뒤, 우측의 Properties에서 TimerInterval 항목을 "100"으로 수정한다(ms 단위이다). 해당 속성 위에 있는 TimerAlwaysFires와 TimerEnabled는 각각 Timer 블록의 코드를 항상 실행할 것인지와 Timer의 작동 여부를 결정하는 것이므로 모두 체크된 상태로 두도록 한다.

다음 표를 살펴보고 모든 컴포넌트가 준비되었는지 확인한다. 컴포넌트 디자인이 완료되었으면 블록 프로그래밍을 시작한다.

4. 블록 프로그래밍

가. 전역 변수 설정

본 예제에서 사용할 전역 변수는 총 4개이며, 각각 (1) 가속도값을 담을 List인 accList, (2)

Label에 총 가속도를 표시할 때에 강조 표시를 할 기준값을 정하는 detectionThreshold, (3) List에 몇 개의 자료를 담을지 미리 설정해둘 maxListCount, (4) 그래프에 그릴 가속도의 최대 크기를 정할 maxYValue이다. 여기서 값을 바꾸어가며 사용할 것은 (1) accList뿐이며 나머지 3개는 프로그램 내내 변하지 않는 고정된 값이기 때문에, 12장의 예제처럼 해당 숫자들의 의미를 쉽게 알 수 있도록 이름을 붙여 사용하도록 한다.

1) 4개의 전역 변수를 생성하고, 위의 설명대로 이름을 수정한다.
2) 각각의 값은 (1) 빈 List, (2) 0.5, (3) 100, (4) 2로 설정해둔다(그림 13-3). 설정값들은 나중에 실행해본 뒤 자유롭게 변경해볼 수 있다.

그림 13-3 〈지진 감지〉 앱에서 사용할 전역 변수들

나. 가속도값 받기

가속도 센서로부터 값을 받는 과정에 대해서는 11장에서 이미 다룬 바 있다. 이번에도 동일한 when AccelerometerSensor1.AccelerationChanged 블록을 이용하되, (1) 여기서 받을 수 있는 3축 가속도값을 각각의 Label에 표시하고, (2) 총 가속도값을 계산하여 LabelTotal에 표시한 뒤, (3) 이때 총 가속도값이 detectionThreshold를 넘어설 경우 경고를 위해 LabelTotal의 글자색을 빨갛게 표시할 것이며, (4) 마지막으로 총 가속도값을 List에 저장할 것이다. 글로 설명하면 복잡해 보이지만 여기에 사용될 모든 코드는 지난 예제들을 학습하였다면 이미 알고 있는 것들이므로 하나씩 작성하면 된다.

1) 먼저 (1) 가속도값의 Label 표시부터 작성한다. Blocks > Screen1 > AccelerometerSensor1 > when AccelerometerSensor1.AccelerationChanged 블록을 생성하고, 해당 블록의 인자인

xAccel, yAccel, zAccel을 각각 LabelX, LabelY, LabelZ에 표시하되, Blocks>Built-in>Text> join을 사용하여 "X: <X축 가속도값>"의 형태로 출력되도록 한다.

2) (2)에서의 '총 가속도'는 중력가속도를 제거한 가속도의 크기를 뜻한다. 원래 가속도 자료에서 중력가속도만을 제거하고자 할 경우에는 하이패스 필터(high-pass filter)와 같이 진동을 포함하는 고주파수 성분만을 남기는 기법을 사용해야 하나 본 예제에서는 간단하게 벡터의 크기를 계산한 뒤 중력가속도의 크기($9.8\ \mathrm{m/s}^2$)를 빼서 계산하도록 하자. 가속도 크기의 계산은 3차원 벡터의 크기를 계산하는 공식을 사용해야 하며(Built-in>Math>square root와 ^ 블록을 사용하라), 계산된 값을 totalAccel이라는 지역 변수에 입력하도록 한다.

3) 총 가속도를 표시하는 (3)은 (1)과 같이 LabelTotal에 "Total: <총 가속도값>"의 형태로 출력한다. 출력한 이후에는 해당 가속도값의 크기가 전역변수인 detectionThreshold보다 큰지 판단하여, 만약 더 클 경우에는 Label의 색을 붉은색으로 표시하도록 한다. 총 가속도값이 detectionThreshold 이하로 내려온다고 해서 글자 색이 저절로 원래대로 돌아오지는 않으므로, Blocks>Built-in>Control>if-then을 생성한 뒤 else까지 사용하여 totalAccel이 global detectionThreshold보다 클 때와 그렇지 않을 때 각각 색을 지정하도록 코드를 작성하여야 한다.

4) 마지막 (4) 총 가속도값을 List에 넣는 부분은 Blocks>Built-in>Lists>add items to list 블록을 사용하면 되는데, 여기서 우리가 가속도값을 저장해두는 것은 나중에 그래프를 그리거나 자료를 파일로 내보낼 때에 사용하기 위함이다. 따라서 값을 계속 집어넣는 것이 아니라, 특정 개수만큼을 제한해서 해당 개수가 넘어가면 가장 오래된 기록부터 제거하여야 한다. 이때의 특정 개수는 maxListCount라는 이름의 전역 변수로 만들어두었으므로, 새 값을 넣은 이후에는 if-then 블록을 사용하여 global accList의 항목 개수 (Blocks>Built-in>Lists>length of list)가 global maxList보다 큰지 체크하고, 만약 그렇다면 Blocks>Built-in>Lists>remove list item 블록을 사용하여 1번째 index의 항목을 제거해준다. 이렇게 하면 accList에는 항상 가장 최근에 계산한 100개의 값만 담기게 된다.

이제 가속도값을 취득하고 가공하는 부분은 모두 완성되었다(그림 13-4). 다음은 이 값을 이용하여 진동 그래프를 그리는 코드를 작성한다.

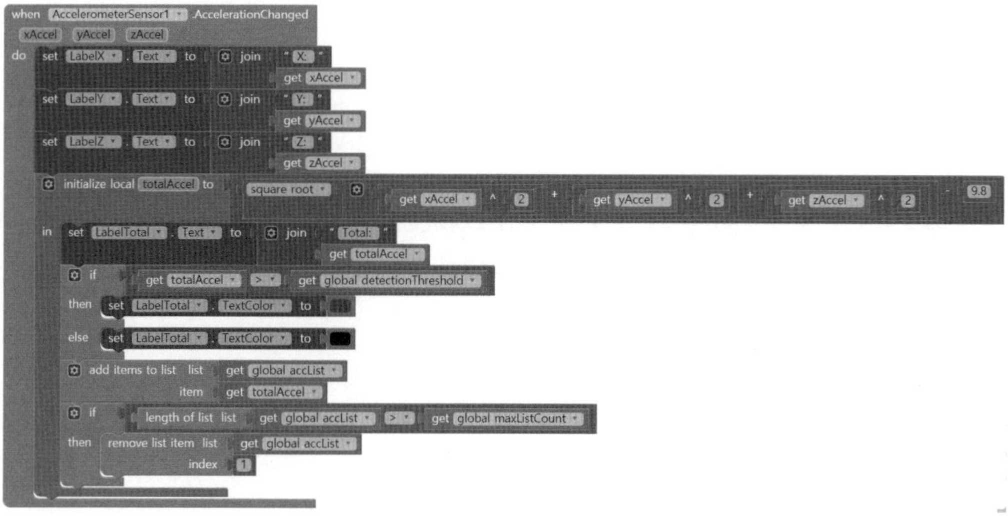

그림 13-4 가속도값의 취득, 표시, 계산 및 저장 코드

다. Canvas에 그래프 그리기

앱 인벤터에는 기본적으로 그래프를 그려주는 기능이 없으므로 해당 기능이 필요하다면 외부 기능을 찾아보거나 직접 만들어 사용해야 한다. 우리가 구현하고자 하는 실시간 그래프는 생각보다 만들기 어렵지 않으므로 직접 구현해보도록 한다.

앞서 설명한 바와 같이 그림을 그리는 것은 스마트폰을 느려지게 만드는 고부하 작업이므로, Clock 컴포넌트를 사용하여 1초에 10회만 그려지도록 만들 것이다. Clock 컴포넌트는 이미 Designer에서 생성하여 설정을 마쳤으므로 그대로 사용하기만 하면 된다.

1) Blocks > Screen1 > Clock1 > when Clock1.Timer 블록을 생성한다. 이 블록은 Designer에서 설정한 TimerInterval만큼의 시간 간격으로 반복 실행된다.

가장 처음에 입력할 명령은 Canvas의 그림 초기화 명령이다. Canvas는 별도의 명령이 없으면 그림을 계속 덧붙여 그리기 때문에 매번 실행될 때마다 Canvas를 모두 지운 다음에 새로 그림을 그려주어야 한다.

2) Blocks > Screen1 > Canvas1 > call Canvas1.Clear 블록을 입력한다.

이제 그림을 그리기 시작하면 된다. 가장 먼저 배경을 그릴 것이다. 모든 그래프(차트)는 값의 크기를 짐작할 수 있는 보조선이 필요하므로, 여기서는 가속도의 크기인 Y축의 크기를 가늠할 수 있는 배경을 먼저 그리도록 한다.

3) 배경 보조선은 색이 연해야 하므로, 먼저 Blocks > Screen1 > Canvas1 > set Canvas1.PaintColor to 블록을 입력한 뒤 회색으로 색을 변경한다.

이제 배경을 그려주면 되는데, Canvas의 좌표는 가장 왼쪽 상단이 (0, 0)이며 가장 오른쪽 하단이 (Canvas.Width, Canvas.Height)이다. 이 좌표는 Canvas에서만 사용되는 픽셀 단위의 좌표이다. 가장 먼저 그릴 것은 테두리이다.

4) Blocks > Screen1 > Canvas1 > call Canvas1.DrawLine 블록을 4개 추가하고, 4개의 선이 테두리를 따라 한 바퀴 돌도록 명령을 작성한다. (0, 0)부터 (Canvas1.Width, 0)까지 그리면 Canvas1의 가장 위쪽에 1개의 선을 그리는 것이며, 다시 (Canvas1.Width, 0)부터 (Canvas1.Width, Canvas1.Height)까지 그리면 Canvas1의 가장 오른쪽에 1개의 선을 그리는 것이 된다. 이와 같은 방법으로 테두리의 4개 선을 모두 그리도록 한다(그림 13-5).

다음은 Y축의 크기를 쉽게 알 수 있도록 하는 가로 보조선을 그려야 한다. 변수 블록을 작성할 때, 전역변수 maxYValue에 화면에 표시될 최대 가속도를 $2(m/s^2)$로 지정해두었으므로 0, 1, -1의 3개 보조선을 추가하기로 하자. 0을 중심으로 하는 것은 우리가 계산한 총 가속도가 0을 중심으로 상하로 진동할 것이기 때문이다. 따라서 0은 Canvas의 세로 방향에서 가운데에 위치해야 하며, 1과 -1은 각각 화면의 상단으로부터 25%, 75% 지점에 위치해야 할 것이다.

5) 3개의 지역 변수를 추가한다. 먼저 Canvas 상에서 세로 방향으로 중간에 위치한 보조선의 Y 좌표를 halfY라고 명명한다. 이것은 Canvas.Height를 2로 나눈 것과 같다.
6) 상단 25% 지점에 위치하는 가로 보조선의 Y좌표 q1Y는 halfY를 다시 2로 나눈 것과 같다.
7) 상단으로부터 75% 지점에 위치하는 가로 보조선의 Y좌표 q3Y는 q1Y의 3배와 같다.
8) Blocks > Screen1 > Canvas1 > call Canvas1.DrawLine 블록을 3개 사용하여 가로 선을 3개

그린다. 이때 x1은 모두 0이며, x2는 모두 Canvas1.Width이다.

여기까지만 작성하고 앱을 실행해보자. 테두리와 가로선 3개가 그려져 있을 것이다. 이 그림은 가만히 있는 것처럼 보이지만, 사실은 1초에 10번씩 지우고 다시 그리는 것을 반복하고 있는 것이다. 그런데 가로선만 있고 해당 선이 어느 값인지 표시되어 있지 않아서 별도의 설명이 없으면 어느 정도의 값인지 모를 수 있으므로, 보조선 밑에 해당 선이 얼마의 값인지 표시해줄 필요가 있다. Canvas에 문자를 입력하고 싶을 때에는 DrawText 블록을 이용한다.

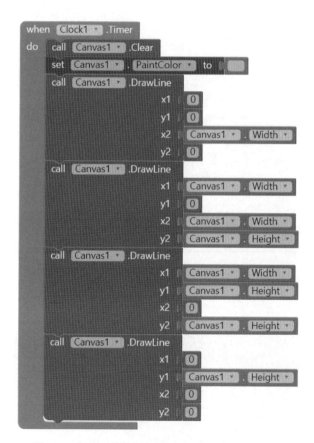

그림 13-5 Canvas에서 그래프의 테두리 그리기 코드

9) 3개의 DrawLine 블록 밑에 Blocks > Screen1 > Canvas1 > call Canvas1.DrawText 3개를 입력하자.

10) text에는 각각 "0", "1m/s2", "-1m/s2"를 입력한다.

11) x는 각각 "15", "30", "30"을 입력한다.

12) y는 각 보조선의 아래를 지정해야 하므로 각각 halfY+15, q1Y+15, q3Y+15를 입력한다.

입력이 완료되면 해당 부분의 코드는 그림 13-6과 같다(그림 13-5의 코드에 이어서 작성된 것임에 주의한다). 다시 앱을 실행해보고 배경이 완성되었는지 확인한다.

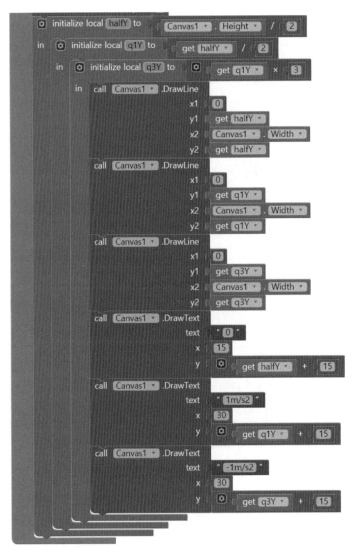

그림 13-6 그래프의 배경 보조선 그리기 코드

나머지는 accList에 저장된 값을 그려주기만 하면 된다. 가속도값은 0을 중심으로 진동하므로 이것을 그리기 위해서는 halfY가 여전히 필요하기 때문에, 그림 13-6에서 q1Y 블록이 끝난 부분부터 코드를 작성하면 된다(위치가 혼동된다면 마지막 DrawText에 이어서 작성하여도 상관없다). 현재까지는 배경을 그리느라 펜이 회색으로 되어 있으므로 먼저 펜을 검은색으로 변경한다.

13) Blocks > Screen1 > Canvas1 > set Canvas1.PaintColor to 블록을 사용하여 그릴 선의 색을 검은 색으로 바꾸어준다.

다음은 각 기록값을 '어느 지점'에 '어떻게' 그릴지에 대해 생각해보아야 한다. accList에 저장된 값은 센서값의 크기를 계산하여 저장해놓은 것이며 그 수는 총 100개이다. 이 100개의 점을 모두 연결하여 그리기 위해서는 총 99개의 선을 그려야 하며, 각 점을 그릴 때에는 Canvas1.Width를 100으로 나눈 뒤 한 칸씩 오른쪽으로 가면서 그리면 될 것이다. Y축값은 전역변수 maxYValue(=2)까지만 그리기로 정해놓았으므로, 만약 그려야 하는 대상값이 maxYValue라면 그 값은 Canvas1의 최상단에 그려져야 할 것이고, -maxYValue라면 최하단에 그려져야 할 것이며, 값이 0이라면 그 점은 halfY에 위치해야 한다.

위의 내용을 종합하였을 때, accList에서의 N번째 측정값이 k라고 하면, 이 점을 Canvas1에 한 점으로 표현하였을 때 그 좌표는 다음과 같다.

$$x = N \times \frac{Canvas1.Width}{\max ListCount} \tag{13-1}$$

$$y = halfY - \left(k \times \frac{halfY}{\max YValue} \right) \tag{13-2}$$

이때 N과 k를 제외하면 모두 변하지 않는 값이므로 미리 계산하여 변수로 만들어두면 편리할 것이다.

14) $\dfrac{Canvas1.Width}{\max ListCount}$ 를 xInterval로, $\dfrac{halfY}{\max YValue}$ 를 yInterval로 하여 두 개의 지역변수 블록을 만든다.

이 블록 안에서는 List 안에 있는 값들을 참고하여 99개의 선을 그리는 코드를 작성해야 하는데, 이를 위해서 선을 한 개 그리는 코드를 99개 만들려면 너무나 힘들 것이다. 이처럼 똑같은 코드를 여러 번 반복해야 하는 경우에는 일정 코드를 반복해서 실행할 수 있는 반복문을 사용하는 것이 편리하다.

15) Blocks>Built-in>Control>for each-to-by 블록을 위에서 만든 지역변수 블록 내에 위치시키자.

이 블록은 임시적으로 변수(기본 이름은 'number'이다)를 하나 만들어 블록 내의 코드를 반복 실행하는데, 해당 변수를 'from'부터 'to'까지 'by'만큼 변경시키면서 반복시킨다. 예를 들어 기본적으로 생성되는 코드처럼 from이 1, to가 5, by가 1이라면, 임시 변수인 number가 1일 때에 블록 안의 코드가 한 번 실행되고, 다시 블록의 처음으로 돌아가서 number에 by만큼을 추가하여 2일 때 다시 한번 실행되고, 같은 방법으로 3, 4, 5일 때까지 총 5회 실행된 뒤 다음 블록의 코드가 실행되는 것이다. 만약 by가 2라면, number는 1, 3, 5가 되어 총 3회 반복할 것이다. by가 3이라면 1, 4까지만 실행된다(number가 to를 넘으면 무조건 반복이 중지된다). 이때 임시 변수 number는 지역 변수처럼 해당 블록 내에서 사용할 수 있다.

우리는 accList 안에 있는 인자의 개수-1 만큼 반복해야 하므로, '1부터 인자 개수-1'까지 반복하거나 '2부터 인자수'까지 반복하는 경우 중 하나를 사용할 수 있다. 여기서는 후자인 2부터 반복되는 코드를 만들어보자. 반복문 내부에는 각각의 점을 잇는 코드를 작성하여야 한다.

16) 기본적으로 for each 블록에 입력되어 있는 from인자를 2로 수정한다.

17) to 인자는 삭제한 뒤 Blocks>Built-in>Lists>length of list 블록을 입력하여 대상 List를 accList로 한다. length of list 대신에 maxListCount로 하면 오류가 발생하는데, 앱을 실행한 초기에는 accList 안에 값이 하나도 없을 것이기 때문이다.

18) 모든 점에 대하여 그려야 하므로, 증분 by는 기본값인 1로 둔다.

19) 반복문 내부에는 Blocks>Screen1>Canvas1>call Canvas1.DrawLine 블록 하나만 입력한다. x1과 y1의 값은 i-1번째 지점의 좌표가 되어야 하며, x2와 y2의 값은 i번째 지점의 좌표가 된다. 위 수식들을 참고하여 작성해보도록 하자.

완성된 코드는 그림 13-7과 같다. 이 그림은 그림 13-6의 코드에 이어서 작성된 것임에 유의한다.

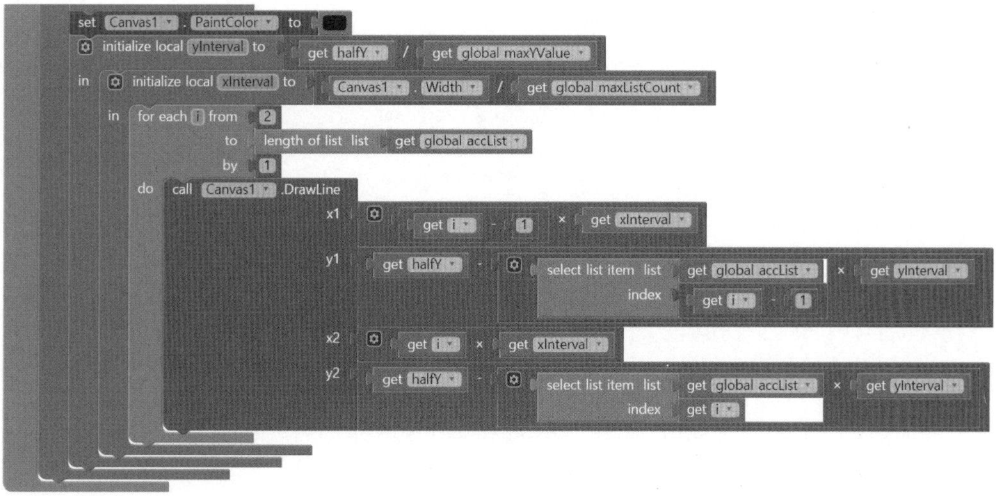

그림 13-7 완성된 가속도 그래프 작도 코드

이제 앱을 실행해보자. 스마트폰을 책상 위에 두고, 책상을 두드려 그림이 실시간으로 잘 표시되는지 확인한다. 가속도 센서는 대단히 민감하므로 살짝 두드려도 표시가 날 것이다. 그림이 잘 그려지지 않거나 오류가 난다면 코드를 처음부터 다시 잘 살펴본다.

라. List와 Canvas를 파일로 저장하기

여기까지 작성된 코드는 단순히 진동 상태를 보여주기만 하는 것이며, 이 데이터를 캡처하거나 외부 프로그램 등에서 사용하려면 그림이나 데이터를 파일로 저장하는 기능이 필요하다. 이러한 기능은 File 컴포넌트를 사용하면 간단히 처리할 수 있다. Designer에서 추가한 Button1이 저장하기 버튼이므로, 이 버튼을 클릭하면 저장 기능을 수행하도록 작성할 것이다.

1) Blocks > Screen1 > HorizontalArrangement1 > VerticalArrangement2 > Button1 > when Button1.Click 블록을 생성한다.

가장 처음에 할 일은 List를 저장할 파일의 이름을 정하는 것이다(Canvas를 그림으로 저장할 때에는 이름을 직접 지정해주지 않아도 알아서 붙여 저장해준다). 그런데 이러한 프로그램은 여러 번 데이터를 저장할 수도 있고 몇 번 저장할 것인지도 알 수 없으므로, 가장 좋은 명명 방법은 현재의 시간을 파일 이름으로 사용하는 것이다.

현재의 시간은 우리가 그림을 주기적으로 그리는 데에 사용하였던 Clock 컴포넌트에서 제공하므로 이것을 사용하면 된다.

2) listFileName이라는 이름의 지역 변수를 생성한다.

3) 초깃값을 Blocks>Built-in>Text>join 블록으로 한다.

4) join 블록의 첫 번째 항목은 시간을 담는 문자열을 입력하여야 하는데, 12장에서 사용해 본 바와 같이 Blocks>Screen1>Clock1>call Clock1.FormatDateTime 블록을 입력한다.

5) instant에는 Blocks>Screen1>Clock1>call Clock1.Now를 입력하여 현재 시간을 입력한다.

6) pattern 인자는 기본값 그대로 사용한다.

7) join의 두 번째 인자에는 ".txt" 문자열을 입력하여 txt 확장자의 파일로 저장되도록 하자.

파일 이름을 지정하였으므로 이제 저장만 수행하면 된다. 어떤 데이터를 파일로 저장하고자 할 때에는 File의 SaveFile 블록을 사용하면 된다.

8) Blocks>Screen1>File1>call File1.SaveFile 블록을 조립한다.

9) fileName에는 위에서 만들어둔 listFileName을 지정하면 된다.

text 항목에는 저장할 문자열 등의 데이터를 입력하면 되는데, 앱 인벤터의 List 블록에는 List의 내용물을 CSV(comma separated value) 형식의 단일 문자열로 출력해주는 기능이 있다.

10) Blocks>Built-in>List>list to csv table 블록을 text 인자에 입력한다. 대상 list는 accList 가 된다.

다음으로는 Canvas의 그림을 저장하는 기능과 Notifier 컴포넌트를 이용하여 어디에 저장되었는지를 알려주는 코드를 작성할 것인데 이 두 기능은 하나의 블록 내에 작성이 가능하다.

11) Blocks > Screen1 > Notifier1 > call Notifier1.ShowMessageDialog 블록을 조립한다.

12) message 인자에는 앞서 사용한 join 블록을 하나 더 생성하여 입력한다.

13) 여기에는 5개의 인자를 넣어야 하므로 join의 설정 버튼을 클릭하여 내용물을 5개 입력
할 수 있도록 하고, 내용물은 다음과 같이 작성한다.

순서	내용
1	"그림이"
2	call Canvas1.Save
3	"에, 리스트가 "
4	get listFileName
5	"에 저장되었습니다."

Canvas1.Save 명령은 그림을 파일로 저장하면서, 저장된 파일의 경로까지 알려주므로 위와
같이 작성하면 그림의 경로를 바로 Notifier를 통해 사용자에게 표시할 수 있다. 이제 Notifier
에 필요한 나머지 인자들을 입력해준다.

14) 나머지 title과 buttonText에 각각 "저장 완료"와 "확인" 텍스트를 조립한다.

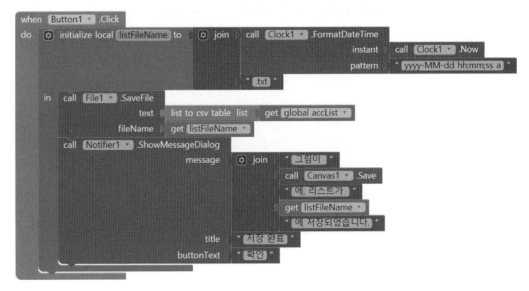

그림 13-8 완성된 그림 및 List 저장 코드

앱을 실행하여 저장 기능이 성공적으로 동작하는지 시험해보자. 작성이 완료된 코드는 그림 13-8과 같다.

5. 전체 앱 프로그램

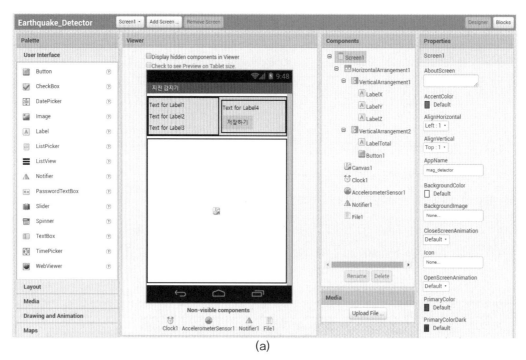

(a)

그림 13-9 〈지진 감지〉 앱의 (a) 컴포넌트 디자인과 (b, c) 전체 프로그램 코드

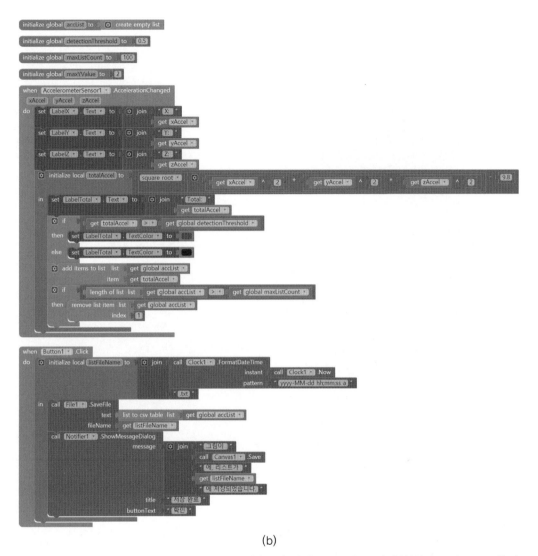

(b)

그림 13-9 〈지진 감지〉 앱의 (a) 컴포넌트 디자인과 (b, c) 전체 프로그램 코드(계속)(컬러 도판 396쪽 참조)

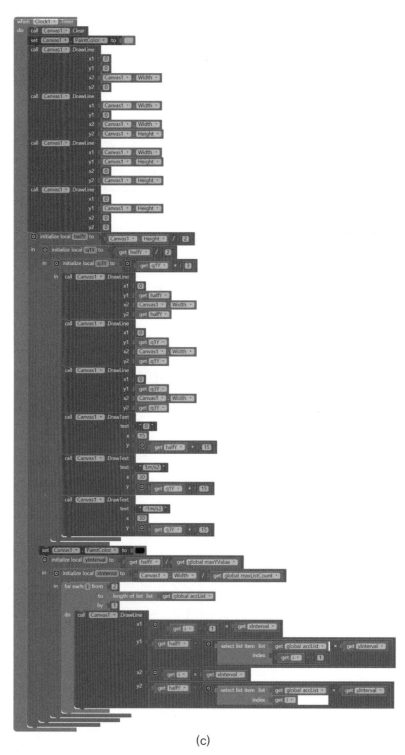

(c)

그림 13-9 〈지진 감지〉 앱의 (a) 컴포넌트 디자인과 (b, c) 전체 프로그램 코드(계속)(컬러 도판 397쪽 참조)

6. 확장해보기

이번에 우리가 만들어본 앱은 사용자가 직접 자료를 저장할 필요가 있을 때에만 데이터와 그림의 저장을 수행한다. 그러나 실제 진동은 언제 올지 알 수 없으므로, 진동이 일어났을 때에 자동으로 저장하는 기능이 있다면 편리할 것이다. 특정 크기 이상의 진동이 주어졌을 때 자동으로 기록을 수행하도록 앱을 수정해보자.

제14장

비포장도로
상태 조사 및 평가

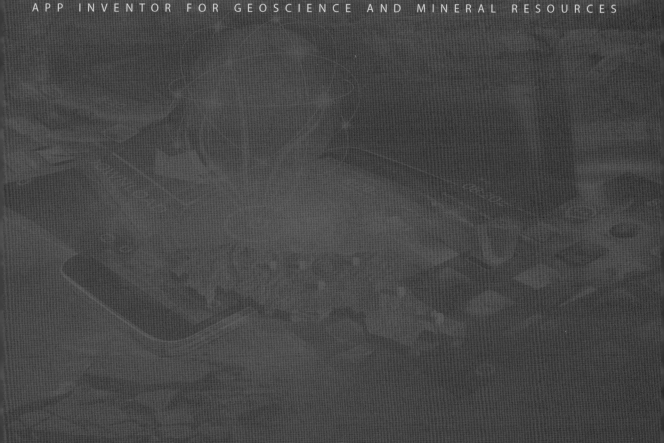

비포장도로 상태 조사 및 평가

광산현장에서는 임시로 사용되는 비포장도로가 대부분이기 때문에 도로 표면의 상태에 따라 이용할 수 없는 운반도로 구간도 다수 존재할 수 있다. 따라서 광산에서 정상적인 운반작업을 하기 위해서는 비포장도로의 상태를 주기적으로 조사하고, 그 결과에 따라 적절한 유지보수를 시행할 필요가 있다.

14장에서는 그림 14-1과 같이 광산 비포장도로 상태를 주기적으로 조사하는 데 사용될 수 있는 스마트폰 앱의 개발 사례(최요순 등, 2018)를 소개한다. 이 연구에서는 1995년 미국 육군

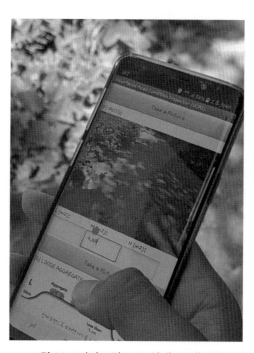

그림 14-1 〈비포장도로 상태 조사〉 앱

공병대에서 개발한 Unsurfaced Road Condition Index(URCI) 평가 체계(Department of the Army, 1995)에 따라 현장에서 필요한 정보를 수집하고, 비포장도로의 상태를 정량적으로 평가할 수 있도록 스마트폰 앱의 기능을 구성하였다. 이 장에서는 URCI 평가 체계에 관해 설명하고, 애플리케이션의 개발 방법과 현장적용 결과를 제시한다.

1. 학습 개요

14장에서 여러분들은 MIT 앱 인벤터 개발도구를 이용하여 광산현장의 비포장도로 유지관리를 위해 실무에서 사용할 수 있는 앱을 개발해볼 것이다. 14장에서 새로 배우게 될 내용은 다음과 같다.

• URCI에 의한 비포장도로 상태 평가 방법

2. URCI에 의한 비포장도로 상태 평가 방법

URCI는 비포장도로의 상태를 정량적으로 나타낸 지표로서 0에서 100 사이의 값으로 표현된다. URCI 값을 산정할 때에는 다음과 같이 비포장도로의 상태를 악화시키는 7가지 인자(distress factor)들이 고려된다.

• 부적절한 단면(improper cross section)
• 부적절한 도로변 배수(inadequate roadside drainage)
• 물결자국(corrugations)
• 분진(dust)
• 함몰(potholes)
• 바퀴자국(ruts)
• 느슨한 골재(loose aggregate)

그림 14-2는 URCI를 산정하는 절차를 보여준다. 첫 번째 단계에서는 현장조사를 통해 7가지 인자들의 각각에 대해 밀도(density)를 계산하고 심각도(severity level)를 평가한다. 두 번째 단계에서는 공제값 곡선(deduct value curves)을 이용하여 7가지 인자들에 대한 공제값(Deduct Value, DV)을 계산한다. 공제값은 0에서 100 사이의 값으로 표현된다. 공제값이 0인 경우는 해당 인자가 비포장도로의 상태에 전혀 영향을 미치지 않았다는 것을 의미한다. 반면, 공제값이 100인 경우는 해당 인자가 큰 영향을 미쳐 비포장도로가 완전히 훼손되었음을 의미한다. 세 번째 단계에서는 7가지 인자들의 공제값을 합산하여 전체 공제값(Total Deduct Value, TDV)을 계산한다. 또한 7가지 인자들의 공제값 중 5보다 큰 것들의 개수를 나타내는 q값을 결정한다. 네 번째 단계에서는 URCI 곡선과 전체 공제값, q값을 이용하여 URCI 값을 계산한다. 또한 URCI 값에 근거하여 비포장도로의 상태를 평가한다.

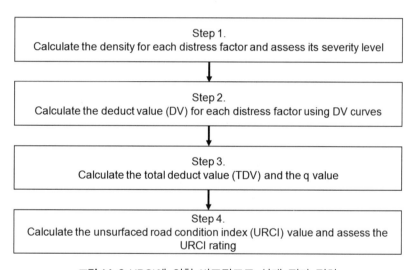

그림 14-2 URCI에 의한 비포장도로 상태 평가 절차

가. 부적절한 단면

비포장도로는 도로 표면의 빗물 배수를 위해 도로 중심선으로부터 도로 경계의 배수로까지 충분한 경사를 유지해야 한다. 도로 표면이 훼손되어 부적절한 단면 형상을 보이는 구간에서는 노면이 형성되지 않거나 배수가 되지 않으므로 유지보수가 필요하다. 부적절한 단면 인자의 밀도(%)는 조사지역에서 부적절한 단면 형상을 보이는 구간의 길이(m)를 도로의 중심선을 따라서 또는 도로의 중심선과 평행하게 측정한 후, 그 값을 조사지역의 면적(m²)으로 나누

어 계산한다. 부적절한 단면 인자의 심각도는 비포장도로 단면의 상태에 따라 그림 14-3과 같이 3단계의 수준으로 평가한다.

- 심각도 수준(L): 도로 표면이 완전히 평평하여 경사가 없으며 소규모 웅덩이가 곳곳에 존재
- 심각도 수준(M): 도로 표면이 볼(bowl) 모양이며 중규모 웅덩이가 곳곳에 존재
- 심각도 수준(H): 도로 표면에 심각한 함몰이 발생했으며 대규모 웅덩이가 곳곳에 존재
- 조사지역에서 심각도 수준이 다른 부적절한 단면이 복수로 존재할 때에는 심각도 수준별로 밀도를 각각 계산한다.

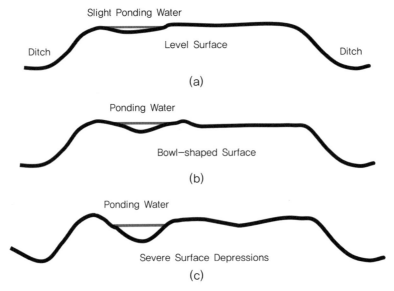

그림 14-3 부적절한 단면의 심각도 수준. (a) Low, (b) Middle, (c) High

나. 부적절한 도로변 배수

비포장도로의 빗물 배수 상태가 부적절한 경우 도로 표면에 웅덩이가 생성되기 쉽다. 따라서 도로변 배수시설의 상태를 주기적으로 점검하고 관리할 필요가 있다. 부적절한 도로변 배수 인자의 밀도(%)는 조사지역에서 불량한 도로변 배수로 형상을 보이는 구간의 길이(m)를 도로의 중심선을 따라서 또는 도로의 중심선과 평행하게 측정한 후, 그 값을 조사지역의 면적 (m²)으로 나누어 계산한다. 부적절한 도로변 배수 인자의 심각도는 배수로의 상태에 따라 그

림 14-4와 같이 3단계의 수준으로 평가한다.

- 심각도 수준(L): 배수로에 소규모의 웅덩이 흔적이 있고 덤불이나 덤불의 잔해가 존재
- 심각도 수준(M): 배수로에 중규모의 웅덩이 흔적이 있고 덤불이나 덤불의 잔해가 존재하며 도로변이나 배수로에 빗물로 인한 침식 발생
- 심각도 수준(H): 배수로에 대규모의 웅덩이 흔적이 있고 덤불이나 덤불의 잔해가 존재하며 도로변이나 배수로에 빗물로 인한 침식 발생. 또한 도로를 가로질러 물이 흐른 흔적이 존재

조사지역에서 심각도 수준이 다른 부적절한 도로변 배수 상태가 다수 발견될 때에는 심각도 수준별로 밀도를 각각 계산한다.

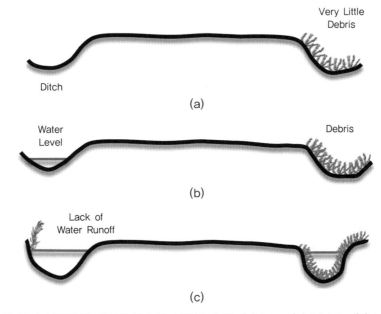

그림 14-4 부적절한 도로면 배수의 심각도 수준. (a) Low, (b) Middle, (c) High

다. 물결자국

비포장도로의 물결자국은 일정한 간격을 둔 능선과 골의 형태로서 차량의 이동 방향에 수

직으로 나타난다. 언덕, 커브 구간, 가속 또는 감속 구간, 도로 표면의 골재가 느슨해진 구간에서 주로 나타나며 도로 표면을 훼손시키므로 유지보수를 통해 제거해주어야 한다. 물결자국 인자의 밀도(%)는 조사지역에서 물결자국 형상을 보이는 영역의 면적(m^2)을 측정한 후, 그 값을 조사지역의 면적(m^2)으로 나누어 계산한다. 물결자국 인자의 심각도는 물결자국의 깊이에 따라 그림 14-5와 같이 3단계의 수준으로 평가한다.

- 심각도 수준(L): 물결자국의 깊이가 2.5 cm 미만
- 심각도 수준(M): 물결자국의 깊이가 2.5 cm 이상 7.5 cm 미만
- 심각도 수준(H): 물결자국의 깊이가 7.5 cm 이상

물결자국도 심각도의 수준에 따라 각각 밀도를 계산한다.

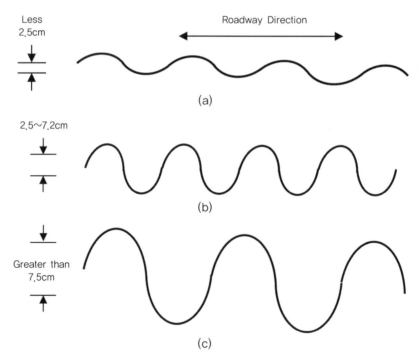

그림 14-5 물결자국의 심각도 수준. (a) Low, (b) Middle, (c) High

라. 먼지

비포장도로의 마모로 인해 도로의 구성 입자들이 표면에서 분리되면 차량이 지나갈 때 먼지구름이 형성된다. 먼지구름은 후행 차량의 주행 안전을 저해하고 환경적인 측면에서도 문제를 초래한다. 따라서 먼지구름이 발생하는 비포장도로 구간은 유지보수가 필요하다. 먼지 인자의 경우 밀도는 계산하지 않으며 먼지구름의 발생 정도에 따라 그림 14-6과 같이 3단계의 수준으로 평가한다.

- 심각도 수준(L): 후행 차량의 시야를 방해하지 않을 정도의 옅은 먼지구름 생성
- 심각도 수준(M): 후행 차량의 시야를 부분적으로 방해할 수 있는 짙은 먼지구름 생성
- 심각도 수준(H): 후행 차량의 시야를 심각하게 방해할 수 있는 매우 짙은 먼지구름 생성

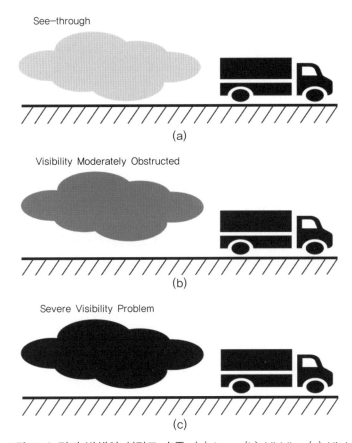

그림 14-6 먼지 발생의 심각도 수준. (a) Low, (b) Middle, (c) High

마. 함몰

비포장도로 표면에서 발생하는 볼(bowl) 모양의 함몰은 도로 하부 토양이 느슨해져 발생하며, 함몰지점으로 빗물 등이 유입되면 빠르게 확장된다. 도로 표면에 함몰이 발생하면 차량의 원활한 이동이 어려워지며, 차량이 함몰지점을 지나갈 때 타이어가 파괴되어 안전사고로 이어질 수도 있다. 함몰 인자의 심각도는 표 14-1의 기준에 따라 3단계의 수준으로 평가한다. 함몰 인자의 밀도(%)는 조사지역에서 함몰 현상을 보이는 영역의 면적(m^2)을 측정한 후, 그 값을 조사지역의 면적(m^2)으로 나누어 계산한다. 조사지역에서 심각도 수준이 다른 함몰 현상이 복수로 나타날 때는 심각도 수준별로 밀도를 각각 계산한다.

표 14-1 함몰의 심각도 수준(Department of the Army, 1995)

최대 깊이	평균 직경			
	<0.3 m	0.3~0.6 m	0.6~1 m	≥1 m
1.5~5 cm	Low	Low	Middle	Middle
5~10 cm	Low	Middle	High	High
≥10 cm	Middle	High	High	High

바. 바퀴자국

비포장도로의 바퀴자국은 차량의 반복적인 통행의 결과로 도로 중심선에 평행하게 나타난다. 심각한 바퀴자국은 도로를 파괴할 수도 있다. 바퀴자국 인자의 밀도(%)는 조사지역에서 바퀴자국이 나타난 영역의 면적(m^2)을 측정한 후, 그 값을 조사지역의 면적(m^2)으로 나누어 계산한다. 바퀴자국 인자의 심각도는 바퀴자국의 깊이에 따라 그림 14-7과 같이 3단계의 수준으로 평가하며, 심각도의 수준에 따라 각각 밀도를 계산한다.

- 심각도 수준(L): 바퀴자국의 깊이가 2.5 cm 미만
- 심각도 수준(M): 바퀴자국의 깊이가 2.5 cm 이상 7.5 cm 미만
- 심각도 수준(H): 바퀴자국의 깊이가 7.5 cm 이상

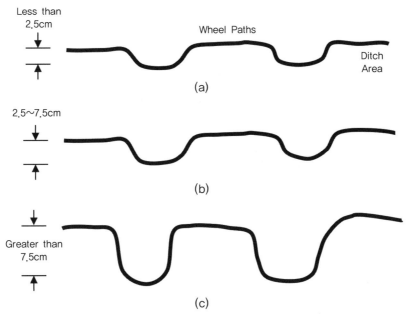

그림 14-7 바퀴자국의 심각도 수준. (a) Low, (b) Middle, (c) High

사. 느슨한 골재

비포장도로의 마모와 손상으로 인해 큰 골재 입자들이 도로 표면에서 분리되어 느슨해질 수 있다. 느슨해진 골재 입자들은 차량 이동 방향의 수직 방향으로 점차 이동하며 도로의 중심선이나 도로변을 따라 둔덕을 형성하게 된다. 이러한 둔덕들은 차량의 이동을 방해하므로 주기적인 점검을 통해 느슨한 골재의 발생 여부를 확인하고 도로 표면을 유지 보수할 필요가 있다. 느슨한 골재 인자의 밀도(%)는 조사지역에서 발생한 느슨한 골재 둔덕의 길이(m)를 도로의 중심선을 따라서 또는 도로의 중심선과 평행하게 측정한 후, 그 값을 조사지역의 면적(m²)으로 나누어 계산한다. 느슨한 골재 인자의 심각도는 비포장도로 표면에 발생한 둔덕의 높이에 따라 그림 14-8과 같이 3단계의 수준으로 평가하며, 심각도의 수준에 따라 각각 밀도를 계산한다.

- 심각도 수준(L): 느슨한 골재로 인해 생성된 둔덕의 높이가 5 cm 미만
- 심각도 수준(M): 느슨한 골재로 인해 생성된 둔덕의 높이가 5 cm 이상 10 cm 미만
- 심각도 수준(H): 느슨한 골재로 인해 생성된 둔덕의 높이가 10 cm 이상

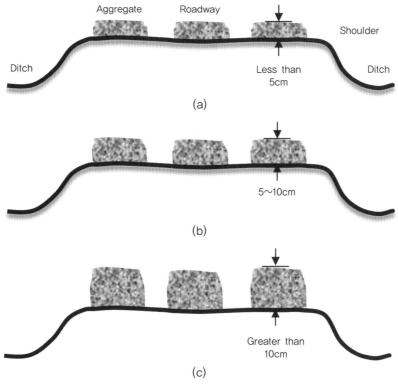

그림 14-8 느슨한 골재의 심각도 수준. (a) Low, (b) Middle, (c) High

아. 인자별 공제값 계산

빗물 인자별로 밀도와 심각도 수준이 결정되면 그림 14-9와 같은 Department of the Army (1995)가 제시한 그래프를 이용하여 7가지 인자들에 대한 공제값을 계산한다. 예를 들어 부적절한 단면 인자의 밀도가 10%, 심각도 수준이 낮은 경우(L) 해당 그래프에서 심각도 곡선 L을 따라 x축 10인 지점까지 이동하고, 그 지점에서의 y축 값을 읽으면 공제값으로 8을 얻을 수 있다. 먼지 인자의 경우에는 밀도를 계산하지 않았으므로 공제값 곡선을 이용하지 않고 심각도 수준별로 정해진 공제값을 부여한다.

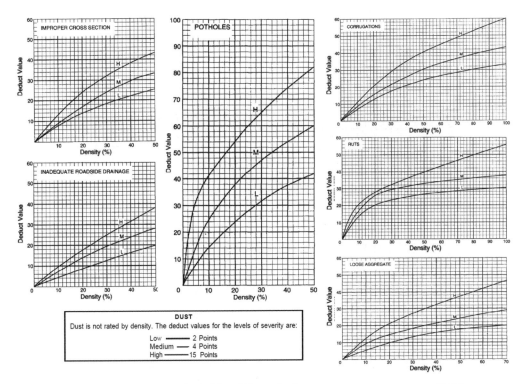

그림 14-9 인자별 공제값 계산을 위한 그래프(Department of the Army, 1995)

자. 전체 공제값과 q값의 계산

인자별로 공제값이 결정되면 7가지 인자들의 공제값을 합산하여 전체 공제값을 계산한다. 또한 인자별 공제값 중 5보다 큰 것들의 개수를 세어 q값을 결정한다. 예를 들어, 조사지역에서 물결자국, 분진, 함몰과 같은 세 가지 인자들이 발견되었고, 각각의 공제값이 15, 4, 20인 경우 전체 공제값은 39로 계산되며, q값은 2가 된다.

차. URCI 값 계산 및 비포장도로 상태 평가

전체 공제값과 q값이 계산되면 그림 14-10과 같이 Department of the Army(1995)가 제시한 URCI 곡선을 이용하여 URCI 값을 계산한다. 예를 들어 조사지역의 전제 공제값이 60이고, q값이 1인 경우에는 'q=0 or 1'을 나타내는 곡선에서 x축이 60인 지점까지 이동한 후 y축 값을 읽으면 URCI 값으로 40을 얻을 수 있다. 조사지역의 URCI 값이 결정되면 Department of the Army(1995)가 제시한 기준(표 14-2)에 따라 비포장도로의 상태를 7가지 등급으로 나누어 평가할 수 있다.

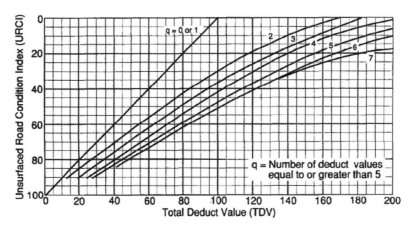

그림 14-10 URCI 값 계산을 위한 그래프(Department of the Army, 1995)

표 14-2 URCI 값에 따른 비포장도로의 상태 평가(Department of the Army, 1995)

URCI value	Rating
0~10	Failed
10~25	Very poor
25~40	Poor
40~55	Fair
55~70	Good
70~85	Very good
85~100	Excellent

3. 컴포넌트 디자인

그림 14-11은 앱 화면 구성을 위한 컴포넌트 디자인 결과를 보여준다. 먼저 일반정보를 입력하는 화면에서는 조사지역의 구분 코드와 함께 조사날짜, 조사면적, 조사자 정보를 입력할 수 있다(그림 14-11). 스마트폰에 탑재된 GPS를 통해 조사지점의 위치정보가 인식되면 조사지점의 주소와 지도는 자동으로 화면에 표시된다.

그림 14-11 URCI 앱의 컴포넌트 디자인 결과

　　수직 스크롤 바를 이용하여 화면을 이동하면 비포장도로의 상태를 악화시키는 7가지 인자
들에 대한 현장조사 결과를 입력할 수 있다(그림 14-12). 각각의 인자별로 현장에서 측정된
값들을 심각도 수준별로 입력된다. 예를 들어 부적절한 단면 인자의 경우 현장에서 부적절한
단면 형상을 보이는 구간의 길이(m) 측정 결과를 심각도 낮음(L), 중간(M), 높음(H) 수준에
따라 입력할 수 있다. 값을 입력한 후에는 조사지점의 사진을 촬영하여 스마트폰에 저장할
수 있으며, 촬영된 사진의 이름이 URCI 애플리케이션에 기록된다.

　　수직 스크롤 바를 이용하여 애플리케이션의 가장 아래쪽 화면으로 이동하면 입력된 현장
조사 자료로부터 자동 계산된 인자별 DV, 전체 인자들의 TDV, q값, 조사지역의 URCI 값과
등급을 확인할 수 있다. 또한 조사지역의 특이사항을 기재할 수 있다. URCI 애플리케이션을
이용해 조사된 자료와 결과들을 문자 메시지나 이메일을 통해 전송하여 공유할 수 있다.

　　컴포넌트 디자인과 관련한 보다 자세한 내용은 제공된 실습 예제 파일을 확인해보길 바란다.

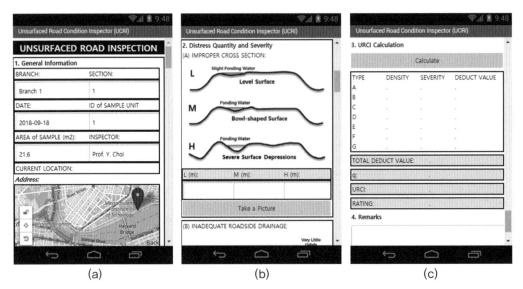

그림 14-12 URCI 앱의 화면 구성. (a) 조사지역 정보 입력, (b) 개별 인자별 조사 결과 입력, (c) URCI 값 계산 및 비포장도로 평가 결과 확인(컬러 도판 398쪽 참조)

4. 블록 프로그래밍

블록 에디터를 이용하여 URCI 앱의 동작을 제어할 수 있는 코드를 작성한 결과는 그림 14-13과 같다. 기존에 실습했던 예제들과 달리 14장에서는 실무에서 사용될 수 있는 앱을 개발하는 것이기 때문에 사용된 블록의 수가 많다. 블록 프로그래밍과 관련한 보다 자세한 내용은 실습 예제 파일을 확인해보길 바란다.

그림 14-13 URCI 앱의 블록 프로그래밍 결과

5. 현장적용

개발된 URCI 앱을 부산시 기장군에 있는 일광광산 지역에 적용한 결과는 다음과 같다. 일광광산은 1938년부터 1945년까지 국내에서 구리를 생산하는 가장 큰 규모의 광산이었으며, 구리 이외에도 금, 은, 중석 등을 채굴하였으나 1990년대 초반에 폐광되었다. 폐광 이후 적절한 관리대책 없이 방치되었다가 1999년부터 광산 복원사업을 수행하였다.

그림 14-14는 URCI 앱을 이용해 비포장도로의 상태를 평가한 지역을 보여준다. 전체 40 m 길이 비포장도로 구간을 4개의 구역(section)으로 구분하여 조사를 수행하였다. 조사에는 약 30분이 소요되었다. 그림 14-15는 현장에서 URCI 앱을 이용하는 모습을 보여준다.

그림 14-14 URCI 앱의 현장적용 지역(구역의 크기: Section 1: 6 × 3.6 m, Section 2: 12 × 3.6 m, Section 3: 15 × 3.6 m, Section 4: 7 × 4.2 m)

그림 14-15 URCI 앱을 이용한 비포장도로 상태 조사 현장적용. (a) 현장적용 사진, (b) 조사지역 정보 입력, (c) 개별 인자 조사정보 입력, (d) 조사지역 사진촬영, (e) 평가 결과 확인(컬러 도판 398쪽 참조)

표 14-3은 연구지역 비포장도로 구간에서 7가지 인자들에 대한 현장조사 결과를 보여준다. 대부분의 인자가 연구지역 4개의 구간에서 모두 측정되었다. 부적절한 단면은 4번 구간에서

높은 심각도 수준으로 나타났으며 부적절한 도로변 배수는 3번 구간에서 가장 길게 측정되었다. 물결자국은 2번 구간에서 가장 높은 심각도 수준으로 발견되었으며, 3번 구간에서는 나타나지 않았다. 먼지는 모든 구간에서 낮은 심각도 수준으로 발생하였다.

표 14-3 조사지역의 구역별 URCI 개별 인자들의 조사 결과

	Section 1			Section 2			Section 3			Section 4		
Area of section(m²)	21.6			43.2			54.0			29.4		
Distress ＼ Severity	L	M	H	L	M	H	L	M	H	L	M	H
Improper cross section(m)	6.0	·	·	12.0	·	·	·	15.0	·	·	·	7.0
Inadequate roadside drainage(m)	·	12.0	·	·	24.0	·	·	30.0	·	·	14.0	·
Corrugations(m²)	2.9	·	·	·	·	5.3	·	·	·	4.3	·	·
Dust	√	·	·	√	·	·	√	·	·	√	·	·
Potholes(m²)	·	·	·	·	·	1.0	1.0	1.0	·	·	·	1.0
Ruts(m²)	·	4.7	1.1	·	2.5	·	1.3	1.7	·	·	·	4.3
Loose aggregate(m)	4.0	1.4	·	6.1	0.6	·	18	0.6	·	10.1	0.4	·

URCI 애플리케이션을 이용해 연구지역의 비포장도로의 상태를 평가한 결과는 표 14-4와 같다. 구간 1, 2, 3에서는 비포장도로의 상태가 보통(fair)인 것으로 나타났고, 구간 4의 상태는 불량(poor)한 것으로 평가되었다. 구간 4의 경우 부적절한 단면이 심각한 수준으로 발견되었으며, 도로 표면의 함몰과 바퀴자국의 영향이 상대적으로 크게 작용하였다. 따라서 구간 4에 대한 비포장도로 유지보수가 필요하다고 판단된다.

표 14-4 조사지역의 구역별 URCI 계산 결과 및 비포장도로 상태 평가 결과

Distress	Section 1		Section 2		Section 3		Section 4	
	Density (%)	Deduct value	Density (%)	Deduct value	Density (%)	Deduct value	Density (%)	Deduct value
Improper cross section(m)	27.8	17.0	27.8	17.0	27.8	23.0	23.8	27.0
Inadequate roadside drainage(m)	55.6	31.0	55.6	31.0	55.6	31.0	47.6	37.0
Corrugations(m²)	13.6	9.0	12.2	8.0	·	·	14.7	10.0
Dust	·	2.0	·	2.0	·	2.0		2.0

표 14-4 조사지역의 구역별 URCI 계산 결과 및 비포장도로 상태 평가 결과(계속)

	Section 1		Section 2		Section 3		Section 4	
Potholes(m^2)	·	·	6.3	34.0	L: 6.3 M: 6.3	26.0	6.3	34.0
Ruts(m^2)	M: 21.6 H: 5.0	41.0	5.9	12.0	L: 2.5 M: 3.2	10.0	14.7	24.0
Loose aggregate(m)	L: 18.5 M: 6.5	16.0	L: 14.1 M: 1.4	9.0	L: 33.3 M: 1.1	15.0	L: 34.4 M: 1.4	17.0
Total deduct value	116		113		107		151	
q	7		6		6		6	
URCI value	43		44		47		27	
Rating	Fair		Fair		Fair		Poor	

6. 요 약

이번 장에서는 미국 육군 공병대에서 개발한 Unsurfaced Road Condition Index(URCI) 평가 체계에 따라 현장에서 손쉽게 필요한 정보를 기록하고, 비포장도로의 상태를 정량적으로 평가할 수 있는 스마트폰 앱을 개발하였다. 개발된 URCI 앱을 Android 운영체제를 사용하는 스마트폰에 설치하고, 부산 일광광산의 비포장도로 일부 구간의 상태를 조사하였다. 그 결과 URCI 평가 체계에서 고려되는 7가지 인자들의 현장조사 결과를 사용자 인터페이스 화면을 통해 손쉽게 입력하고, 현장에서 URCI 값을 빠르게 계산하여 비포장도로의 상태를 평가할 수 있었다.

광산에서 효율적이고 안전한 운반 작업을 수행하기 위해서는 덤프트럭이 이동하는 비포장도로의 상태를 정기적으로 조사하고, 그 결과에 따라 체계적으로 유지보수를 시행해야 한다. 본 연구에서 제시한 스마트폰 애플리케이션이 광산현장의 비포장도로의 상태 조사 및 평가를 위해 유용하게 활용되기를 기대한다.

참고문헌

최요순, 김헌무, 서장원 (2018) 광산 비포장도로 상태 조사를 위한 스마트폰 애플리케이션 개발. 터널과 지하공간 28(6): 555-568.

Department of the Army, 1995, Unsurfaced Road Maintenance Management, TM 5-626, WASHINGTON, DC, USA, 50p.

제15장

지하터널 차량 근접경고 시스템

지하터널 차량 근접경고 시스템

지하광산은 작업장이 좁고 어두워 장비와 장비 혹은 장비와 작업자 간의 충돌사고가 빈번하게 발생한다. 미국 질병통제예방센터(Centers for Disease Control and Prevention, CDC) 광산재난통계에 따르면 1984년 이후 미국 지하광산 현장에서 채광장비와 관련한 충돌사고로 37명의 사망자가 발생하였고, 2000년부터 2010년까지 셔틀카와 버킷이 수반된 충돌사고로 작업자 16명이 사망하였다. 또한 2011년부터 2015년까지 지하광산에서 발생한 인명피해 중 약 47%는 장비와 작업자 간의 충돌사고로 인해 발생하였다.

지하광산에서 발생하는 장비와 장비, 장비와 작업자 간의 충돌사고를 방지하기 위해 전자기 센서나 자기장 센서를 이용한 근접경고 시스템(Proximity Warning System, PWS)이 개발되어 현장에서 활용되고 있다. PWS는 주위에 존재하는 작업자나 다른 장비들이 일정 거리 이내로 접근하면 충돌위험 경보를 제공하는 장치이다. PWS 이외에도 센서를 이용하여 장비나 작업자의 접근을 탐지하는 장치인 근접탐지 시스템(Proximity Detection System, PDS), 충돌 위험시 장비가 스스로 제어하여 충돌을 회피하는 장치인 충돌방지 시스템(Collision Avoidance System, CAS) 등도 유사한 기술로서 함께 개발되고 있다. 최근에는 Bluetooth 4.0 무선통신 기술의 하나인 Bluetooth Low Energy(BLE)를 이용한 PWS 개발도 진행되고 있다. BLE는 2.4GHz 주파수 대역의 IEEE 802.15.1 통신 표준을 기반으로 하며, 소비 전력이 작고, packet 크기를 줄여 보다 신속하게 데이터 전송할 수 있는 기술이다.

이제 15장에서는 그림 15-1과 같이 지하광산이나 터널과 같은 공간에서 활용 가능한 블루투스 비콘 기반의 근접경고 시스템(Bluetooth Beacon-based UNderground PROximity Warning System, BBUNPROWS) 앱 개발 사례(Baek and Choi, 2018)를 소개한다. 이 연구에서는 작업자와 장비에 부착된 블루투스 비콘에서 송신되는 BLE 신호를 이동 중인 차량에 탑재된 스마트폰으로 수신한 후, 수신 신호의 Received Signal Strength Index(RSSI) 값에 따라 단계별 충돌위험 경보를 운전자에게 제공할 수 있도록 스마트폰 앱의 기능을 구성하였다. 이 장에서는 BBUNPROWS 앱의 작동 원리를 설명하고, 지하터널에서 수행한 현장실험 결과를 제시한다.

그림 15-1 〈지하터널 차량 근접경고 시스템〉 앱(컬러 도판 399쪽 참조)

1. 학습 개요

15장에서 여러분들은 MIT 앱 인벤터 개발도구를 이용하여 지하터널에서 차량 충돌방지를 위해 실무에서 사용할 수 있는 블루투스 비콘 기반 근접경고 시스템 앱을 개발해볼 것이다. 15장에서 새로 배우게 될 내용은 다음과 같다.

• 블루투스 비콘 기반 근접경고 시스템의 작동 원리

2. 블루투스 비콘 기반 근접경고 시스템

블루투스 비콘이 송신하는 신호를 수신하여 차량 운전자에게 단계적 충돌위험 경보를 제공할 수 있는 BBUNPROWS 앱의 원리는 그림 15-2와 같다. 지하광산이나 터널에서 작업자 안전모, 차량 후미, 위험구역 등에 블루투스 비콘을 설치하며, 스마트폰이 탑재된 차량의 이동 방향으로 1차 경보가 제공되는 Caution zone과 2차 경보가 제공되는 Warning zone이 설정된다. 이와 같은 방법으로 보행 작업자, 전방 이동 차량, 위험구역에 설치된 블루투스 비콘으로부터 송신되는 신호를 차량에 탑재된 스마트폰으로 수신하여 RSSI에 따라 운전자에게 1차 Caution 경보, 2차 Warning 경보를 단계적으로 제공할 수 있다.

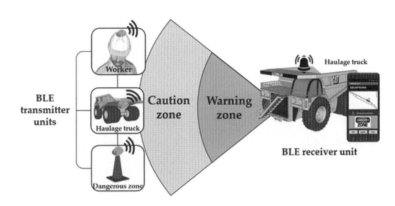

그림 15-2 블루투스 기반 근접경고 시스템의 개념도

블루투스 비콘은 그림 15-3과 같이 설치 방향에 따라 송신 신호의 전파 특성이 달라질 수 있다. 비콘 전면과 후면으로 전파되는 BLE 신호는 지향성을 나타내며, 옆면으로 전파되는 BLE 신호는 무지향성을 나타낸다. 여러분들은 블루투스 비콘을 수평 방향으로 부착했을 때 옆면에서 발생하는 무지향성 신호를 이용하는 BBUNPROWS 앱을 개발할 것이다.

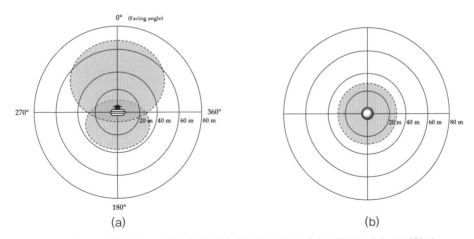

그림 15-3 블루투스 비콘 송신 신호의 전파 특성. (a) 지향성, (b) 무지향성

그림 15-4는 블루투스 비콘을 작업자 헬멧, 위험구역, 차량 후미에 설치한 예를 보여준다. 작업자의 안전모에 블루투스 비콘을 부착하여 어두운 작업 공간에서도 차량 운전자가 Caution / Warning zone으로 접근하는 작업자를 인지하여 충돌사고를 방지할 수 있다. 또한 위험구역에 블루투스 비콘을 부착하여 이동하는 차량이 위험구역에 접근 시 안전운행을 유도할 수 있도록 운전자에게 경보를 제공할 수 있다. 지하광산이나 터널에서는 차량이 정해진 경로를 따라 선형이동하기 때문에 차량 간의 추돌사고를 방지하기 위한 목적으로 선행 차량 후미에 블루투스 비콘을 설치하고, 후행 차량 전방에 스마트폰을 탑재하였다.

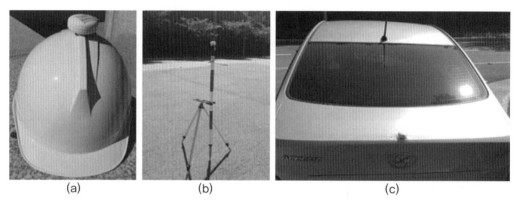

(a)   (b)   (c)

그림 15-4 블루투스 비콘의 설치 예. (a) 안전모, (b) 위험구역, (c) 차량 후미

BBUNPROWS는 그림 15-5와 같이 스마트폰을 탑재한 장비의 현재 위치를 확인하기 위한 Navigation 블루투스 비콘과 작업자, 다른 장비의 접근을 탐지하기 위한 PWS 블루투스 비콘의 정보를 구분하여 관리한다. Navigation 블루투스 비콘으로부터 송신된 신호가 스마트폰에 수신되면 해당 비콘의 MAC 주소에 대응하는 Navigation 이미지가 화면에 나타난다. 만약 2개 이상의 Navigation 블루투스 비콘들로부터 동시에 신호가 수신된 경우에는 RSSI 값을 비교하여 수신 강도가 강한 비콘에 대응하는 Navigation 이미지가 가시화된다.

PWS 블루투스 비콘에서 송신된 신호가 스마트폰에 수신되면 RSSI 값에 따라 1차 Caution 경보 이미지와 2차 Warning 경보 이미지가 가시화된다. 즉, 스마트폰에 수신된 PWS 비콘의 신호 강도가 Caution zone의 RSSI 임계값 이상이면 1차 Caution 경보를 제공하고, Warning zone의 RSSI 임계값 이상이면 2차 Warning 경보를 제공한다. 2차 Warning 경보 시에는 차량 운전자에게 시각적인 경보 이미지 이외에도 청각적인 경보음이 함께 제공되도록 애플리케이션을 개발하였다. Caution zone과 Warning zone의 RSSI 임계값들은 작업장의 특성을 반영하여 사용자가 직접 설정할 수 있다. 1차 Caution 경보 이미지와 2차 Warning 경보 이미지는 각각 녹색과 적색으로 배경으로 제작되었으며, 작업자 또는 장비 운전자의 이름, 소속, 역할 등의 정보들을 포함하고 있다.

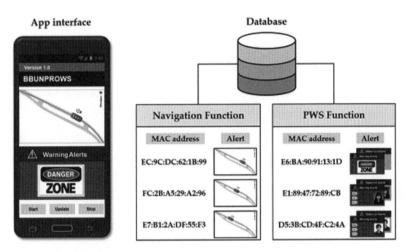

그림 15-5 BBUNPROWS 앱의 블루투스 비콘 데이터베이스 구성

3. 컴포넌트 디자인

그림 15-6은 BBUNPROWS 앱의 화면 구성을 위한 컴포넌트 디자인 결과를 보여준다. 화면 상단에는 HorizontalArrangement 컴포넌트와 두 개의 레이블 컴포넌트를 이용하여 앱의 이름과 터널의 이름을 표시하였다. 그 아래에는 VerticalArrangement 컴포넌트와 두 개의 이미지 컴포넌트를 배치하여 Navigation 이미지와 Caution/Warning 경보 이미지가 나타날 수 있도록 하였다. 화면 하단에는 HorizontalArrangement 컴포넌트와 세 개의 버튼 컴포넌트를 배치하였으며, 버튼들은 각각 근접경고 기능의 시작, 중지, 초기화를 제어할 수 있다. 컴포넌트 디자인과 관련한 보다 자세한 내용은 제공된 실습 예제 파일을 확인해보길 바란다.

그림 15-6 BBUNPROWS 앱의 컴포넌트 디자인 결과

4. 블록 프로그래밍

블록 에디터를 이용하여 BBUNPROWS 앱의 동작을 제어할 수 있는 코드를 작성한 결과는 그림 15-7과 같다. 기존에 실습했던 예제들과 달리 15장에서는 실무에서 사용될 수 있는 앱을 개발하는 것이기 때문에 사용된 블록의 수가 많다. 블록 프로그래밍과 관련한 보다 자세한 내용은 제공된 실습 예제 파일을 확인해보길 바란다.

그림 15-7 BBUNPROWS 앱의 블록 프로그래밍 결과(컬러 도판 399쪽 참조)

5. 현장적용

대한민국 부산시 기장군에 있는 연화터널을 연구지역으로 설정하여 개발된 BBUNPROWS 앱의 현장적용 실험을 수행하였다. 연화 지하터널의 총 길이는 168 m, 폭은 20 m, 높이는 4.8 m이다. 지하터널 시점(0 m)으로부터 160 m 지점까지 20 m 간격으로 9개의 Navigation 블루투스 비콘들을 터널 벽면에 부착하였다. 또한 보행 작업자의 안전모와 차량 후미에도 그림 15-4와 같이 PWS 블루투스 비콘들을 부착하였다.

블루투스 비콘 송신 신호의 강도는 4 dBm, 주기는 100 ms로 설정하였다. 블루투스 비콘의 신호를 수신하기 위해 삼성 갤럭시 S9 스마트폰을 차량에 탑재하였다. 차량 전방 약 20 m에서 1차 경보가 제공되는 Caution zone, 약 10 m 지점에서 2차 경보가 제공되는 Warning zone이 형성되도록 설정하기 위해 블루투스 비콘으로부터 10 m, 20 m만큼 떨어진 지점에서 5분간 신호를 수신하여 RSSI 값의 분포를 분석하였다(표 15-1). 그 결과 10 m 지점에서의 RSSI 평균은 -84.8 dBm, 20 m 지점에서의 RSSI 평균은 -89.1 dBm으로 분석되었다. BBUNPROWS 앱은 지하광산이나 터널에서 충돌사고 방지를 위해 사용되기 때문에 보수적인 관점에서 10 m 지점과 20 m 지점에서 측정된 RSSI 값 중 누적백분율이 5%인 지점의 RSSI 값인 -99 Bm과 -91 dBm을 각각 Caution zone RSSI threshold(20 m)와 Warning zone RSSI threshold(10 m)로 설정하였다.

표 15-1 RSSI 값의 분포 분석 결과

Tx-power (dBm)	Range (m)	Statistics(dBm)						
		Max	Min	Mode	Mean	Q1	Q2	Q3
4	10	-76	-95	-81	-83.1	-84	-82	-81
	20	-85	-100	-98	-96	-99	-97	-94

그림 15-8은 연구지역에서 PWS 블루투스 비콘을 부착한 안전모를 착용한 작업자와 선행 차량이 존재할 때, 스마트폰을 탑재한 차량에서 BBUNPROWS 앱이 작동하는 모습을 보여준다. 차량 이동 방향으로 형성된 Caution zone(20 m) 또는 Warning zone(10 m)에 작업자가 들어오기 전까지는 그림 15-8a와 같이 터널 내의 차량 위치를 표시하는 Navigation 이미지만 스마트폰 화면에 가시화된다. 차량이 좀 더 이동하여 Caution zone 안에 작업자가 들어오면 그림 15-8b와 같이 1차 Caution 경보가 운전자에게 제공되며, Warning zone 안까지 작업자가 접근할 경우 그림 15-8c와 같이 2차 Warning 경보가 제공된다.

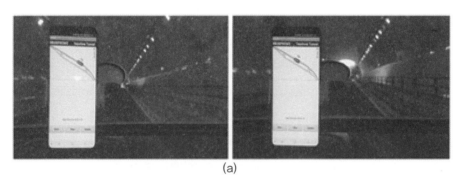
(a)

그림 15-8 BBUNPROWS 앱의 현장실험 결과(왼쪽: 작업자, 오른쪽: 전방 차량). (a) 경보 발생 전, (b) 1차 주의 경보 발생, (c) 2차 경고 경보 발생

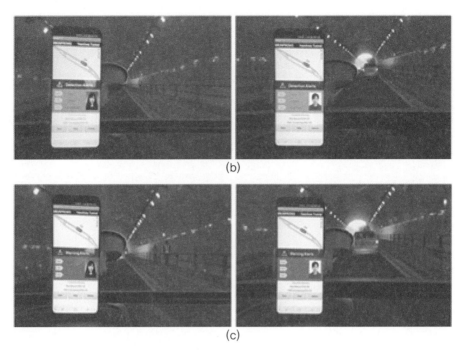

(b)

(c)

그림 15-8 BBUNPROWS 앱의 현장실험 결과(왼쪽: 작업자, 오른쪽: 전방 차량). (a) 경보 발생 전, (b) 1차 주의 경보 발생, (c) 2차 경고 경보 발생(계속)

6. 요 약

이번 장에서 여러분들은 지하광산이나 터널에서 보행 작업자, 장비, 위험구역에 설치된 블루투스 비콘이 송신하는 신호를 스마트폰으로 수신하고, 수신 신호의 RSSI 값에 따라 단계별 충돌위험 경보를 운전자에게 제공할 수 있는 BBUNPROWS 앱을 제작해보았다. 기존에 개발된 지하광산용 PWS 제품들과 비교할 때 BBUNPROWS는 가격이 저렴한 블루투스 비콘과 대중적으로 보급되어 있는 스마트폰을 각각 송신기와 수신기로 사용한다. 또한 BBUNPROWS 애플리케이션은 open source 형태로 공유할 수 있다. 따라서 블루투스 비콘 기반의 PWS는 영세한 규모의 지하광산 현장에서도 저렴한 비용으로 도입이 가능할 것이며, 광산현장의 안전관리를 위해 효과적으로 활용될 수 있을 것이라 기대한다.

참고문헌

Baek J, Choi Y (2018) Bluetooth-Beacon-Based Underground Proximity Warning System for Preventing Collisions inside Tunnels. Applied Sciences 8: 2271. https://doi.org/10.3390/app8112271

컬러 도판

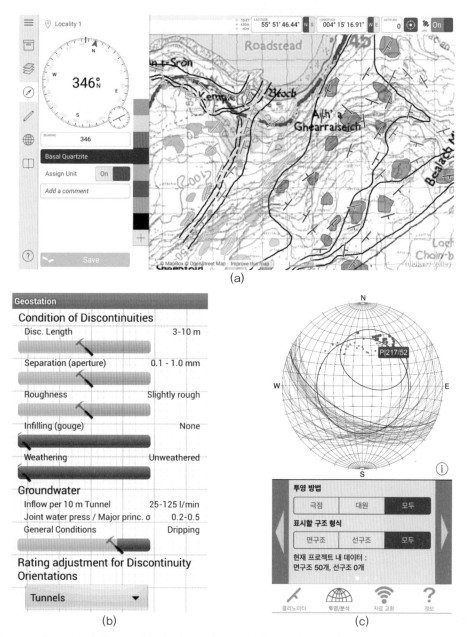

(a)

(b)

(c)

그림 1–5 스마트폰 내장 센서를 이용한 지질자원 분야 현장조사 앱 사례. (a) FieldMove, (b) GeoStation, (c) GeoID(본문 21쪽 참조)

그림 1-6 UMineAR 앱을 이용한 폐광산 광해조사(본문 25쪽 참조)

User Interface		Layout		Media		Drawing and Animation		Maps	
Button		HorizontalArrangement		Camcorder		Ball		Circle	
CheckBox		HorizontalScrollArrangement		Camera		Canvas		FeatureCollection	
DatePicker		TableArrangement		ImagePicker		ImageSprite		LineString	
Image		VerticalArrangement		Player				Map	
Label		VerticalScrollArrangement		Sound				Marker	
ListPicker				SoundRecorder				Polygon	
ListView				SpeechRecognizer				Rectangle	
Notifier				TextToSpeech					
PasswordTextBox				VideoPlayer					
Slider				YandexTranslate					
Spinner									
TextBox									
TimePicker									
WebViewer									

Sensors		Social		Storage		Connectivity		LEGO® MINDSTORMS®	
AccelerometerSensor		ContactPicker		File		ActivityStarter		NxtDrive	
BarcodeScanner		EmailPicker		FusiontablesControl		BluetoothClient		NxtColorSensor	
Clock		PhoneCall		TinyDB		BluetoothServer		NxtLightSensor	
GyroscopeSensor		PhoneNumberPicker		TinyWebDB		Web		NxtSoundSensor	
LocationSensor		Sharing						NxtTouchSensor	
NearField		Texting						NxtUltrasonicSensor	
OrientationSensor		Twitter						NxtDirectCommands	
Pedometer								Ev3Motors	
ProximitySensor								Ev3ColorSensor	
								Ev3GyroSensor	
								Ev3TouchSensor	
								Ev3UltrasonicSensor	
								Ev3Sound	
								Ev3UI	
								Ev3Commands	

그림 2-9 컴포넌트 디자이너가 제공하는 컴포넌트 목록(본문 58쪽 참조)

그림 2-12 "Hello_Geo_App_Inventor" 프로젝트에 Button 추가(본문 63쪽 참조)

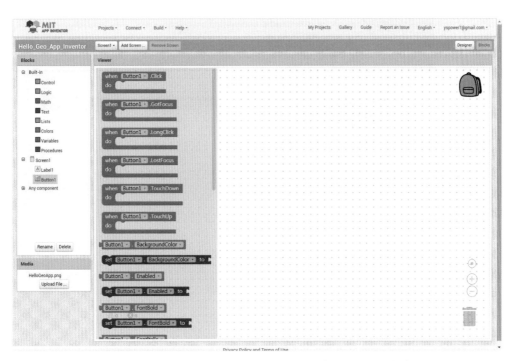

그림 2-13 Button1 컴포넌트와 관련된 블록(본문 64쪽 참조)

(a)

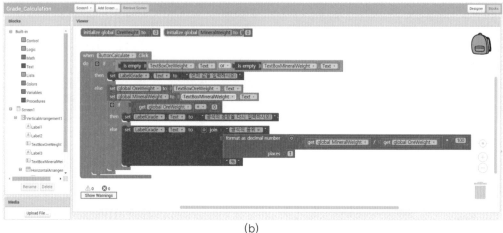

(b)

그림3-14 〈광석의 품위 계산〉 앱 개발 결과. (a) 컴포넌트 디자인, (b) 블록 프로그래밍(본문 83, 84쪽 참조)

그림 4-1 〈Q-system calculator〉 앱 초기화면(인터페이스)(본문 88쪽 참조)

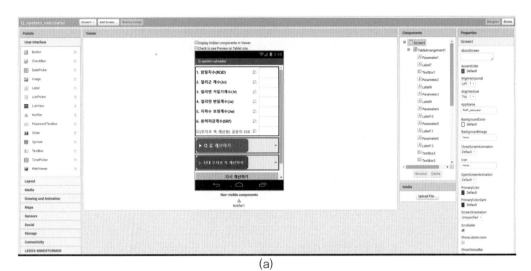

(a)

(b)

그림 4-31 〈Q-system calculator〉 앱 개발 결과. (a) 컴포넌트 디자인, (b) 블록 프로그래밍
(본문 117, 118쪽 참조)

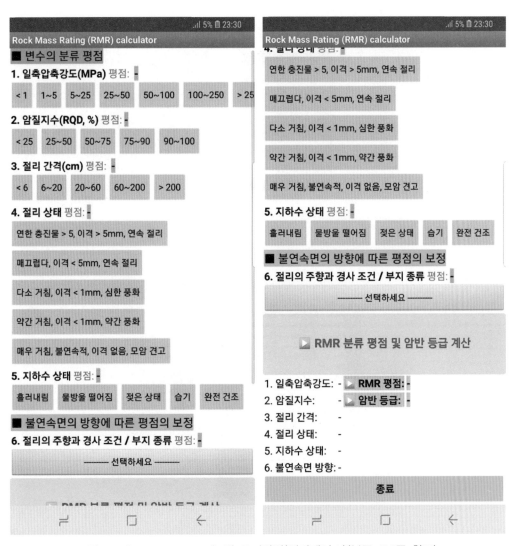

그림 5-1 〈RMR calculator〉앱 초기화면(인터페이스)(본문 123쪽 참조)

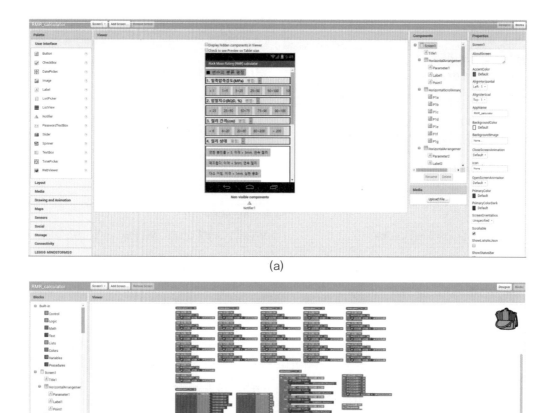

(a)

(b)

그림 5-35 〈RMR calculator〉 앱 개발 결과. (a) 컴포넌트 디자인, (b) 블록 프로그래밍(본문 155쪽 참조)

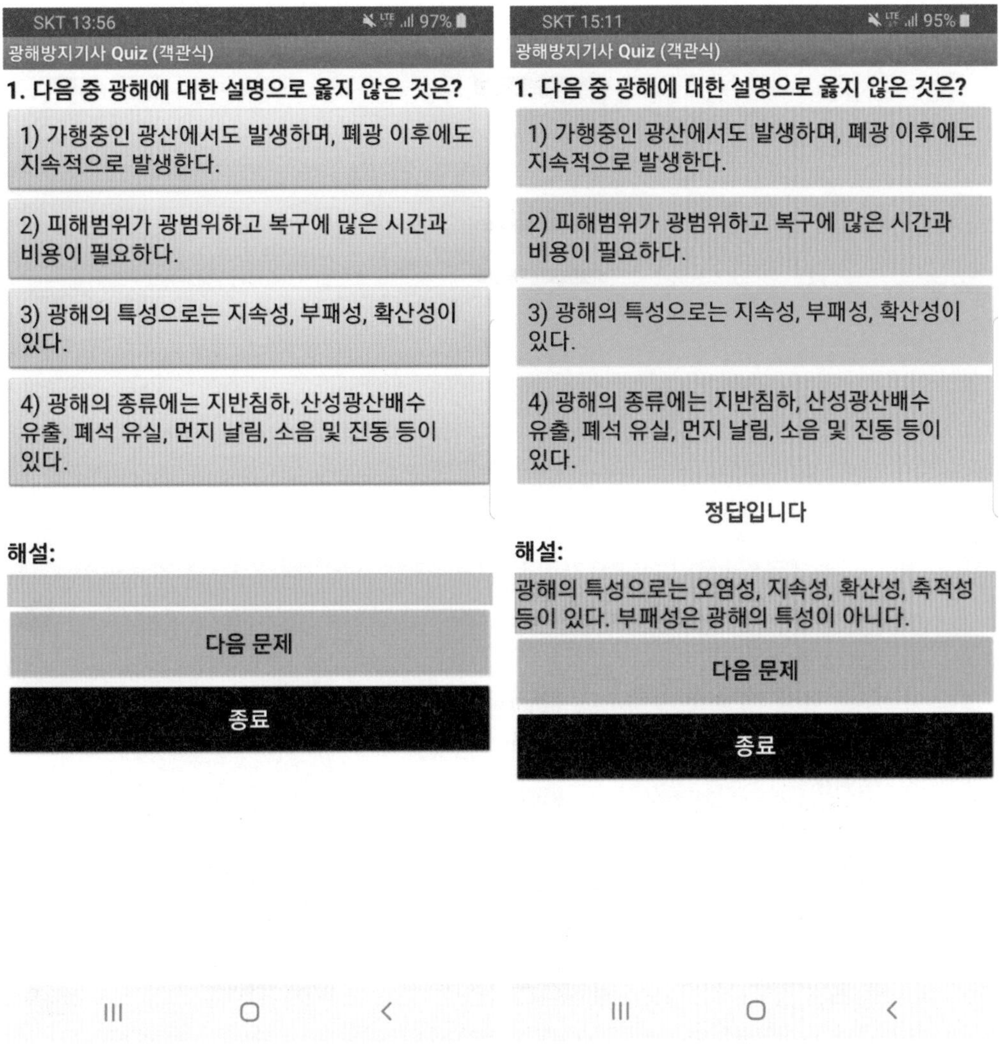

(a) (b)

그림 6-1 〈Quiz_MultipleChoice〉 앱. (a) 초기화면(인터페이스), (b) 앱 동작화면(본문 159쪽 참조)

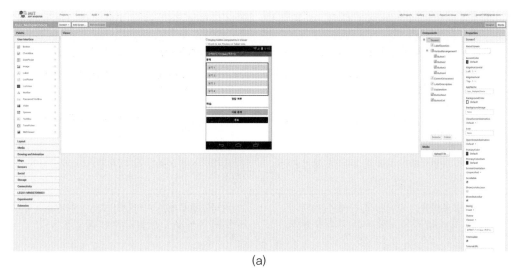

(a)

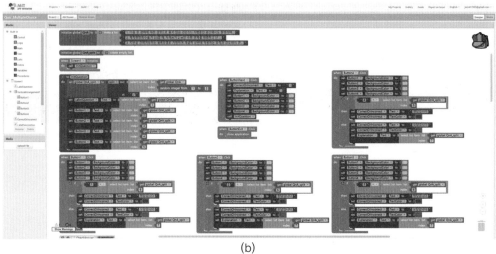

(b)

그림6-24 〈Quiz_MultipleChoice〉 앱 개발 결과. (a) 컴포넌트 디자인, (b) 블록 프로그래밍(본문 179쪽 참조)

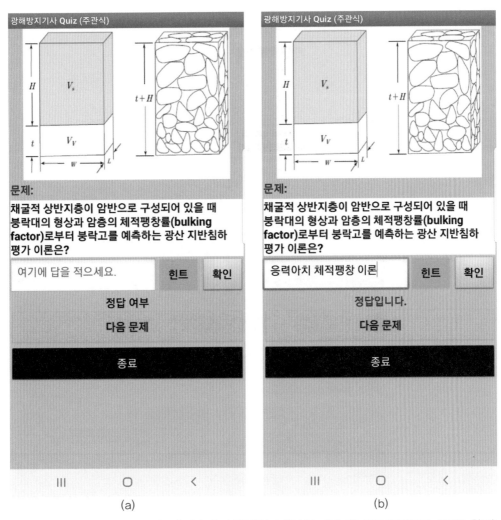

그림 7-1 〈Quiz_ShortAnswer〉 앱. (a) 초기화면(인터페이스), (b) 앱 동작화면(본문 183쪽 참조)

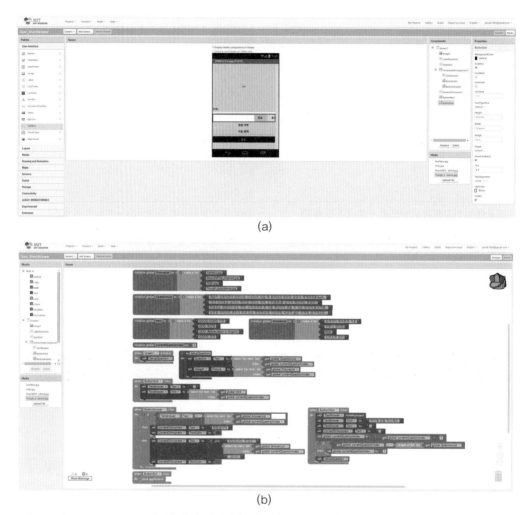

(a)

(b)

그림 7-26 〈Quiz_ShortAnswer〉 앱 개발 결과. (a) 컴포넌트 디자인, (b) 블록 프로그래밍(본문 205쪽 참조)

그림 8-1 〈지질 노두 스케치〉 앱(본문 209쪽 참조)

(a)

그림 8-9 〈지질 노두 스케치〉 앱의 (a) 컴포넌트 디자인과 (b) 전체 프로그램 코드(본문 218쪽 참조)

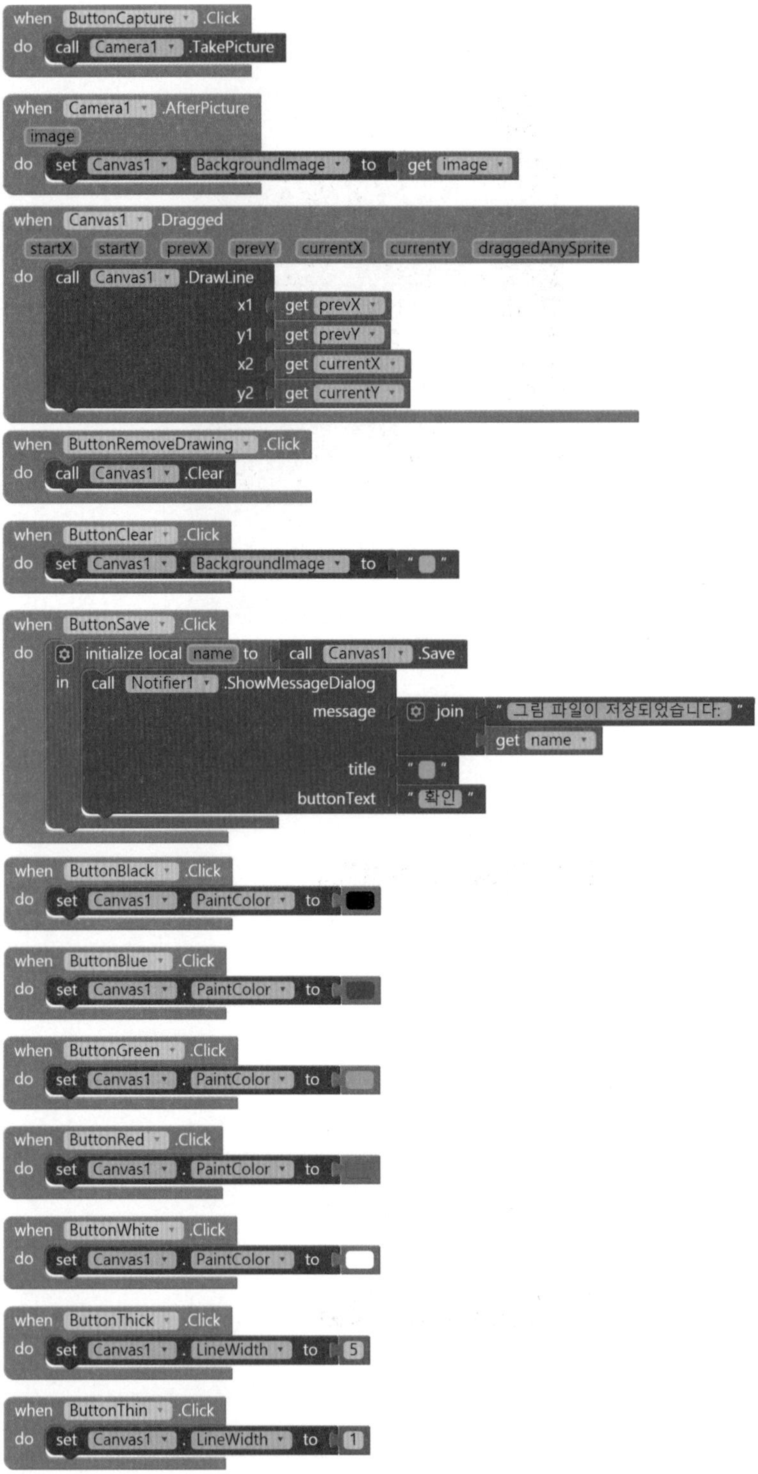

(b)

그림 8-9 〈지질 노두 스케치〉 앱의 (a) 컴포넌트 디자인과 (b) 전체 프로그램 코드(계속)(본문 219쪽 참조)

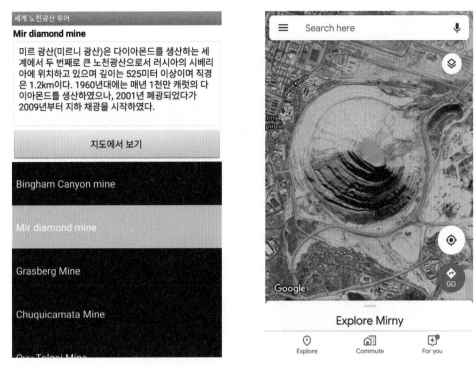

그림 9-1 〈세계의 노천광산 투어〉 앱(본문 224쪽 참조)

(a)

그림 9-8 〈세계의 노천광산 투어〉 앱의 (a) 컴포넌트 디자인과 (b) 전체 프로그램 코드(본문 235, 236쪽 참조)

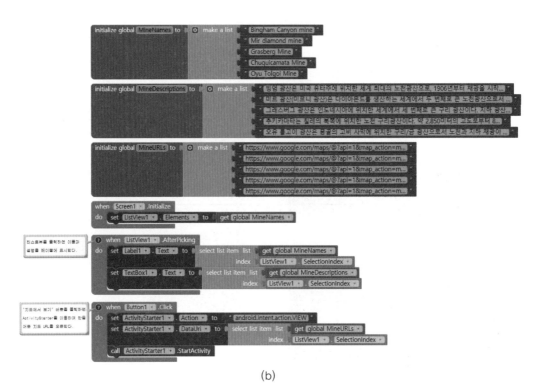

(b)

그림9-8 〈세계의 노천광산 투어〉 앱의 (a) 컴포넌트 디자인과 (b) 전체 프로그램 코드(본문 235, 236쪽 참조)

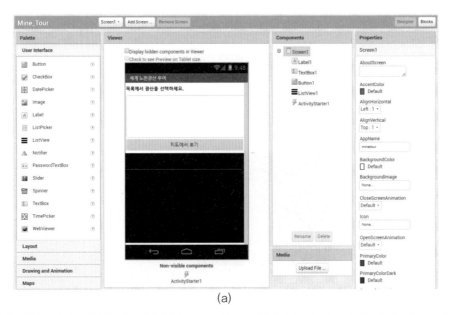

(a)

그림9-8 〈세계의 노천광산 투어〉 앱의 (a) 컴포넌트 디자인과 (b) 전체 프로그램 코드(본문 256쪽 참조)

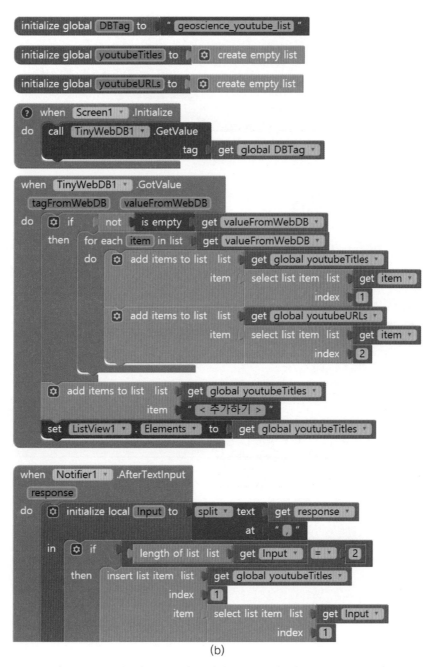

(b)

그림 10–12 〈지질자원 유튜브〉 앱의 (a) 컴포넌트 디자인과 (b, c) 전체 프로그램 코드(본문 257쪽 참조)

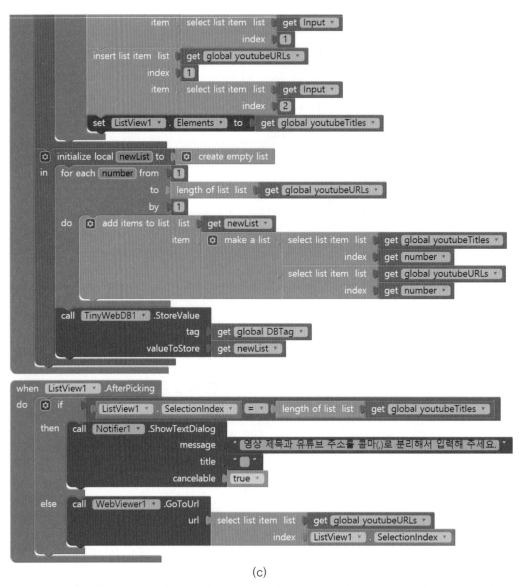

(c)

그림 10-12 〈지질자원 유튜브〉 앱의 (a) 컴포넌트 디자인과 (b, c) 전체 프로그램 코드(본문 258쪽 참조)

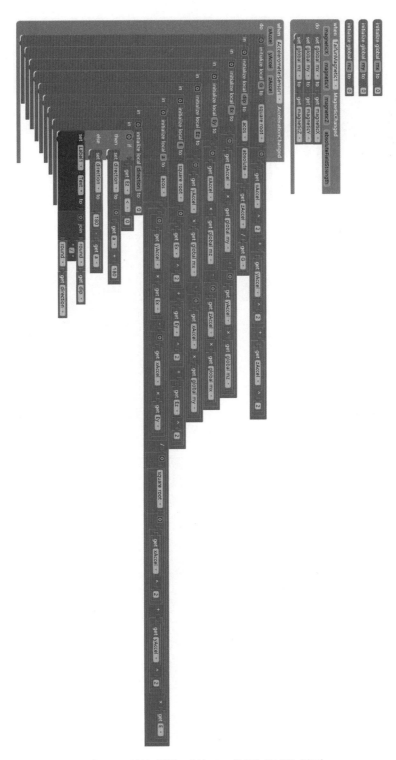

그림 11-5 경사 방향 계산 코드(본문 274쪽 참조)

(b)

그림 11-9 〈지오 컴퍼스〉 앱의 (a) 컴포넌트 디자인과 (b) 전체 프로그램 코드(본문 280쪽 참조)

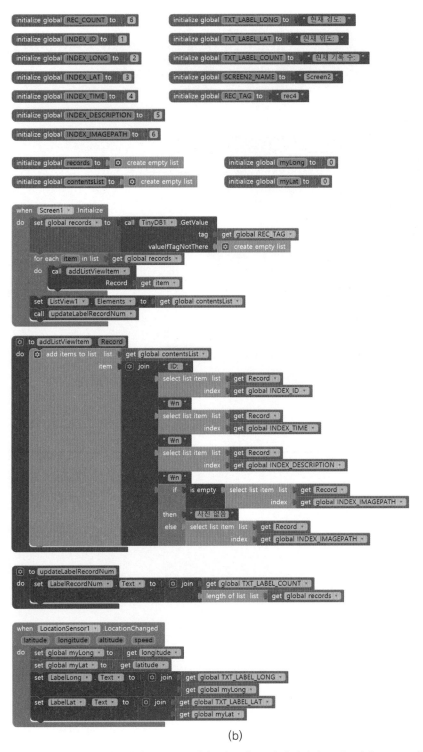

(b)

그림 12-21 〈야외지질조사〉 앱의 Screen1 (a) 컴포넌트 디자인과 (b, c) 전체 프로그램 코드
(본문 313쪽 참조)

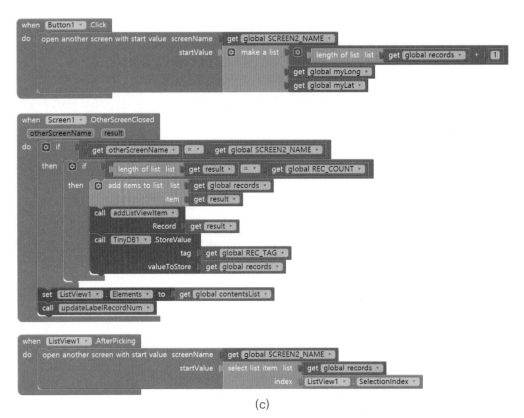

(c)

그림 12-21 〈야외지질조사〉앱의 Screen1 (a) 컴포넌트 디자인과 (b, c) 전체 프로그램 코드
(본문 314쪽 참조)

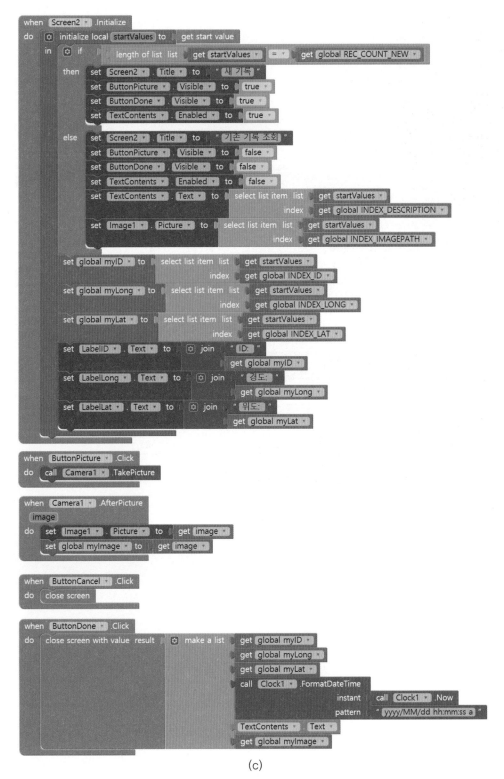

(c)

그림 12-22 〈야외지질조사〉 앱의 Screen2 (a) 컴포넌트 디자인과 (b, c) 전체 프로그램 코드 (본문 316쪽 참조)

(b)

그림 13–9 〈지진 감지〉 앱의 (a) 컴포넌트 디자인과 (b, c) 전체 프로그램 코드(본문 335쪽 참조)

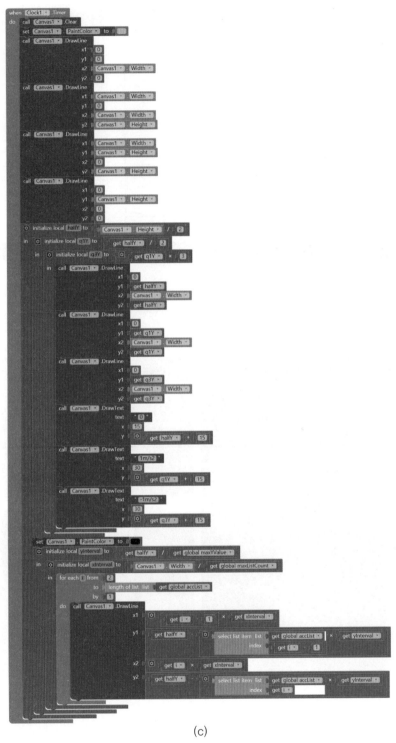

(c)

그림 13-9 〈지진 감지〉 앱의 (a) 컴포넌트 디자인과 (b, c) 전체 프로그램 코드(본문 336쪽 참조)

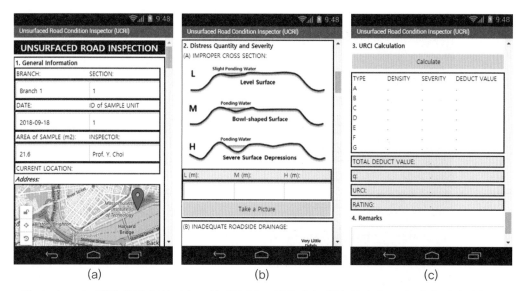

그림 14-12 URCI 앱의 화면 구성. (a) 조사지역 정보 입력, (b) 개별 인자별 조사 결과 입력, (c) URCI 값 계산 및 비포장도로 평가 결과 확인(본문 354쪽 참조)

그림 14-15 URCI 앱을 이용한 비포장도로 상태 조사 현장적용. (a) 현장적용 사진, (b) 조사지역 정보 입력, (c) 개별 인자 조사정보 입력, (d) 조사지역 사진촬영, (e) 평가 결과 확인(본문 356쪽 참조)

그림 15-1 〈지하터널 차량 근접경고 시스템〉 앱(본문 364쪽 참조)

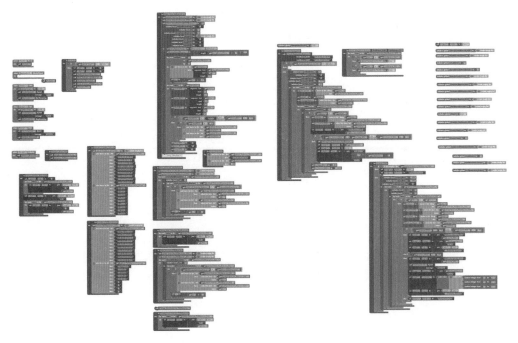

그림 15-7 BBUNPROWS 앱의 블록 프로그래밍 결과(본문 369쪽 참조)

저자 소개 ·····

최요순
서울대학교 공과대학 에너지시스템공학부 공학박사
(현재) 부경대학교 에너지자원공학과 부교수

서장원
서울대학교 공과대학 에너지시스템공학부 공학박사
(현재) 강원대학교 에너지공학부 조교수

이상호
서울대학교 공과대학 에너지시스템공학부 공학박사
(현재) 한국지질자원연구원 Geo-ICT 융합 연구팀 선임연구원

지질자원 앱 인벤터

초판인쇄 2019년 5월 14일
초판발행 2019년 5월 21일

저   자 최요순, 서장원, 이상호
펴 낸 이 김성배
펴 낸 곳 도서출판 씨아이알

책임편집 박영지
디 자 인 송성용, 박영지
제작책임 김문갑

등록번호 제2-3285호
등 록 일 2001년 3월 19일
주   소 (04626) 서울특별시 중구 필동로8길 43(예장동 1-151)
전화번호 02-2275-8603(대표)
팩스번호 02-2265-9394
홈페이지 www.circom.co.kr

I S B N 979-11-5610-752-1 (93530)
정   가 22,000원